高等学校仪器仪表及自动化类专业系列教材

智能仪器工程设计

主 编 尚振东 张 勇

西安电子科技大学出版社

内 容 简 介

本书结合工程实际编写,注重案例教学,侧重讲述智能仪器研发的全局性、普遍性问题及其解决方法,对现代智能仪器技术的理论和成果进行了较为全面、系统的阐述。

全书共分 12 章,内容包括:绪论、智能仪器总体设计、信号测取和放大、信号转换技术、数据采集系统设计、可编程器件、智能仪器的软件设计、人机界面设计、智能仪器中的总线技术、智能仪器结构设计、电磁兼容技术和智能仪器可测性设计等,每章均附有一定数量的习题。本书在内容编排上既体现了智能仪器工程设计的系统性和新颖性,又加强了工程应用的针对性和实用性。

本书可作为高等学校仪器仪表及自动化类专业"智能仪器设计"课程的教材,同时也可供有关工程技术人员参考。

图书在版编目(CIP)数据

智能仪器工程设计/尚振东,张勇主编.
—西安:西安电子科技大学出版社,2008.11(2024.7 重印)
ISBN 978 - 7 - 5606 - 1940 - 8

Ⅰ. 智… Ⅱ. ① 尚… ② 张… Ⅲ. 智能仪器—设计—高等学校—教材 Ⅳ. TP216

中国版本图书馆 CIP 数据核字(2007)第 182914 号

策　　划　臧延新
责任编辑　臧延新
出版发行　西安电子科技大学出版社(西安市太白南路 2 号)
电　　话　(029)88202421　88201467　　　邮　编　710071
http://www.xduph.com　　　E-mail: xdupfxb@pub.xaonline.com
经　　销　新华书店
印刷单位　广东虎彩云印刷有限公司
版　　次　2008 年 1 月第 1 版　2024 年 7 月第 4 次印刷
开　　本　787 毫米×1092 毫米　1/16　印张 18.5
字　　数　433 千字
定　　价　42.00 元
ISBN 978 - 7 - 5606 - 1940 - 8
XDUP 2232001 - 4

前　　言

　　测量控制与仪器作为对物质世界的信息进行采集、处理、控制的基础手段和设备，是信息产业的源头和重要组成部分。随着科学技术尤其是电子信息、通信技术、计算机技术的飞速发展，生产装备和产品的电子化、数字化、自动化、智能化的程度越来越高，与之配套的仪器仪表的内涵较之以往也发生了很大变化，其自身结构已从单纯的机械结构及机电结合或机光电结合的结构发展成为集传感技术、计算机技术、电子技术、现代光学、精密机械等多种高新技术于一身的系统，其应用也从单纯的数据采集发展成为集数据采集、信号传输、信号处理及控制为一体的测控过程。进入 21 世纪以来，随着计算机网络技术、软件技术、微纳米技术的发展，测控技术呈现出虚拟化、网络化和微型化的发展趋势，从而使仪器仪表学科的多学科交叉及多系统集成而形成的边缘学科的属性越来越明显。

　　综合了测量技术、电子技术、自动化技术和计算机技术的智能仪器系统成为国内外厂商的重大研究课题。智能仪器是各种智能化电子产品的典型代表，其硬件结构和软件系统可作为一般智能化电子产品的模型。国内高等院校和相关研究机构很早就展开了有关智能仪器的研究和教学，为智能仪器专业人才的培养发挥了重大作用。

　　本书作为智能仪器设计方面的教材，是在总结和参考了国内外大量研究成果和教学经验的基础上编写的。与国内已经出版的同类书籍相比，本书更加注重应用系统观点，从工程角度考虑智能仪器的整体问题。随着芯片集成度的提高，很多情况下只要选择合适的、内嵌了所需功能部件的单片机就可满足要求，而无需扩展其它功能芯片，因此，本书将各种器件与单片机接口的相关内容尽量删减，而将对智能仪器设计至关重要的总体设计作为重点讲解，对系统软件、人机界面、通信总线、机械结构、自检调试等与智能仪器功能指标密切相关的内容进行讨论。在介绍相关器件内容时，略讲其工作原理，将重点放在器件的选择和应用上。考虑到智能仪器的种类千差万别，应用场合纷繁复杂，难以找到覆盖面广、典型和通用的参照实例，因此，本书没有专设一章讲述智能仪器实例，而是在介绍相关知识时，根据需要选择与该方面知识相对应的实例，穿插其中。

　　本书第 1 章是"绪论"，从仪器仪表的地位、发展历史等方面，介绍了智能仪器的一些基本知识。第 2 章是"智能仪器总体设计"，介绍智能仪器总体设计的内容和方法。总体设计关系着一项设计任务的成败。第 3 章是"信号测取和放大"，讲述传感器的分类和选用方法，介绍放大电路的工作原理。第 4 章是"信号转换技术"，介绍微处理器输入输出通道及A/D 转换器、D/A 转换器的类型和选用方法。第 5 章是"数据采集系统设计"，介绍数据采集系统结构和误差分析方法。数据采集系统是包括智能仪器在内的所有仪器的首要环节，其精度直接关系智能仪器的精度。第 6 章是"可编程器件"，介绍微处理器的选择和当前流行的单片机类型，以及多单片机系统和可编程逻辑器件。第 7 章是"智能仪器的软件设计"，介绍有关数据处理、误差处理、标度变换和自动测量等算法，使读者对智能仪器软件设计有所了解。第 8 章是"人机界面设计"，介绍常见显示器、键盘、打印机的特点和选用方法，以及与人机操作关系密切的监控程序的编程方法。第 9 章是"智能仪器中的总线技术"，介绍智能仪器中的主流总线标准。第 10 章是"智能仪器结构设计"，介绍整机模块的布局和包括机箱、机壳、机柜在内的机械结构设计。第 11 章是"电磁兼容技术"，介绍智能仪器软硬件抗干扰设计和容错设计的基本知识。第 12 章是"智能仪器可测性设计"，介绍智能仪器系统检测、校准与标定的基本知识以及智能仪器的调试方法。

本书作为本科生教材，建议讲授 32～40 学时。使用本书时应先安排学习电子技术、微机原理、检测技术、控制理论等课程，为本课程的学习打好基础。学习时应注意结合实际，分析实例，进行必要的实验，完成一定的习题。研究生教学应安排课程设计，加强设计与调试训练，提高学生的学习效果和解决问题的能力。

本书融合了作者多年的工程实际经验，是作者多年科研和教学的积累。编写本书旨在给高等学校仪器仪表及自动化类专业的本科生及研究生提供一本适用的教材或教学参考书。

本书的第 1、2、11、12 章和第 8 章的 8.5、8.6 节由河南科技大学的尚振东编写；第 3、4 章由合肥工业大学的张勇编写，第 5、7 章由合肥工业大学的张腾达编写，第 6 章和第 8 章的 8.4 节由中原工学院的王岚编写，第 8 章的 8.1、8.2 和 8.3 节由河南科技大学的贾现召编写，第 9、10 章由河南科技大学的王恒迪编写。全书由尚振东和张勇统稿并任主编。

本书由合肥工业大学张辉教授审阅，河南科技大学的李孟源教授和朱坚民教授对本书提出了很多宝贵的意见和建议。本书的出版得到了西安电子科技大学出版社的大力支持，尤其是臧延新编辑对本书的出版给予了很大帮助。在此对以上人员深表谢意。

由于作者水平有限，书中难免存在一些不足之处，欢迎广大读者批评指正。

编　者

2007 年 9 月

目　　录

第1章 绪 论

本章概述传统仪器仪表及其重要性，介绍智能仪器的发展历程及分类，重点说明智能仪器的组成和结构，总结智能仪器的特点和发展趋势，并简要介绍本课程的主要内容和学习方法。

1.1 仪器仪表及智能仪器概述

1.1.1 仪器仪表概述

仪器仪表是信息产业的重要组成部分，是信息工业的源头。仪器仪表是一个具体的系统或装置，是人们获取信息的工具和认识世界的手段。仪器的功能是用物理、化学或生物等方法，获取被检测对象运动或变化的信息，通过信息转换和处理，使其成为易于人们阅读和识别（信息的显示、转换和运用）的量化形式，或进一步信号化、图像化，以利于观测、存档，或直接进入自动化、智能运转控制系统。仪器仪表能延伸、扩展、补充或代替人的听觉、视觉、触觉、嗅觉等感觉器官的功能。随着科学技术的不断发展，人类社会已步入信息时代，对仪器仪表的依赖程度更高，要求也更加严格。现代仪器仪表以数字化、自动化、智能化等共性技术为特征得到了快速的发展。

仪器仪表种类繁多，通常可分为机械式仪器仪表和电子仪器仪表两类。其中，电子仪器仪表又可分为模拟电子仪器仪表、数字电子仪器仪表和智能仪器。

仪器仪表按其应用领域可分为计量测试仪器、分析仪器、生物医疗仪器、地球探测仪器、天文仪器、航空航天航海仪表、汽车仪表、电力仪表和石油化工仪表等。

今天，世界已经从工业时代进入了信息时代，并向知识经济时代迈进。这个时代的特征是以计算机技术为核心，极大地延伸和扩展人的大脑功能，使人类走出机械化的过程，进入以物质手段扩展人的感官神经系统及脑力、智力的时代。仪器的作用是获取信息，作为决策和控制的依据。仪器是信息时代的信息获取—处理—传输的链条中的源头技术。如果没有仪器，就不能获取生产、科研、环境、社会等领域中全方位的信息。钱学森院士对新技术革命做了这样的论述："新技术革命的关键技术是信息技术。信息技术由测量技术、计算机技术、通信技术三部分组成。测量技术则是关键和基础。"现在人们通常认为信息技术就是计算机技术和通信技术，而关键的基础性的测量技术却被人们忽视了。我国提出以信息化带动工业化，如果各种信息获取不正确，那么后面的传输、计算就毫无意义，并会得出错误的决策和控制信息。

十多年来，学术界、科技界、教育界中仪器仪表领域的专家学者对仪器仪表的作用和地位做了深入的研讨、深刻的分析和精辟的描述。著名科学家王大珩、杨家墀、金国藩等院士指出"仪器仪表是信息产业的重要组成部分,是信息工业的源头"。这一描述揭示了仪器仪表的本质和定位,指明了仪器仪表学科的发展方向,对仪器仪表技术的发展具有深远的指导意义。

现代仪器仪表在当今社会中有着十分重要的作用,是促进当代生产发展的主要环节,常常被称为是工业生产的"倍增器",在国民经济中具有"四两拨千斤"的作用。仪器仪表整体发展水平是综合国力的重要标志之一。据美国国家标准技术研究院(NIST)的统计,美国为了进行质量认证和控制以及自动化流程分析,每天要完成 2.5 亿次检测。而完成这些检测所需要的分析和检测仪器的数目与种类肯定十分庞杂。我国宝钢股份有限公司的技术装备投资中,有 1/3 的经费用于购置仪器和自动化系统。仪器仪表对国民经济的贡献不仅体现在其直接的产值和投入生产的仪器数量上,更体现在仪器仪表对国民经济的推动作用上。美国商务部国家标准局 20 世纪 90 年代中发布的调查数据表明,美国仪器仪表产业占社会总产值的 4%,而它拉动的相关经济的产值达到社会总产值的 66%。

仪器仪表是科学研究的物质手段,是科学研究的"先行官"。任何科学研究要进行,首先要装备甚至先行研制所需的仪器仪表。人类基因的测试工作,正是由于惠普公司提供了改进的仪器仪表,才提前三年完成。在诺贝尔物理和化学奖中,大约有 1/4 的获奖者是因为在测试方法和仪器创新中的贡献而获奖的。例如,电子显微镜、质谱技术、CT 断层扫描仪、x 射线物质结构分析仪、光学相衬显微镜、扫描隧道显微镜等,这说明科学仪器不仅仅是用来探索自然规律和积累科学知识的,而且在科学研究的新领域的开辟中,也往往是以检测仪器和技术方法上的突破为先导的。因此,先进的科学仪器设备既是知识创新和技术创新的前提,也是创新研究的主体内容和创新成就的重要体现形式,科学仪器的创新是知识与技术创新的重要组成部分。

仪器仪表是军事上的"战斗力"。聂荣臻元帅当年领导研制两弹一星时曾明确提出,必须抓好三件大事:一是新材料,二是仪器仪表,三是大型实验设备。以美国为首的多国部队对伊拉克的轰炸,之所以被称为"外科手术式"轰炸,就在于其作战过程依赖的是精密制导系统。美国的全球导弹防御系统(NMD)之所以在技术方面遭到质疑,就是因为其在广阔的天空中如何及时地探测到攻击导弹的传感器技术尚不够完善。

仪器仪表是确认证据的"物化法官"。商品质检、环境监测、兴奋剂检测、罪证确认等,均离不开仪器仪表。如"海关防伪单证检测系统"在全国海关推广后,已查获大量假票证,其累计价值远比"远华"走私大案案值要多,为国家挽回了巨大的经济损失。

仪器仪表在人们日常生活中也扮演着重要的角色。家庭中琳琅满目的家用电器,极大地提高了人们的物质文化生活质量。人们随身携带的手机、音乐播放器等,已经成为人们难以割舍的必备物品。相信随着科学技术的发展和人们对物质文化生活需求的增长,仪器仪表将继续丰富人们的日常生活,改善人们的生活质量。

在进入信息时代的当今世界,仪器仪表作为信息工业的源头,是信息流中重要的一环,它伴随着信息技术的发展而发展,同时又在信息技术的发展中发挥着不可替代的作用。仪器仪表的用途涵盖"农轻重、海陆空、吃穿用"各个领域。仪器仪表在结构、性能、功能等方面所凸显的信息技术属性从未像现在这样明显,而且今后将更加明显。

1.1.2 从传统仪器到智能仪器

智能仪器属于仪器仪表，是仪器仪表发展到一定程度后的产物。智能仪器是一类新型的电子仪器，它由传统电子仪器发展而来，但又同传统的电子仪器有很大区别。特别是微处理器的应用，使电子仪器发生了重大的变革。

回顾电子仪器的发展过程，从使用的元器件来看，它经历了真空管时代—晶体管时代—集成电路时代三个阶段。若从电子仪器的工作原理来看，电子仪器的发展过程经历了三代：

第一代是摸拟式电子仪器。它们的基本结构是电磁式的，基于电磁测量原理，使用指针来显示最终的测量结果。大量指针式的电压表、电流表、功率表及一些通用的测试仪器，均是典型的模拟式仪器。这一代仪器功能简单，精度低，响应速度慢。

第二代是数字式电子仪器。它们的基本结构中离不开 A/D 转换环节，将待测的模拟信号转换为数字信号，结果以数字形式输出显示。它的精度高，速度快，读数清晰、直观，结果可打印输出，也容易与计算机技术相结合。同时因数字信号便于远距离传输，所以数字式电子仪器适用于遥测和遥控。

第三代就是智能仪器。它是在数字化的基础上用微处理器装备起来的，是计算机技术与电子仪器相结合的产物。它具有数据存储、运算、逻辑判断能力，能根据被测参数的变化自选量程，可自动校正、自动补偿、自寻故障等，可以做一些需要人类的智慧才能完成的工作，即具备了一定的智能，故被称为智能仪器。本书讨论的智能仪器是指含有微处理器的电子测量仪器。

1.1.3 智能仪器的组成

从智能仪器发展的状况来看，其结构有两种类型，即微处理器内嵌式和微处理器扩展式。微处理器内嵌式是将单个或多个微处理器与其它软硬件有机地结合在一起形成的仪器。微处理器在其中起控制及数据处理作用。其主要特点是：用途相对集中，易实现小型化、便携或手持式结构，可用电池供电，易于密封，能适应恶劣环境，成本较低。目前，微处理器内嵌式智能仪器在工业控制、科学研究、军工企业、家用电器等方面广为应用，其基本组成结构如图 1.1 所示。

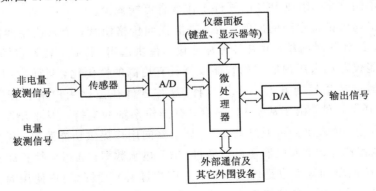

图 1.1　微处理器内嵌式智能仪器基本组成结构

由图 1.1 可知:微处理器内嵌式智能仪器以单片机或 DSP 等微处理器为核心,通过总线及接口电路与被测量输入通道、信号输出通道、仪器面板及外设相连。

微处理器扩展式智能仪器是以个人计算机(PC)为核心的应用扩展型测量仪器。由于 PC 的应用已十分普遍,其价格也不断下降,因此从 20 世纪 80 年代起就开始有人给 PC 配上不同的模拟通道,让它能够符合测量仪器的要求,并称其为个人计算机仪器(PCI)或微机卡式仪器。PCI 的优点是使用灵活,应用范围广,可以方便地利用 PC 已有的打印机、刻录机、绘图仪、USB 设备等获得硬拷贝。更重要的是 PC 的数据处理功能及内存容量远大于微处理器内嵌式仪器,因而 PCI 可以用于更复杂的、更高性能的信息处理。此外,PCI 还可以利用 PC 本身已有的各种软件包,获得很大的方便。如果将仪器的面板及各种操作按钮的图形显示在 CRT 显示器上,就可得到软面板,构成虚拟仪器。图 1.2 所示为个人计算机式智能仪器的基本组成结构。

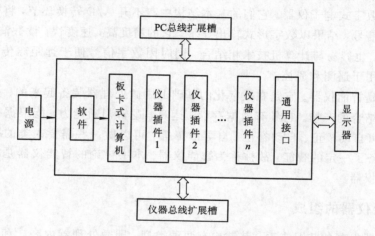

图 1.2　个人计算机式智能仪器基本组成结构

与 PCI 相配的模拟通道有两种类型:一种是插卡式,即将所配用的模拟量输入通道以印制板的插板形式,直接插入 PC 机箱内的空槽中;另一种是插件箱式,即将各种功能插件集中在一个专用的机箱中,机箱备有专用的电源,必要时也可以有自己的微机控制器,这种结构适用于多通道、高速数据采集或一些有特殊要求的仪器。随着硬件的不断完善和标准化插件的不断增多,组成 PCI 的硬件工作量有可能减少。

个人计算机是大批量生产的成熟产品,功能强而价格便宜;个人仪器插件是个人计算机的扩展部件,设计相对简单,并有各种标准化插件供选用。因此,在许多场合,采用个人仪器结构的智能仪器比采用内嵌式的智能仪器具有更高的性价比,且研发周期短,研发成本低。个人仪器可选用厂商开发的专用软件(这种软件往往比用户精心开发的软件更完善),即使自行开发软件,由于基于 PC 平台,有操作系统的支持,因此开发环境良好,开发十分方便。另外,个人仪器可通过其 CRT 显示器向用户提供功能菜单,用户可通过键盘等进行功能、量程选择;个人仪器还可以通过 CRT 显示数据,通过高档打印机打印测试结果(而显示和打印的驱动程序也是现成的,不用用户操心),因此用户使用时十分方便。随着便携式 PC 的广泛使用,各种便携式 PCI 也随之出现,便携式 PCI 克服了早期便携式仪器功能较弱、性能较差的缺点。总之,个人仪器既能充分运用个人计算机的软硬件资源,发挥个人计算机的巨大潜力，又能大大提高仪器的性价比。因此，个人仪器发展迅速。

在物理结构上，微处理器内嵌式智能仪器的微处理器内嵌于电子仪器中，微处理器及其支持部件是整个测试电路的一个组成部分；但是从计算机的观点来看，测试电路与键盘、接口及显示器等部件一样，仅是计算机的一种外围设备。显然，这种典型的计算机结构与一般计算机的差别在于它多了一个专用的外围设备——数据采集电路，同时还在于它与外界的通信通常是通过专用接口进行的。由于智能仪器具有计算机结构，因此它的工作方式和计算机一样，而与传统的测量仪器差别较大。微处理器是整个智能仪器的核心，固化在只读存储器内的程序是仪器的"灵魂"。系统采用总线结构，所有外围设备（包括数据采集电路）和存储器都挂在总线上，微处理器按地址对它们进行访问。

虽然智能仪器中数据采集电路仅是作为微型计算机的外围设备而存在，仪器中引入微处理器后有可能降低对数据采集硬件的要求，但仍不能忽视测试硬件的重要性，有时提高仪器性能指标的关键仍然在于测试硬件的改进。

1.1.4　智能仪器的主要特点和发展趋势

计算机技术与测量仪器的结合产生了智能仪器，它所具有的软件功能已使仪器呈现出某种智能的特点，其发展潜力十分巨大，这已经被多年来智能仪器发展的历史所证实。智能仪器具有以下几方面的特点。

1. 高新技术密集

由于仪器仪表是科学研究的"先行官"，是人类认识客观世界和改造客观世界的工具，因此人们为了加深认识的广度和深度，必然要利用一切先进的科技成果和技术手段来不断地更新、丰富和发展这一工具。智能仪器技术本来就是一门跨学科的边缘技术，许多新的技术领域成果，如计算机软硬件技术、激光技术、微纳米技术、网络技术、传感技术的成果，以及新的理论成果，如信息论、控制论、系统工程理论、宏观和微观领域的各种理论研究成果，经常是最先被大量应用到智能仪器科学技术领域中来。在此基础上，结合智能仪器技术的新设计概念、新的材料和工艺技术的应用，智能仪器技术得到了迅猛的发展。

2. 测量过程的软件控制

仪器中采用微处理器后能实现"硬件软化"，使许多硬件逻辑都可用软件取代。这可使仪器成本降低、体积减小、功耗降低且可靠性提高。20 世纪 60 年代末，数字化仪器的自动化程度已经很高。但随着功能的增加，其硬件结构越来越复杂，从而导致体积及重量增大，成本上升，可靠性降低，影响其进一步的发展。当引入微型计算机技术，使测量过程改用软件控制以后，上述困难即得到了很好的解决。它不仅简化了硬件结构，缩小了体积及功耗，提高了可靠性，增加了灵活性，而且使仪器的自动化程度更高，如实现人机对话、自检测、自诊断、自校准以及 CRT 显示和打印制图等。这就是人们常说的以软件代替硬件的效果。

在进行软件控制时，仪器在 CPU 的指挥下，按照软件流程进行各种转换、逻辑判断，驱动某一执行元件完成某一动作，使仪器的工作按一定的顺序进行下去。在这里，基本操作是以软件形式完成的逻辑转换，它与硬件的工作方式有很大的区别。软件转换带来很大的方便，灵活性很强，当需改变功能时，只需改变程序即可，并不需要改变硬件结构。随着微型计算机时钟频率的大幅度提高，软件控制与全硬件控制实时性的差距越来越小。

3. 数据处理能力强

智能仪器最突出的特点是具有对测量数据进行存储及运算等数据处理功能，它主要表现在改善测量时的准确度及对测量结果的再加工两个方面。

智能仪器通过微处理器的数据存储和运算处理，可以很容易地实现自动补偿、自动校正、多次测量平均等技术，以提高测量的准确度。通过使用适当和巧妙的算法，常常可以克服或弥补仪器硬件本身的缺陷或弱点，改善仪器的性能。在智能仪器中，对随机误差，通常用求平均值的方法来克服；对系统误差，则根据误差产生的原因采用补偿等适当的方法处理。新型传感器的发明、各种先进的数字信号处理技术的应用、新的设计理念、新材料和新工艺的使用，将仪器的准确度、分辨率、灵敏度、线性度和测量效率提高了好几个数量级，例如，工业参数测量仪器的测量准确度普遍提高到 0.02% 以上。仪器仪表测量和控制范围也大幅度提高，如电压测量范围从 $10^{-9} \sim 10^{6}$ V，电阻测量范围从超导到 10^{14} Ω，频率测量范围最高达 10^{10} Hz，压力测量范围最高到 10^{8} Pa，温度测量范围则从绝对零度到 10^{10} ℃ 等。尺度的测量向着纳米测量发展，测量的灵敏度也达到纳米甚至亚纳米的量级。仪器的可靠性一般均在 $2 \sim 5$ 万小时以上，高的则能达到 25 万小时以上，稳定性最高则能够达到仪器的年变精度小于 0.05%。

智能仪器通过对测量结果的再加工，可提供更多高质量的信息，从这个角度看，智能仪器也被称为信号分析仪器。例如，一些信号分析仪器在微型计算机的控制下，不仅可以实时采集信号的实际波形，在显示器上复现，而且可以在时间轴上进行展缩，可以对所采集的样本进行数字滤波，将淹没在干扰中的信号提取出来，可以对样本在时域（如相关分析、卷积、反卷积等）、频域（如幅值谱、相位谱、功率谱等）和变换域（如拉普拉斯变换、Z 变换等）进行分析。这样就可以从原来的测量数据中提取更加丰富的信息。这类智能仪器在生物医疗、语音分析、模式辨识和故障诊断等各方面都有广泛的应用。

4. 多功能化

在最新科研成果的推动下，智能仪器呈现出多功能化的特点。推动仪表技术发展的主要科研成果包括纳米级的精密机械研究成果、分子层次的现代化学研究成果、基因层次的生物学研究成果、高精密超性能特种功能材料的研究成果，以及全球网络技术应用成果等。仪器仪表的微型化不仅体现在仪器尺寸的缩小上，更体现在仪器集成化程度的提高和功能的多样化上。

智能仪器内含微处理器，它具有数据存储和处理能力，在软件的协同下，仪器的功能可大大增强。例如，用于电力系统供电质量检测的一种智能仪器——电网监测仪，可以测量单相或三相电源的有功功率、无功功率、视在功率、电能、频率、电压、电流、功率因数、相序、谐波分量、失真度等，可以测量出电能利用的峰值、峰时、谷值、谷时及各项超界时间，还可以预置用电量需求计划，自备时钟及万年历，与外系统通信，具有自动记录、打印、报警及控制等多种功能。这么多的功能，如果不采用智能仪器结构，要在一台传统仪器中全部实现是很困难的。

5. 操作自动化

智能仪器的自动化程度高，因而又被称为自动测试仪器。传统仪器面板上的开关和旋钮均被键盘所代替，仪器操作人员要做的工作仅是按键，省却了烦琐的人工调节。智能仪器通常都能自动选择量程、自动校准，有的还能自动调整测试点，这样既方便了操作，又提高了测试精度。

智能仪器通常还具有很强的自测试和自诊断功能，它能测试自身的功能是否正常，如果不正常，还能判断故障所在的部位，并给出提示，大大提高了仪器工作的可靠性，给仪器的使用和维修带来了很大的方便。

计算机技术的发展，包括数字信号处理(DSP)技术和芯片的应用，使智能仪器更具智能化。而仪器的智能化也体现了仪器的多功能化。许多原本要用多台仪器实现的功能，现在可以通过集成在一台仪器内甚至一个芯片上的智能化仪器完成。如 MEMS 温湿度测量系统就集成了温度和湿度测量以及显示和报警功能。

6. 对外开放性

智能仪器通常都具备扩展接口，方便扩展和对外通信，能很方便地接入自动测试系统中接受遥控，实现自动测试。

新技术的应用，尤其是 Internet 和 Intranet 技术、现场总线技术、图像处理技术和传输技术以及自动控制、智能控制的发展和应用，使得智能仪器不断地朝着网络化方向发展。借助于网络技术的应用，可将不同地点的不同仪器仪表联系在一起，实施网络化测量、数据的传输与共享、故障的网上诊断以及技术的网络化培训等。

包括智能仪器在内的仪器仪表产品的总体发展趋势是"六高一长"和"二十化"。"六高一长"是指仪器仪表将朝着高性能、高精度、高灵敏度、高稳定性、高可靠性、高环保和长寿命的方向发展。"二十化"是指仪器仪表将朝着小型化(微型化)、集成化、成套化、电子化、数字化、多功能化、智能化、网络化、计算机化、综合自动化、光机电一体化、专门化、简捷化、家庭化、个人化、无维护化以及组装生产自动化、无尘(或超净)化、专业化、规模化的方向发展。在这"二十化"中，占主导地位、起核心或关键作用的是微型化、智能化和网络化。随着科学技术的飞速发展和自动化程度的不断提高，我国仪器仪表行业也将发生新的变化，并得到新的发展。

1.2　本课程的主要内容和学习方法

随着智能仪器的迅速发展和广泛应用，"智能仪器工程设计"已成为仪器仪表及自动化类专业本科和研究生的专业核心课程。

本课程讲述智能仪器工程设计的基本的、主要的内容，对智能仪器的硬件、软件结构与主要技术方法做了详细的介绍，其中重点分析总体设计、信息的获取与信号的放大、信号转换技术、数据采集系统、微处理器的选用、软件设计、人机接口设计、通信总线、仪器结构设计、抗干扰设计、故障检测与调试等内容。

智能仪器是在常规仪器仪表的基础上发展起来的，它是多学科的综合，因此学习本课程之前要有扎实的电子电路技术和微机技术基础，还要有一定的传感器技术、自动测试技术、控制原理、软件编程等专业课的知识。智能仪器设计者应当能够根据设计任务要求的功能和技术指标，独立地设计硬件部分和计算；能够根据该仪器的各项测量功能独立地进行软件设计；还要能够根据所设计的原理电路，合理地布置元器件，绘制智能仪器的线路图；最后，应能对所设计的智能仪器进行调试，发现设计中的错误并及时修改，直到所设

计的智能化测控仪器达到预期的目的

  本课程的教学应强调理论联系实际，通过实例讲解、实验操作和习题思考，提高学习者设计智能仪器的综合能力。本课程讲解过程中不局限于某种芯片、某种机型和某种语言，力图介绍智能仪器的通用技术和通用设计方法。

习　题

  1．仪器仪表可分为哪几类？计量测试仪器分为哪几类？

  2．仪器仪表的重要性体现在哪些方面？

  3．智能仪器与传统仪器的主要区别是什么？

  4．简述智能仪器的结构和特点。

  5．推动智能仪器发展的主要技术有哪些？

  6．针对使用和接触过的仪器，指出哪些属于智能仪器，并思考各个仪器有哪些不足及应如何改进。

第 2 章　智能仪器总体设计

本章重点介绍智能仪器总体设计的设计过程、设计内容，以及智能仪器总体设计应遵循的原理与原则；以单相电能表鉴定仪的总体设计为例，揭示智能仪器总体设计中功能规划、指标确定和人机界面总体设计的方法；简要介绍智能仪器总体结构与布局、数据采集方案、通信方案、系统供电和功耗等的设计方法。

2.1　智能仪器总体设计概述

2.1.1　智能仪器设计过程的划分

智能仪器设计并没有一成不变、需要严格执行的程序，但根据前人的经验总结，按照一定的基本步骤进行设计，有助于智能仪器设计项目的有序进行。智能仪器设计过程可根据设计过程各阶段工作对象的性质划分，也可根据设计过程中每个阶段的工作特点来划分。实际上这两种设计过程划分方式是一致的。

1. 根据工作对象的性质来划分

根据智能仪器设计各个阶段的主要工作对象的性质，智能仪器设计过程可分为下面三个步骤：

（1）行为描述和设计。行为是指智能仪器系统、子系统、模块、部件的功能。按照自上而下的设计方法，行为描述和设计应先从系统级开始。设计者对用户需求和市场状况做深入的调查研究，对收集到的原始资料进行分析，然后用工程语言将所要设计的智能仪器的各项功能和技术指标、与外部的接口方式和协议进行描述或定义。例如手机可规划通话功能、短信功能、来电显示、时钟闹钟、存储查看、上网下载等功能，技术指标包括接收发射频率、功率、待机时间、供电电池容量、尺寸和重量等。而子系统级、模块、部件的行为则由各个层次所用单元的功能——输入输出关系来描述。设计者从系统级逐层向下进行功能划分，逐步推演和定义出各个层次的行为。

（2）结构描述和设计。结构是指为实现功能所用的模块以及各模块之间的互连方式。结构描述和设计就是将描述的行为映射为结构，即将行为描述和设计的结果作为输入信息，规划实现行为的组成单元——模块，并规定互连方式和协议。显然，结构描述和设计也分为系统级、模块级和部件级。

（3）物理描述和设计。物理是指实现结构的具体形式、技术与工艺，包括模块的物理类型、布局的基本式样、尺寸和装配方式等。这一步骤是进行从结构描述到物理实现的映射，将结构描述作为设计输入，选用一定的材料、技术和工艺去实现给定的结构。

显然，由于不同设计者的知识结构、工作经验和所掌握的资源的不同，对于同一设计任务，不同的设计者在上述三个步骤中会给出不同的结果。

上述三个过程都要同步建立设计文档，将每一步的设计思想、方案比较与选择、分析计算结果、各层次的设计图纸等加以整理记录，形成文档。文档在设计过程中供设计管理者、设计者、用户之间进行交流，是设计工作的规范和设计结果的验收标准。

2. 根据工作特点来划分

根据设计过程中每个阶段的工作特点，智能仪器的开发和设计过程一般可分为以下几个步骤：

(1) 分析设计任务。只有充分明确设计任务，才能圆满完成设计任务。设计任务分析是完成任何设计工作的首要环节。设计任务分析包括用户需求分析、市场调研和资料搜集分析等。这一步骤属于行为描述和设计。

(2) 总体设计。总体设计是对智能仪器的全局性问题进行全面的设想和规划，例如仪器的功能规划、经济技术指标确定、主要结构参数选择、功能模块划分以及接口设计等。在总体设计时，应针对以上问题提出若干个方案，并进行分析比较。这一步骤是行为描述和设计、结构描述和设计的重点。

(3) 在专家评审的基础上优化总体设计。智能仪器总体设计的优劣，直接决定了最终的设计结果——智能仪器的优劣，甚至决定着设计项目的成败。因此，应对总体设计的若干个方案，组织相关专家进行评审，并根据评审意见确定和优化总体设计，或重复(1)、(2)、(3)步，直到最终评审通过。通过后的总体设计方案，应作为设计文件固定下来，并指导、约束后续技术设计。

(4) 详细技术设计。根据总体设计中的模块划分和各模块的功能、指标、接口等的定义，设计调试智能仪器的各个模块。这一步骤属于物理描述和设计。

(5) 组装调试样机。将调试好的智能仪器的各个模块组装成智能仪器样机，并进行样机整体功能指标的调试。如果达不到设计任务要求，则应修改完善设计。这一步骤仍然属于物理描述和设计。

(6) 修改优化设计。根据用户、专家对样机的评审意见，修改优化设计。

(7) 整理归档。整理归档设计技术资料。

2.1.2 总体设计及其内容

智能仪器总体设计，是指在进行智能仪器具体技术设计前，分析用户需求及仪器的应用环境和条件，从仪器的功能规划、经济技术指标确定、主要结构参数选择、功能模块划分以及接口设计等角度出发，对智能仪器的全局性问题进行全面的设想和规划。

一个好的总体设计，是智能仪器设计必需的良好开端，是研发项目成功的基础和保证；如果智能仪器的总体设计没有做好，设计出的产品就不可能满足设计任务要求，甚至难以完成最终的设计工作，导致研发项目流产。

智能仪器总体设计的主要内容包括：设计任务分析(包括用户需求分析、市场调研、资料搜集与整理等)，功能的规划，技术指标、经济指标、可靠性指标的确定，工作原理、测量方案的选择，结构布局造型设计，模块划分与相互接口设计，人机界面设计，供电与功耗设计，电磁兼容设计以及通信与对外接口设计等内容。

智能仪器总体设计中的功能规划既包括智能仪器总体功能的规划，也包括各个模块功能的规划。目前，大部分智能仪器的研发都需要一个多人团队的通力合作才能完成。团队中任何一个环节的设计失误，尤其是各环节之间接口部分的失误，都可能造成全局性的影响。因此，在开始具体设计前，应对各个部分的功能指标进行仔细规划，对各个模块的输入、输出、供电、功耗、安装方式、尺寸和重量等进行详细定义，这些工作也是总体设计中的重要内容。

2.2　设计任务的来源和分析

在设计一个系统之前，必须知道要设计什么。"需求"是用户所想要的非形式化的描述，用户的需求分功能性需求和非功能性需求两种。功能性需求说明了要设计的系统必须能做什么，例如测量某物理量的量值；非功能性需求是指设计系统的技术指标，包括测量量程、准确度、物理尺寸、重量、价格、功耗、设计进度、可靠性等。

为了设计一台功能完备、性能优良、价格适中的智能仪器，首先应对设计任务有详细的分析和理解。分析设计任务的主要目的，是要搞清楚设计任务对智能仪器提出的要求和限制，以便所设计的智能仪器能实现和满足这些设计要求和限制。在设计任务分析的基础上规划智能仪器的功能和性能指标，是智能仪器总体设计的关键步骤。

2.2.1　设计任务的来源

智能仪器设计的依据是设计任务。包括智能仪器在内的大多数产品的设计任务，一般有以下几种来源：

（1）用户直接定制。当用户的特殊需求无法在市场上得到满足时，用户可直接到具有研发能力的机构定制。设计者根据用户这种专门的需要，针对特定的测控对象、被测参数或工作特点，设计专用的智能仪器。

（2）现有商品的系列扩展或综合。这种设计任务来源分两种情况：一种主要是根据市场需求，对现有的智能仪器进行系列扩充，例如设计一种或多种智能仪器，这种智能仪器具有目前市场上同类产品没有的功能、精度、量程等，以丰富同类智能仪器的型号系列；另一种是根据市场需求，对市场上功能用途有联系的多种智能仪器进行功能综合，形成一种新的智能仪器，从而提高产品性价比，增强产品的竞争力。

（3）引导消费，满足预期需求。这种设计任务来源是根据技术的发展和对社会需求的预测，适时推出性能更好、功能更齐全、技术更先进的新型智能仪器。

（4）大型设计任务的分解。有些设计任务是从大型设计研发任务中分解出来的，例如"神州 6 号载人飞船"项目是一个超大型研发项目，其中许多测控仪器的研发任务，都是从这个超大型研发任务中逐级分解出来的。这类设计任务一般是上级部门通过指令或招标等形式分派的任务。

上述几种设计任务来源，归根结底都是来源于用户。用户可能是具体的消费者个体，也可能是一个实际的单位。其中，（1）和（4）有具体的用户，所以很可能得到较为详细的关于要设计的智能仪器的功能指标等信息，而（2）和（3）就需要设计者在充分调研的基础上规划功能，确定指标。

产品的使用者和设计者之间是一种特殊的关系。智能仪器的一般用户与设计者之间信息不对称。用户仅仅关心智能仪器的使用，对使用要求和使用环境十分熟悉，而对仪器内部结构和原理并不十分了解。相反，设计者需要对智能仪器的内部详细结构，甚至具体到元器件都十分清楚，需要用具体的技术实现用户的需求，但设计者对仪器的使用要求和使用环境可能不甚了解。因此，用户提出的设计要求一般是倾向于对使用情况的描述性要求，通常不具有直接的实现技术指向性。设计者为了最终落实这些要求，就必须认真分析用户提出的设计任务，从用户模糊的、倾向于使用情况的、描述性的要求中，规划出仪器的功能，制定出仪器的性能指标。上述设计任务的来源(2)和(3)就属于这种情况。

对于上述设计任务的来源(1)和(4)，虽然有可能在得到设计任务的同时已经得到了仪器的功能要求和指标，但设计者仍需与用户进行充分交流，并结合资料搜集和实地调研，以便充分理解用户的需要。

2.2.2　设计任务分析

1. 对设计任务的要求

作为设计过程的输入，设计任务应满足下列要求：

(1) 正确性：设计任务必须正确地描述用户的需求。正确性既包括应该避免超出需要的项目，各项目又不能附加不必要的条件。

(2) 无二义性：设计任务的描述应该清晰，并且只能有一种明确的解释。

(3) 完整性：所有的用户需求都应该包括进来。

(4) 可检验性：设计任务的描述是否满足了用户的每一种需求，应能够找到有效的方法检验。例如，如果设计任务中有"设计产品对用户要有吸引力"的描述，而又没有对"吸引力"进行其它定义，那么将很难验证设计的产品是否满足要求。

(5) 一致性：设计任务的描述项之间不能相互矛盾。

(6) 可修改性：设计任务书文档应结构化，以便在不影响一致性、可检验性等情况下，可以为适应变化的需求而修改。

(7) 可溯源性：设计任务的描述应能溯源。设计任务书的每一项描述应能找到其存在的价值，应能找到前后描述的关联性；应能跟踪观察用户的每个需求如何被满足，应能从当前溯源，知道哪个需求是用户提出的。

2. 设计任务分析的内容

通常，智能仪器的设计任务分析包括以下几方面的内容。

(1) 了解仪器的功能用途。一种产品之所以存在，在于其具有其它产品难以替代的功能，即能完成某种工作。首先要了解用户对仪器的功能要求。对于一种智能仪器，首先应确定它可以用于完成何种核心工作，完成这一核心工作需要哪些步骤，完成各步骤需要哪些条件，当系统接收到输入时执行哪些动作，用户输入的数据如何影响功能，不同功能之间如何相互作用等等，从这些分析中提出功能要求。例如要求智能仪器是具有测量功能、控制功能还是管理功能，是动态测量还是静态测量，是实时在线测量还是事后检测，仪器的检测效率、测量范围、承载能力、操作方式等如何要求，仪器携带运输方面如何要求等等。

　　在分析设计任务时，与用户的交流是至关重要的。不仅一个大型的复杂的智能仪器的设计是这样的，而且一个小型智能仪器的开发，甚至是一次很小的产品升级，同用户的沟通也是很重要的。在一般的公司中，市场或销售部门可能有更多的机会与用户沟通，然而让设计者直接和用户交流，对于产品研发或许更为重要。直接让用户和设计者沟通，能让设计者得到用户需求的初步模型，可以让设计者更好地了解用户的需求，给出更清晰、更容易使用的用户界面。和用户交流包括产品调查、组织集中的用户组座谈或请一些用户来测试实体模型等形式。

　　（2）了解被测控参数的特点。一般智能仪器的工作任务，主要是对某种参数的测量或控制。因此，了解被测控参数的特点是设计任务分析的重要内容。被测控参数的特征包括被测控参数的定义、被测控参数的精度要求、被测控参数的数值范围、被测控参数的性质及其状态（瞬态参数、稳态参数、动态参数、静态参数）等等。智能仪器的工作原理和测控方式，主要是根据被测控参数的定义确定的，智能仪器的许多性能指标，也是根据被测控参数的上述特征而确定的。一般的仪器都要求在一定的时间内进行一定的操作。对性能的要求应尽快确定，因为这些要求在设计过程中需要认真考虑，以便随时检查系统是否满足要求。

　　（3）了解被测控参数载体的特点。被测控参数的载体，一般是各种各样的实物。这些载体大小、形状、材料、重量、状态等特点都将对测量和跟踪控制产生重大影响。例如：被测量载体的形状大小将影响测量探头的类型；不同重量的抓持物体将影响机械手的动态特性等等。

　　（4）了解智能仪器的使用条件和环境。智能仪器使用的条件和工作环境，是智能仪器设计的约束条件，对设计起着重要的作用。例如：要研发的智能仪器是在室内使用还是室外使用；是在实验室内还是在工业车间内使用；工作环境状况（环境温度、湿度及其变化范围，灰尘、油污状况，振动及电磁干扰等情况）如何等等。对于功能和指标相似的同类智能仪器，仅因使用环境不同，其结构形式也许差别极大。

　　（5）了解国内外同类产品。利用互联网、书籍、报刊、技术资料等了解国内外同类产品的类型、原理、技术水平和结构特点。通过查找资料、搜集产品样本、现场实地调研、用户访问、专家咨询等形式，尽可能多地掌握第一手资料，通过对比分析，把握同类智能仪器的市场现状、存在的问题和发展方向。

　　（6）应考虑设计的其它影响因素。影响设计的其它因素有生产成本、功耗、操作性等。生产成本主要指硬件元器件的采购费用。在总体设计阶段，至少应对最终产品的粗略价格有所了解。因为价格最终影响系统的体系结构。一台要以 100 元出售的设备的内部结构与一台打算以 1000 元出售的设备的内部构造肯定是不同的。另外，还必须对系统功耗有一个粗略的了解。通常，决定采用电池供电还是采用市电供电是系统设计的一个重要问题。尤其是靠电池供电的系统，必须认真地对系统功耗进行考虑。系统的物理尺寸和重量对系统的构造有很直接的约束。一台台式设备的构造就比一台便携式仪器有更宽松的选择。

　　（7）了解国内外的加工工艺水平以及关键元器件的生产销售情况。加工工艺水平是实现设计目标的可靠保证。尤其对于智能仪器的关键元器件、零部件的设计，要在落实供应商和加工工艺方法以后才能确定设计方案，避免形成不可实现或难以实现的设计构想。智能仪器所必需的关键电气元器件应在设计的过程中落实，要了解相关元器件的性能、价格、质量及持续供货情况。

通过以上分析，可对智能仪器的设计任务以及所设计的仪器的有关方面有一个全面的了解。在此基础上，还应搞清上述问题哪些是主要问题，哪些是次要问题；哪些问题是在设计中必须首先解决和保证的，哪些可以直接采用自己或他人的成果。这样，在设计过程中，便可以集中精力针对关键问题进行深入的研究。通过对设计任务的分析，除了审查设计任务的合理性和可实现性，从对设计任务模糊的叙述中提炼仪器的功能指标外，还应在仪器的精度储备和功能扩展方面留有余地。

当然，用户的要求不一定都是合理的，一定要把握尺度，不合理的要求要协商调整。

2.3　功能规划和指标确定

任何一项设计都有来自用户的要求和设计的约束条件，智能仪器也不例外。这些要求通常包括功能与性能两个方面，约束条件则包括产品的成本和价格、开发周期、工作环境、功耗、连续运行时间、平均无故障率等。如果设计要求过高，约束条件过严，应用现有技术很难达到，那就应权衡利弊得失，规定一个各项条件的优先次序，在此基础上确定详细的切实可行的设计目标。在整个设计过程中，要反复检验和对照这些目标能否达到，有无一定的裕量。当然，也要检查设计方案中是否存在浪费资源、小题大做的"过设计"，以免导致成本提高和设计时间的拖延。

有些设计任务，由于其特殊的来源，对于智能仪器的功能指标已经有了详细的规定，设计者应当在与用户进行充分交流的基础上，分析审定其合理性和可实现性。事实上，智能仪器的许多功能和指标是相互冲突的。例如，要实现智能仪器的宽量程，由于系统非线性等原因，有可能要牺牲仪器的精度，如图 2.1 所示，量程 B 比量程 A 宽，但是量程 B 对应的测量最大示值误差 Δ_2 比量程 A 对应的最大示值误差 Δ_1 要大得多。当然也可以通过增加挡位同时实现宽量程和足够的精度，然而挡位多了，有可能增加软硬件。增加硬件有可能影响仪器的大小尺寸和整机成本，增加软件有可能影响智能仪器工作的实时性和可靠性等。

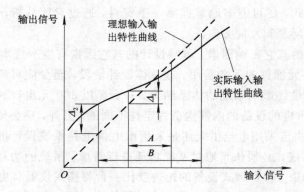

图 2.1　量程与精度关系示意图

另一方面，有些附加功能有可能对整机其它主要功能和指标产生影响。例如，对于有些智能仪器，时间指示功能并不是主要功能，只是锦上添花的附加功能。当被要求增加时间指示功能时,往往并不仅仅是增加时钟芯片和备用电池那么简单。要想增加时间指示功能,必须增加时钟芯片的通信程序。由于时钟芯片的运行误差、电池掉电等问题,时间指示误差较大时还需要增加时间调整功能。当智能仪器本身就有参数输入功能,面板上有数字键,软件有参数输入程序时,问题相对容易解决;但是当仪器本身没有参数输入功能时,则还要增加数字键、退格键、取消键和确认键等,并增加参数输入程序。多增加这么多按键,对仪器面板的布置、仪器结构大小等都有影响。同时还得考虑生产、调试、运输过程中的电池短路等问题。因此,对于各项功能,哪怕细枝末节的功能,都要仔细斟酌,做出合理的取舍。若出现因随意增加一项小功能而导致整个项目难产的局面,会令人难以接受。

从某种角度看,一名设计师的技术水平,实际上表现为其在各个约束条件中做出权衡取舍的能力。当然,这种能力来自于不断的学习和实践,尤其是从科研实践中得到的经验,对一个智能仪器设计师的成长十分重要。

由于一般情况下,智能仪器的用户与设计者之间信息不对称,因此用户通常仅仅关心智能仪器的使用,对仪器的内部结构和原理并不十分关心。所以,用户提出的设计要求一般是倾向于使用情况的描述性要求,设计者在总体设计中的一项主要工作,就是通过分析用户提出的设计任务,从用户模糊的、倾向于使用情况的、描述性的要求中,提炼出仪器的功能,制定出仪器的性能指标。这项工作往往要根据设计者所掌握的知识,根据有关的标准、规程和规定,根据市场调研的结果,还要根据有关行业知识和设计者的经验来完成。如前所述,用户往往会提出"要有时间指示"的要求,这句话实际上是模糊的描述性语言,没有说明时间如何指示以及精度有怎样的要求,更不可能有如何实现的信息。对于智能仪器设计师来说,应通过和用户沟通,了解指示的时间有何作用,若仅仅是让仪器的操作者有时间观念,作为时间参考,那么这里的时间指示精度不低于一般钟表的精度即可,这样一般的时钟芯片即可满足要求。若这里的时间指示是作为重要参数,比如计费依据,那么指示的时间精度就要求非常高,有时甚至要使用 GPS 系统从卫星信号中得到标准时间。

进行总体设计时,按照仪器应完成的任务来确定其功能。例如,仪器是用于过程控制还是用于数据采集的处理;要求的精度如何;仪器输入信号的类型、范围如何;是否需要进行隔离;仪器的输出采用什么形式,是否需要进行打印输出;仪器是否需要具有通信功能,如果需要,是采用并行还是串行通信;仪器的成本应控制在什么范围之内,等等。另外,还要对整个仪器的结构、外形、面板布置、使用环境等进行充分的考虑。

下面通过便携式单相电能表校验仪的功能规划和各项指标的确定,来说明智能仪器总体设计中功能规划和指标确定的方法和过程。

便携式单相电能表校验仪的设计任务由用户提出。用户的要求是:为适应山区和偏远农村地区民用电力用户的电能表校验工作,设计一种便于携带的电能表校验仪器,供电能表校验人员下乡校验电能表。校验若干天后,将校验仪器带回供电企业,并将校验信息传送到供电企业的计算机中进行管理。

根据行业知识,目前电能表校验比较成熟的技术是将被校验电能表与标准电能表进行比对校验。采用这种方法时,电能表校验仪器应包括可调节的程控测试电源、标准电能表和控制计算模块等。由于用户是用本仪器校验民用电能表,而民用电能表一般为单相电能表,通常其准确度等级为 1 级或 2 级,因此所设计的电能表校验仪应为单相电能表校验仪,测试电源的输出应为单相电压、电流输出,标准电能表应为单相电能表。根据误差理论和校验电能表规程的要求，标准电能表应比被校验电能表至少高一个精度等级，因此，要求标准电能表精度等级不低于 0.5 级。采用比对法校验电能表时，对测试电源的要求较低，但根据设计者的经验和现有的技术水平，测试电源的输出全量程稳定度应不低于 0.5%，失真度不低于 1%。民用电能表电压检测回路的功耗一般不超过 10 V·A，电流检测回路功耗不超过 15 V·A。考虑电能表校验效率，按一次同时校验 3 块电能表设计，则测试电源的电压输出功率应不低于 30 V·A，电流输出功率应不低于 45 V·A。民用单相电能表的工作电压只需单相交流 220 V 一挡，额定电流常见的是 5 A 和 10 A。根据电能表校验规程的要求，测试电源的输出电流应为额定电流的 0.025～8 倍，即 0.1～80 A。根据电能表校验规程的要求和现有的技术水平，电能表校验仪器应具有多工作点误差校验功能、启动试验功能及潜动试验功能。由于要与计算机通信，因此应有与计算机通信的接口。根据使用要求，电能表校验仪器应具有校验信息存储和查看功能，按一天校验 30 块电能表计算，10 天校验 300 块电能表，仪器应具有存储 1000 块电能表校验信息的功能。根据行业知识，每块电能表校验信息至少应占 100 B，因此仪器内部数据存储器空间应不少于 100 KB。由于是下乡校验，当场需要出具校验报告，因此仪器应具有打印输出功能。根据用户便携的要求，电能表校验仪器应满足一定的外观尺寸和形状，各个元器件的安装应适应长途颠簸。根据市场调研，这类电能表校验仪器元器件的成本不能超过 1 万元。

综合以上分析，要设计的单相电能表校验智能仪器的功能规划为：测试源输出可调整，具有误差校验功能、启动试验功能、潜动试验功能、校验信息存储查询功能、与计算机通信和传输校验信息功能、校验信息打印输出功能以及电能表资料输入功能等。各项指标为：测试源输出电压为交流 0～264 V，输出功率为 30 V·A，输出电流为 0.1～100 A，输出功率为 45 V·A，测试源输出稳定度高（小于 0.5%），失真度小于 1%；标准表准确度为0.5 级，能存储 1000 块电能表校验信息，尺寸大小、形状、重量等满足便携要求，安装装配满足长途运输的可靠性要求，元器件成本不能超过 1 万元等。

下面是 GPS 移动地图的用户需求分析的例子。这是一个设计任务中已经有一定的功能指标描述的例子。

用户描述如下：

（1）功能：该移动地图主要针对高速公路上的开车用户或类似用户，而不是供更专业的航海或航空使用的。系统应能展示从标准地图数据库中得到的主要道路和其它标志信息。

（2）用户界面：应有 400×600 像素，按钮应不多于三个，按下按钮后显示器上弹出相应的菜单，以供用户选择。

（3）性能：地图应随着使用者位置的移动而平滑滚动，加电后应在一秒内显示，系统可检测使用者的位置，并在 15 秒内显示当前地图。

（4）成本：每台售价不高于 4000 元。

（5）物理尺寸和重量：应能舒适地手持。

（6）功耗：四节 AA 电池应能连续运行 8 小时。

基于以上描述，移动地图系统需求如下：

（1）目的：为开车者提供移动地图。

（2）输入：一个电源按钮和两个控制按钮。

（3）输出：LCD 显示 400×600 点阵。

（4）功能：使用 5 种接收器的 GPS 系统，有三种用户可选用的分辨率，总是显示当前的经纬度。

（5）性能：总是在 0.25 s 内更新显示内容。

（6）售价：价格在 4000 元以内。

（7）功耗：100 mW。

（8）物理尺寸和重量：尺寸不大于 50 mm×150 mm，重量不大于 350 g。

完成了智能仪器的功能划分和指标确定后，应进行合理的模块划分。在智能仪器设计和研制的过程中，要按照智能仪器的功能把硬件和软件分成若干个模块，对各个模块采用"自顶向下"的顺序进行设计和调试，最后将各模块连接起来进行总调试。

智能仪器的设计大多是复杂的综合性的设计任务。这些任务往往不是通过一个单元电路、一段基本程序所能实现的。主设计师或项目负责人应该对设计对象做出全面而合乎逻辑的说明，然后将设计对象连同各项指标分解成一批可以相互独立的子任务。这些子任务再逐级细分，直到每一低级的子任务可以通过以某种电路模块为核心的硬件，或以某种算法为中心的软件实现为止。这些细分的任务可以由一个设计师独立承担，也可以由许多设计师分工负责。各项子任务完成后，将所有的结果汇总起来，必要时做些调整，即可完成整体设计任务。无论硬件还是软件都可以采用这种自上而下的分解方法。至于细分到哪一级算是最低级，则要根据设计者的技术基础和设计团队的人数而定。例如单相电能表校验仪项目，根据功能规划和指标确定，测试电源由三位工程师完成，分别负责测试电源中的数字信号部分硬件、软件和功率放大部分；两位工程师负责标准电能表，分别负责硬件和软件；两位工程师负责主控模块，分别承担软硬件设计；一位工程师负责结构设计；一位工程师负责外围器件设计。因此，该项目的设计应由 9 位设计师来完成。

某些特定的子任务既可以靠硬件实现（辅之以少量软件），也可以靠软件完成（辅之以少量硬件）。硬件、软件的协调优化设计，是提高产品的质量和性能，降低产品成本的重要方法。一般来说，以硬件为主会使方案成本增加，但处理比较及时，并可以减轻微处理器的负担；以软件为主则能降低方案的成本，但要把较多的人力、时间投入到软件设计中。从可靠性指标来看，硬件越多，由器件、焊点、插接件形成的潜在故障点就越多；而软件的可靠性指标不会随着时间的推移而降低。以往人们在智能仪器的设计中，过多地着眼于降低硬件成本，而尽量以软件代替硬件。随着 LSI（Large Scale Integration，大规模集成）芯片功能的增强和价格的下降，着眼于加快产品的研制开发进度，上述情况正在发生变化。在处理实际问题时，究竟哪些设计任务应该以硬件代替软件，哪些设计任务应该以软件代替硬件，需做具体分析，不能一概而论。但设计者至少应明确，凡是简单的硬件电路能解决的问题，就不必用复杂的软件取代；反之，简短的软件能完成的任务，也不必去设计复杂的硬件。此外，还需注意到硬件成本（主要是器件及印刷板的成本）随着产品批量的增大而下降，而软件成本（主要是开发过程中耗费的人力、时间等）几乎是一次性投资。一个性能良好的设计方案往往具有硬件和软件协调、各尽所能的特点。

在设计一个系统时，如何全面地衡量软件、硬件的分配，是非常重要的。这有赖于设计者的经验和对技术掌握的熟练程度。一个有经验的设计师能全面考虑软硬件的情况，从开发要求、实现途径、开发周期、系统成本、可靠性等方面均衡规划软硬件。熟悉硬件电路的设计者喜欢用硬件解决问题，将硬件电路设计得非常复杂，增加了开发的工作量、调试难度和硬件成本，严重影响系统的可靠性；而熟悉软件的设计者喜欢尽可能用软件解决问题，将硬件设计得过于简单，而使软件调试困难，加大了人力成本，有可能不能满足系统的实时性要求。因此全面良好地平衡系统软硬件两个方面的工作，对提高系统可靠性，加快研发周期，减少工作量，提高系统综合效益非常重要。

部件与器件是外购还是自行设计，主要取决于产品的生产量。如果是大批量生产，采用自行设计制造的方法较为适宜；如果是小批量生产或研制样机，若无通用型开发系统可用，则不妨购置简易开发机并直接扩展为目标系统。选择元器件也应考虑产品的规模。凡中等批量以上的产品，应尽量采用通用型元器件；在同等质量和条件下，宜使用资源充足的元器件。从器件的技术水平来看，过时的元器件质量与性能往往不尽如人意，前沿技术水平的元器件价格又过于昂贵，而技术成熟且未落伍的元器件通常具有最高的性价比。

总体设计方案确定后，应将方案整理为设计文档，并制定详细的进度计划。进度计划应能使设计者对所做的工作进度有清楚的了解，并可以确保不遗漏其中的任何一项工作；可以方便设计团队中的成员之间相互交流，通过定义全面的设计过程，使团队里每个成员可以更好地理解他们所要做的工作，清楚他们在某段时间内可以从其它成员处得到的东西，明确当完成分配给他们的任务时应达到的目标。复杂的大中型智能仪器都是由团队开发的，所以团队成员之间的相互合作是一个优良的设计最重要的部分。

2.4　设计原则与原理

在智能仪器的总体设计中，确定了功能和技术指标后，就应选择仪器的工作原理，恰当选择仪器的工作原理是十分重要的；同时，在智能仪器的设计过程中应遵循一定的设计原则。

由于智能仪器用途十分广泛，渗透到国民经济的各行各业，涉及人民生活的方方面面，因此，智能仪器的工作原理与测试方式也是千差万别。设计者只能根据不同的测试对象，结合不同的用途和使用环境等，选择不同的工作原理。

有些较为复杂的智能仪器，其内部各个模块的工作原理也不尽相同。例如前述单相电能表校验仪，其中测试电源采用数字波形输出加功率放大模式，数字波形输出采用微处理器将存储在 RAM 中的正弦波的采样数据，根据控制模块设定的频率、相位和幅度值，加权输出，经 D/A 转换后，送到功率放大模块。功率放大模块采用模拟电路，运用开关功放技术对数字波形进行功率放大，再经电压互感器和电流互感器按主控模块设置的挡位输出。标准电能表采用微处理器芯片，将测试电源输出信号经变压器或变流器后，通过 A/D 转换变成数字信号，在微处理器中采用数字乘法和积分算法，求出标准电能值。被校电能表的电能示值读取采用光电检测技术，通过光电采集读取被校验电能表的脉冲（电子式电能表发光二极管发出的光脉冲或机械式电能表旋转度盘的黑斑旋转圈数）等等。

尽管智能仪器的工作原理各有不同，但是，在长期的实践中，经过智能仪器方面的专家学者不断地总结经验，已形成了一些带有普遍性或在一定条件下带有普遍性的，智能仪器设计所应遵循的基本原理和基本原则。这些设计原理与原则，作为智能仪器设计中的技术措施，根据不同的智能仪器的具体情况，在保证和提高智能仪器的性能，降低智能仪器的成本等方面带来了良好的效果。因此，如何在智能仪器的总体设计中遵循或恰当运用这些原理和原则，是智能仪器总体设计中应着重考虑的。

2.4.1　阿贝原则及其扩展

针对线性几何尺寸测量仪器的设计，1890 年，阿贝提出了一条指导性原则，人们将这一原则称为阿贝原则。阿贝原则指出：为使测量仪器能给出正确的测量结果，必须将仪器的读数刻线尺安放在被测尺寸线上或其延长线上。

这条原则要求，被测尺寸线和仪器中作为读数用的基准线应共线。图 2.2 所示为圆形工件直径测量示意图。图 2.2(a) 为用游标卡尺测量的示意图，可以看出，在这种情况下，被测尺寸与刻度尺平行但不共线，显然，用游标卡尺测量工件直径不符合阿贝原理；图 2.2(b) 为另一种测量直径的仪器工作原理示意图，可以看出，用这种仪器测量时，被测尺寸线与刻度尺共线，显然，这种仪器的工作原理符合阿贝原理。

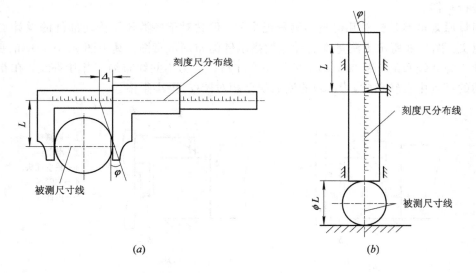

图 2.2　工件直径的测量示意图

用游标卡尺测量工件直径时，活动爪在导轨上移动，由于导轨与活动刻度尺间存在配合间隙，因此使活动刻度尺产生倾斜角度 φ，从而带来测量误差 Δ_1，其值为

$$\Delta_1 = L\,\tan\varphi \tag{2.1}$$

式中：L 为工件中心到刻度分布线的距离。

设 $L=20$ mm，$\varphi=1'$，通过式(2.1)可以求出因活动刻度尺倾斜所引起的测量误差为

$$\Delta_1 = L\,\tan\varphi = 20 \times 10^{-3} \times \tan\frac{1}{60} = 5.82 \times 10^{-3}\ \text{mm} \tag{2.2}$$

针对图 2.2(b) 所示的情况，设工件直径为 $L=20$ mm，活动刻度尺相对导轨同样倾斜 $\varphi=1'$，则此种情况下引起的测量误差 Δ_2 为

$$\Delta_2 = L(1-\cos\varphi) = 20 \times 10^{-3} \times \left(1 - \cos\frac{1}{60}\right) = 8.46 \times 10^{-7}\ \text{mm} \tag{2.3}$$

通过式(2.2)和式(2.3)的计算结果可以看出，两者在同等条件下的测量误差相差若干个数量级。产生这样大的差别的主要原因就是前者不符合阿贝原则，而后者符合阿贝原则。

可见，阿贝原则在几何量测量仪器的设计中意义重大。该原则至今一直被公认为是几何量测量仪器设计中最基本的原则之一，在一般情况下都应尽量遵守。但在实际的设计工作中，有时也不能保证阿贝原则的实施，例如三坐标测量机是多自由度测量，就无法保证三个坐标方向的测量都满足阿贝原则；再如有些仪器，由于安装空间位置的限制，也无法满足阿贝原则。另一种情况是，有时遵守阿贝原则，会造成测量仪器的尺寸过于庞大。由于阿贝原则要求被测尺寸与刻度线尺共线排列，因此仪器的外观轮廓尺寸至少应是被检测最大尺寸的 2 倍，显然，在很多情况下这是难以接受的。因此，仪器的设计者在大量的实际工作中进一步扩展了阿贝原则的定义。阿贝原则的扩展内容包括：

（1）刻度尺与被测量尺寸线共线；

（2）如果难以保证（1）满足，则应使仪器活动件和导轨间的转角尽可能小，使得其对总测量精度的影响小到可以忽略不计；

（3）如果难以满足（1）和（2），则应跟踪测量出活动件和导轨间的转角，并据此对测量结果进行补偿。

阿贝原则虽然是针对几何量的测量提出的，但它对于各类仪器传动部件的设计均具有指导意义。图 2.3 所示为测量探头和读数指示针的布局示意图。其中图 2.3(a) 中的探头 3 和指针 5 为共线布局，图 2.3(b) 中的探头 3 和指针 5 为不共线布局。当滑动台 2 在相对导轨运动的过程中有转角时，图(a)的读数误差相对(b)要小得多。

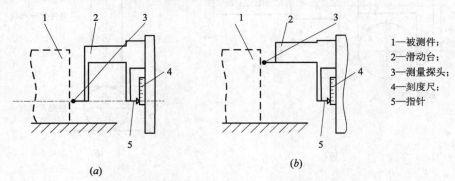

1—被测件；
2—滑动台；
3—测量探头；
4—刻度尺；
5—指针

图 2.3　测量探头和读数指示针布局示意图

图 2.4 所示为机械传动机构中力的作用线与运动件运动轨迹布局示意图。其中，图 2.4(a) 中力的作用线与运动件运动轨迹共线，图 2.4(b) 中力的作用线与运动件运动轨迹不共线。在仪器测量过程中，图(a)中的运动件的运动灵活性和运动精度要优于图(b)。可见，在智能仪器这些类似环节的设计中，也应注意遵守阿贝原则。

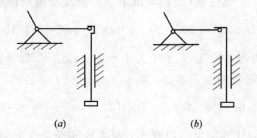

图 2.4　力的作用线与运动件运动轨迹布局示意图

2.4.2　平均读数与误差分离原理

在设计智能仪器的过程中，利用多次测量取其平均值的方法，通常能够提高测量精度，这种方法就是平均读数法。在智能仪器进行测量时，存在随机干扰可能产生随机误差。由于随机误差的大小和符号是随机的，因此对多次测量结果取平均值后，就可能大大降低随机干扰对测量结果的影响。平均读数法在测试工作中被广泛使用。在智能仪器中使用平均读数法主要是通过软件实现的，即所谓的数字滤波器。

测量某一量时，由于结构的限制，往往使得另一量（一般为测量仪器的运动误差）混入测量结果中，这时通过设计合理的测量结构和采用适当的数据处理方法，可以使得被测量和另一量相互分离，从而提高测量精度，这种方法称为误差分离。例如测量零件圆度时，仪器的测头相对于工作台做圆周运动，此圆周运动误差会和圆度误差共同混入测量结果中，运用误差分离技术，可以使得零件的圆度误差和测量探头相对工件的圆周运动误差分离开来。

若某系统的每个误差源都线性地产生一个部分误差，某个部分误差只与产生它的误差源有关，而与其它误差源无关，系统总误差是各个部分误差的代数和，则称此系统所有误差项满足误差独立作用原理。常规系统的常见误差，在一般的精度要求下，都满足误差独立作用原理。

下面简要介绍多点法圆度误差分离技术。

设在线误差测量和分离系统中的某一被测误差量为 $r(i)$，其余有限个误差量为 δ_1，δ_2，$\cdots$，δ_h，$\cdots$，δ_k。设测量系统中安装 m 个测量传感器，且其在测量空间的位置分别为 p_1，p_2，$\cdots$，p_h，$\cdots$，p_k，则应用 m 个传感器进行一次测量后可得到传感器的输出矩阵方程为

$$\boldsymbol{y} = \boldsymbol{A}_e \boldsymbol{e} + \boldsymbol{A}_\delta \boldsymbol{\delta} \tag{2.4}$$

式中：$\boldsymbol{A}_e$——被测误差量 $r(i)$ 的映射矩阵，为 $m \times m$ 阶单位矩阵，见式（2.5）；

$\boldsymbol{e}$——满足阿贝原则和误差独立作用原理的被测误差量，经系列延时后的序列构成的列向量，见式（2.6）；

$\boldsymbol{\delta}$——k 个被测误差量构成的列向量，见式（2.7）；

$\boldsymbol{A}_\delta$——由测量机构的几何参数决定的 k 个被测误差量的 $m \times k$ 阶误差映射矩阵，见式（2.8）。

$$\boldsymbol{A}_e = \begin{bmatrix} 1 & & & \\ & 1 & & \\ & & \cdots & \\ & & & 1 \end{bmatrix}_{m \times m} = [1]_{m \times m} \tag{2.5}$$

$$\boldsymbol{e} = [r(i-p_1),\ r(i-p_2),\ \cdots,\ r(i-p_q),\ \cdots,\ r(i-p_m)]^{\mathrm{T}} \tag{2.6}$$

$$\boldsymbol{\delta} = [\delta_1(i),\ \delta_2(i),\ \cdots,\ \delta_h(i),\ \cdots,\ \delta_k(i)]^{\mathrm{T}} \tag{2.7}$$

$$\boldsymbol{A}_\delta = \begin{bmatrix} a_{11} & a_{12} & \cdots & a_{1k} \\ a_{21} & a_{22} & \cdots & a_{2k} \\ \cdots & \cdots & a_{qh} & \cdots \\ a_{m1} & a_{m2} & \cdots & a_{mk} \end{bmatrix}_{m \times k} \tag{2.8}$$

式(2.8)中，元素 a_{qh} 表示被测误差量 $\delta_h(i)$ 对第 q 个测量传感器输出的映射系数，其取值与测量系统的配置及传感器的安装位置有关。

设存在一个不为零的行向量

$$\boldsymbol{C} = c_1, \ c_2, \ \cdots, \ c_q, \ \cdots, \ c_m \tag{2.9}$$

使得

$$\boldsymbol{CA}_\delta = 0$$

左乘矩阵方程(2.4)有

$$y_n(i) = \boldsymbol{C}y = \sum_{q=1}^{m} c_q y_q(i) = \boldsymbol{CA}_e e + \boldsymbol{CA}_\delta \boldsymbol{\delta} = \sum c_q r(i - p_q) \tag{2.10}$$

式(2.10)即为误差分离的一般方程。

对式(2.10)做傅立叶变换，并应用傅立叶变换的时延相移特性，可得

$$\boldsymbol{Y}_n(s) = \boldsymbol{R}(s) \sum_{q=1}^{m} c_q e^{jsp_q} = \boldsymbol{R}(s)\boldsymbol{C}\boldsymbol{\Omega} = \boldsymbol{R}(s)\boldsymbol{G}(s) \tag{2.11}$$

式中：$\boldsymbol{\Omega}$——由测量系统几何参数决定的相移旋转因子，见式(2.12)；

$\boldsymbol{G}(s)$——测量和分离系统的误差分离权函数，见式(2.13)。

$$\boldsymbol{\Omega} = (e^{jsp_1}, \ e^{jsp_2}, \ \cdots, \ e^{jsp_q}, \ \cdots, \ e^{jsp_m})^{\mathrm{T}} \tag{2.12}$$

$$\boldsymbol{G}(s) = \boldsymbol{C}\boldsymbol{\Omega} \tag{2.13}$$

若对于任意的 s 有 $\boldsymbol{G}(s) \neq 0$，由式(2.11)得误差量 $r(i)$ 的频域可表示为

$$\boldsymbol{R}(s) = \frac{\boldsymbol{Y}_n(s)}{\boldsymbol{G}(s)} \tag{2.14}$$

对式(2.14)求傅立叶逆变换，可得出被测误差量 $r(i)$ 在取值空间的取值为

$$r(i) = \mathscr{F}^{-1}\left(\frac{\boldsymbol{Y}_n(s)}{\boldsymbol{G}(s)}\right) \tag{2.15}$$

根据式(2.15)首先分离出误差量 $r(i)$，进而也就得出由 $r(i)$ 决定的列向量

$$e = [r(i - p_1), \ r(i - p_2), \ \cdots, \ r(i - p_q), \ \cdots, \ r(i - p_m)]^{\mathrm{T}} \tag{2.16}$$

将方程(2.4)改写为

$$\boldsymbol{A}_\delta \boldsymbol{\delta} = y - \boldsymbol{A}_e e \tag{2.17}$$

显然式(2.17)为一降秩的线性奇次矩阵方程，根据矩阵理论容易得出误差项

$$\boldsymbol{\delta} = [\delta_1(i), \ \delta_2(i), \ \cdots, \ \delta_h(i), \ \cdots, \ \delta_k(i)]^{\mathrm{T}} \tag{2.18}$$

至此，被测误差的分离全部完成。

通过以上介绍可以看出，误差分离技术实际上是变传统的一个传感器为多个传感器（或仍为一个传感器，但处于多个位置），通过冗余测量，从比传统测量结果更丰富的数据中，进行适当的数据分析与处理，进而把混在一起的两个项目误差分离开来。

2.4.3 比较测量原理

比较测量原理广泛应用于各种仪器中。在电信号测量中，比较电桥和差动放大是比较测量的基本形式。比较测量可以消除共模信号的影响，有利于提高测量精度。在光电测量仪器中，双通道差动比较测量可以减小光源光通量变化的影响。比较测量原理尤其适用于几何量测量中的复合参数测量。

1. 差动比较测量原理

差动比较测量可以大大减小共模干扰信号的影响，从而提高测量精度和灵敏度，并可改善智能仪器的线性度。如图 2.5(a) 所示试件，当欲测量作用在其上的力 F 时，可采用两片敏感元件材料、原始电阻值和灵敏系数都相同的应变片 R_1 和 R_2。R_1 贴在试件的检测点上，R_2 贴在与试件材质相同的不受力的补偿块上，如图 2.5(b) 所示。R_1 和 R_2 处于相同的环境温度场中，并按图 2.6 所示电路图接入电桥的相邻臂上。当试件受力且环境温度变化 Δt 时，应变片 R_1 的电阻变化率为

$$\frac{\Delta R_1}{R_1} = \frac{\Delta R_{1F}}{R_1} + \frac{\Delta R_{1t}}{R_1} \tag{2.19}$$

式中：$\dfrac{\Delta R_{1F}}{R_1}$——由力 F 导致被测件变形而引起的电阻 R_1 的变化率；

$\dfrac{\Delta R_{1t}}{R_1}$——由温度变化引起的电阻 R_1 的变化率。

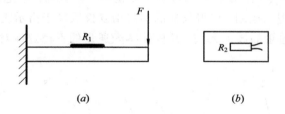

图 2.5 用补偿块实现温度补偿
(a) 受力试件及应变片；(b) 补偿块及应变片

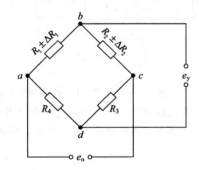

图 2.6 电桥连接方式

应变片 R_2（在此应用中称为温度补偿片）只有由温度变化引起的电阻变化率，即

$$\frac{\Delta R_2}{R_2} = \frac{\Delta R_{2t}}{R_2}$$

因为被测件和补偿块材质相同，处于同一温度场中，且两应变片规格型号一致，所以

$$\frac{\Delta R_{1t}}{R_1} = \frac{\Delta R_{2t}}{R_2}$$

由直流电桥的和差特性可知其输出信号为

$$e_y = \frac{1}{4}\left(\frac{\Delta R_1}{R_1} - \frac{\Delta R_2}{R_2}\right)e_o = \frac{1}{4}\left[\frac{\Delta R_{1F}}{R_1} + \frac{\Delta R_{1t}}{R_1} - \frac{\Delta R_{2t}}{R_2}\right]e_o = \frac{1}{4}\frac{\Delta R_{1F}}{R_1}e_o \tag{2.20}$$

从输出结果可以看出，由于采用了差动测量，因此消除了温度的影响，减少了测量误差。

2. 零位比较测量原理

零位比较测量原理是：当被测量为零值时，智能仪器处于零点状态；当被测量不为零值时，调节仪器中的可调节部件，使得仪器重新处于零点状态，而用调节部件的调节量来表示被测量的值。零位比较测量原理可以消除某种因素的干扰，提高智能仪器的测量精度。

图 2.7 所示为测量偏振面转角的仪器工作原理示意图。在起偏器 3 和检偏器 5 之间放被测物体 4，起偏器和检偏器的光轴正交。当没有被测物体时，检偏器输出的光通量为零，此时光电检测器 7 无输出，指示表 9 指示零。当将具有偏光性质的物体放入时，光穿过该物体引起偏振面偏转，使检偏器有光通量输出，该光通量的变化经光电器件和电路的转换与放大后输出到指示表，使指示表的指针偏离零位。此时，通过转动读数器 10 转动检偏器，直到指示仪表重回零位。检偏器的转动角度就等于被测物体引起的偏振面转角。显然，这种零位比较测量原理的运用，使得仪器的测量精度仅取决于指示表的零位漂移和读数器的读数精度，而与光通量的波动无关，从而使得光通量的不稳定性对测量精度的影响大大减小。

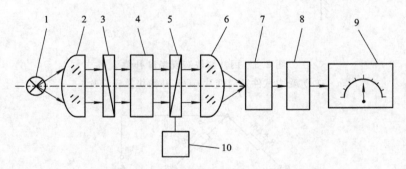

1—光源；2—凸透镜；3—起偏器；4—被测物体；5—检偏器；
6—凸透镜；7—光电检测器；8—放大器；9—指示表；10—读数器
图 2.7　测量偏振面转角仪器工作原理示意图

2.4.4　补偿原理

补偿原理在智能仪器设计中用途广泛，意义重大。仅靠提高加工和安装精度来提高智能仪器的精度是十分有限的。如果在智能仪器的测量过程中能够实时地得到测量误差，并据此对测量结果进行补偿，往往在不改变硬件现有精度的情况下，可大大提高智能仪器的测量精度，增强智能仪器的性能。因此，补偿原理作为智能仪器的设计原理之一，一直受到设计人员的普遍重视和应用。

一台仪器或部件也可以采取具体的结构措施进行补偿。例如图 2.8 所示的有源补偿式电流互感器的电路。铁芯 1 和初、次级绕组 W_1、W_4 组成基本互感器。检测绕组 W_4 绕在铁芯 1 上，在铁芯 1 残留磁通（Φ_{10}）的作用下，产生检测电势 $\dot{E}_4$，$\dot{E}_4$ 值很小，经运算放大器后

在 W_3 中产生补偿电流 $\dot{I}_3$。铁芯 2 和初、次级绕组 W_1、W_2 组成另一个互感器,补偿绕组 W_3 绕在铁芯 2 上。$\dot{I}_3$ 产生补偿磁势 $\dot{I}_3 W_3$。若 $\dot{I}_3 W_3$ 能完全补偿 $\dot{I}_{10} W_1$ 的磁势($\dot{I}_{10}$ 为电流互感器正常工作状态下的激磁电流),则铁芯 1 就组成零磁通互感器,即理想互感器。

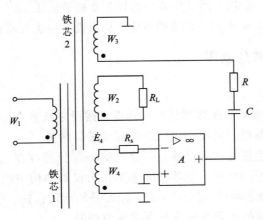

图 2.8　有源补偿式电流互感器电路

对于铁芯 1 有

$$\dot{I}_1 W_1 + \dot{I}_2 W_2 + \dot{I}_4 W_4 = \dot{I}_{10} W_1 \tag{2.21}$$

式中:$\dot{I}_1$、$\dot{I}_2$、$\dot{I}_4$——互感器绕组 W_1、W_2、W_4 的电流;

$\quad\quad\dot{I}_{10}$——基本互感器激磁电流。

因为 $\dot{I}_4$ 很小($\dot{E}_4$ 很小),所以上式可简化为

$$\dot{I}_1 W_1 + \dot{I}_2 W_2 = \dot{I}_{10} W_1 \tag{2.22}$$

对于铁芯 2 有

$$\dot{I}_1 W_1 + \dot{I}_2 W_2 + \dot{I}_3 W_3 = \dot{I}_{20} W_3 \tag{2.23}$$

式中:$\dot{I}_3$——互感器绕组 W_3 的电流;

$\quad\quad\dot{I}_{20}$——补偿互感器激磁电流。

用式(2.23)减去式(2.22)可得

$$\dot{I}_3 W_3 = \dot{I}_{20} W_3 - \dot{I}_{10} W_1 \tag{2.24}$$

可见,$\dot{I}_3$ 产生的磁势补偿了铁芯 1 的磁势,而 $\dot{I}_3$ 由 $\dot{E}_4$ 产生。设运算放大器的跨导放大倍数为 A,则

$$\dot{I}_3 = A \dot{E}_4 \tag{2.25}$$

根据电磁感应定律和磁路欧姆定律,有

$$\dot{E}_4 = 4.44 f W_4 \Phi_{10} = 4.44 f W_4 \frac{\dot{I}_{10} W_1}{l_1} \mu_1 S_1 \tag{2.26}$$

式中:μ_1——铁芯 1 的导磁率;

$\quad\quad S_1$——铁芯 1 的横截面面积;

$\quad\quad l_1$——铁芯 1 中平均磁路长度。

当铁芯材料结构确定后,μ_1、S_1、l_1 均为常数。所以在工作频率一定时,检测绕组的感应电势 $\dot{E}_4$ 仅与 W_4、$\dot{I}_{10} W_1$ 有关。令

$$K = 4.44 A f W_4 W_3 \frac{\mu_1 S_1}{l_1} \tag{2.27}$$

由式(2.24)、式(2.25)和式(2.26)可推导出

$$\dot{I}_{10}W_1 = \frac{\dot{I}_{20}W_3}{1+K} \tag{2.28}$$

由此可见，采用补偿后，铁芯1的磁势减少为铁芯2磁势的$1/(1+K)$。调节运算放大器的放大倍数A，可使$\dot{I}_{10}W_1$减小到可忽略的程度，从而提高电流互感器的准确度等级。

2.4.5 标准量及其细分原理

1. 标准量

检测与测量就是把被测量或被测状态与标准量或设定状态进行比较的过程。标准量在测量中是必不可少的。测量的精度首先取决于标准量的精度。

在有些仪器中，标准量是作为仪器不可分割的一部分而存在的，例如天平的砝码。在大多数智能仪器(例如电子秤)中，虽然标准量不作为仪器结构中的一个组成部分，但这类仪器是经过标准量(例如砝码)标定的。因此，标准量的作用包括：用来与被测量进行比较，实现测量；用来标定仪器的示值或检定仪器的示值误差。

标准量根据标准器所体现的标准量值个数，可分为单值与多值两种。常见的量块与砝码属于单值标准量，线纹尺和刻度盘属于多值标准量。根据计算量值的方法的不同，标准量又可分为绝对码和增量码两种。线纹尺和刻度盘等属于绝对码，光栅尺等属于增量码。根据标准器自身特性的不同，标准量还可分为实物标准量和自然标准量两种。

2. 标准量细分原理

在智能仪器设计中，常常通过将标准量进行细分而获得适当的分辨率。细分的方法与所采用的标准量类型密切相关。

例如利用光栅传感器测位移，通过检测移过的莫尔条纹的数量来确定位移量，其分辨力为光栅栅距W(即脉冲当量为W)。为了提高其分辨力，可采用细分技术，即在莫尔条纹信号变化的一个周期内，给出若干个计数脉冲，减小脉冲当量。

图2.9所示是光栅传感器的细分原理示意图。在一个莫尔条纹间距m内并列放置4个光电器件，当莫尔条纹移动时，4个光电器件输出电压信号，相邻光电器件相位差为90°，即当光栅相对移动一个栅距时，可以得到相位分别是0°、90°、180°、270°的4个输出信号。即一个莫尔条纹周期内可发出4个脉冲，脉冲当量为$W/4$，也就是实现了4细分。

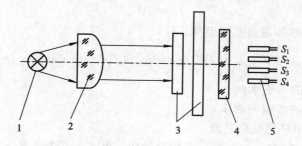

1—光源；2,4—透镜；3—光栅；5—光电器件

图2.9 光栅传感器的细分原理示意图

图 2.10 所示为光学倍程法原理示意图，它是通过增加光程倍数来实现细分的。光束 1 射到可动角隅棱镜 a 的 A 点，经反射至 B 点后沿 2 线射到固定角隅棱镜 b 的 C 点，经反射到 D 点后又沿 3 线射回棱镜 a 的 E 点，经 F、G、H、I、J 最后沿 6 线返回。这样，当可动角隅棱镜 a 移动 Δs 时，光程改变 $6\Delta s$。干涉条纹变化一个周期 λ，对应于可动棱镜 a 移动 $\lambda/6$，相当于实现了 6 细分。

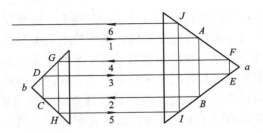

图 2.10　光学倍程法原理示意图

有些电子电路细分方法，可以实现几十、几百甚至更高的细分数，具体可参阅有关资料。由于电气细分法易于达到较高的细分数，有利于实现测量和数据处理的自动化，并能应用于动态测量中，因此在智能仪器中使用广泛。

2.4.6　其它设计原则

在智能仪器的设计过程中，应遵循一些基本原则，以保证和提高智能仪器的精度，改善智能仪器的性能，降低智能仪器的成本。下面简要介绍一些智能仪器设计的基本原则。

1. 测量链最短原则

测量链最短原则指出：为实现高的测量精度，构成智能仪器的测量环节的构件数目应尽可能少。在测量仪器的整体结构中，直接与感受标准量和被测量信息有关的元件，如被测件、标准件、传感器、定位元件等，均属于测量链中的元件。这类元件的加工和安装误差对仪器精度的影响最大。因此，测量链中元件的尺寸精度应严格要求，测量链环节的构件数目应尽可能少，使得测量链最短。例如图 2.2(a) 所示的游标卡尺，两个卡爪将被测要素映射到标准刻线尺上，实现数据指示。如果两卡爪分别与刻尺和游标作为一体件，则满足测量链最短原则。而如果两卡爪是独立构件，分别与刻尺和游标分离，那么测量链就相对拉长了，卡爪的加工误差以及卡爪与刻尺和游标的安装误差就会影响到测量结果。

测量链最短原则从总体设计阶段就应加以保证，而不能仅采用补偿的办法来实现。

2. 坐标基准统一原则

坐标基准统一原则指出：为实现高的测量精度，设计智能仪器时，应尽可能与被检测要素的坐标基准统一；应考虑仪器的子坐标系在主坐标系统中的转换关系和实现转换的方法。现代测控系统的发展，除了智能仪器本身向动态、多自由度、闭环控制方向发展外，还需要多个仪器的配合工作，这时也应遵循坐标基准统一原则。

3. 参数变化最小原则

参数变化最小原则指出：在智能仪器的设计中，应通过合理设计，使得智能仪器在工作过程中，尽量避免因受力变化，或因温度变化而引起的智能仪器结构变形或参数变化，并使之对智能仪器精度的影响最小。例如，智能仪器构件的承重变化，会引起仪器结构变形，产生测量误差；又如，温度变化会引起仪器结构参数变化，导致智能仪器产生温度漂移，从而影响系统的灵敏度和稳定性。因此，在智能仪器总体设计时，应该对薄弱环节以及薄弱构件的相关指标做出明确规定。

4. 精度匹配原则

精度匹配原则指出：在对仪器精度进行分析的基础上，根据智能仪器中各环节对仪器精度影响程度的不同，分别对各环节提出不同的精度要求和进行恰当的精度分配。

智能仪器的精度和其它技术指标并非越高越好；智能仪器内部各个环节的精度要求也并非越高越好；各环节也不一定具有同等的精度要求。智能仪器各环节的精度，应根据各环节对仪器最终精度的影响程度来确定。其中，对测量结果精度影响最大的测量链环节，精度要求最高，其它环节则相应要求低一些。如果其它环节的精度要求过高，势必造成经济上的浪费。对于智能仪器中的机、光、电、液、算等的精度要求要合理，要达到相辅相成，协调统一。

5. 模块化及标准化原则

标准化是指同一类型不同规格或不同类型的产品和工程，按照统一的标准进行生产。标准化是国家的一项重要经济技术政策，也是企业组织现代化生产建设和实现科学管理的重要手段。加强标准化工作，对于保证和促进产品质量的提高、合理发展新产品品种、缩短新产品研制和生产周期、保证产品互换性和生产技术协作配合、便于使用维修、降低成本和提高生产率等都具有十分重要的意义。

模块是可以单独运转调试、预制和储备的标准单元，是模块化系统不可缺少的组成部分。模块的基本特征是具有相对独立的特定功能。用模块可组合成新的系统，也易于将其从系统中拆卸更换。模块具有典型性、通用性、互换性和兼容性。模块可以构成系列，具有传递功能和组成系统的接口（输入/输出）结构。

模块化是从系统观点出发，以模块为主构成产品，采用通用模块加部分专用部件和零件组合成新的产品系统。特征尺寸模数化、结构典型化、部件通用化、参数系列化和装配组合化，是模块化的特点。模块化的前提是典型化，模块本身是一种具有典型结构的部件，是按照技术特征，经过精选、归并和简化而成的。只有典型化，才能克服繁杂的多样化。通用化解决模块在产品组装中的互换问题，系列化是为了满足多样化的要求。模块化的核心是优化，并且具有最佳性能、最佳结构和最佳效益。模块化体系建立的过程是一个反复优化的过程。模块尺寸互换和布局的基础是模数化。要使模块具有互换性，模块的外形尺寸、接口尺寸必须符合规定的尺寸系列。在将模块组装成设备时，模块的布局尺寸应符合有关规定，应与相关装置协调一致。模块化是标准化的发展，是标准化的高级形式。标准件只是在零件级进行通用互换，模块化则在部件级甚至系统级进行通用互换，从而实现更高级别的简化。

智能仪器总体设计阶段的一项重要工作就是进行模块划分和任务分解。在模块划分和任务分解时，应尽可能遵循标准化和模块化原则。

6. 可靠性原则

可靠性设计是一项综合性工程，它涉及产品的设计、生产、管理和使用等多个环节。

在智能仪器仪表中，具有高抗干扰性能的单片机系统，必须采用软件抗干扰和硬件抗干扰相结合的技术。硬件能够检测、滤除和隔离大部分干扰信号，软件要对少数强干扰引起的不良后果及时做出补救措施，这也就增加了智能仪器仪表的可靠性和安全性。

在智能仪器总体设计阶段，应对仪器的总体可靠性做出规划，并从总体检测原理到单个模块中，落实仪器总体可靠性指标。

7．经济性原则

经济性原则指出：在智能仪器设计和加工的过程中，应以最经济的方法实现合理的功能和指标。应该说，经济性原则是一切工作都要遵守的一条基本而重要的原则。

经济性原则反映在智能仪器设计中，可以从以下几个方面入手：

（1）工艺性。选择正确的加工工艺和装配工艺，从而实现节省工时，降低生产成本和管理成本。

（2）合理的精度要求。精度要求的高低，决定了加工成本的高低。因此各环节应根据不同的要求分配不同的精度。

（3）合理选材。合理选择材料和元器件，是智能仪器设计中的重要环节之一。减小磨损、减小变形、提高刚度及满足许多物理性能等，都离不开合理地选择材料的性能，而不同性能的材料和元器件价格差异很大，因此，合理选材十分重要。

（4）合理调整环节。设计合理的调整环节，往往可以降低仪器零部件的精度要求，达到降低仪器成本的目的。

（5）提高仪器寿命。为提高仪器寿命，要对电子元器件进行老化和筛选，对易损系统应采用更加合理的结构形式。虽然这两方面的改进会增加成本，但如果仪器寿命延长很多，也就等于仪器的价格降低了很多。

（6）尽量使用标准件和标准化模块。

8．环保节能原则

发展是人类永恒的主题，发展观的问题至关重要。创造绿色环保的高科技产品，对社会的综合进步、企业的自身发展都具有极其重要的意义。为了实现环保，我们应该严格遵守环保法规，高效地利用有限的资源和能源，减少消耗，防止污染，持续改善和创造高附加值的绿色环保数码产品，实现高环境效率的商业活动。

为了创造高附加值的绿色环保产品，企业应引入绿色合作伙伴认证制度，从原材料和元器件的选择、加工方法的设计即开始把关，严格执行环保法规，禁止使用有毒有害物质及其加工工艺，把环保管理贯穿到公司日常生产经营活动的整个过程中。

2.5　布局与结构设计

只有把智能仪器的电子零部件和机械零部件根据一定的结构组合成一部整机，才可能有效地实现产品的功能。所谓结构，应该包括外部结构和内部结构两部分。外部结构是指机柜、机箱、机架、底座、面板、外壳、底板、把手等外部配件和包装等；内部结构是指零部件的布局、安装和相互连接等。要使产品的结构设计合理，必须对产品整机的原理方案、功能、技术指标及使用条件与环境因素等都非常熟悉。在此基础上，才能进行下一步的设计。

当智能仪器的布局与结构设计方案确定以后，整机的工艺设计也是十分重要的。整机的工艺设计，就是根据产品的功能、技术要求、使用环境等因素，结合生产条件，对加工装配等生产环节的实现方法的设计。近年来，集成电路的广泛使用和各类元器件质量的不断提高，使得生产工艺的优劣对整机性能的影响更为突出。

2.6 数据采集系统设计

智能仪器的数据采集系统，是指将温度、压力、流量、位移等模拟量进行采集、量化，转换成数字量，然后由计算机进行存储、处理、显示或打印的装置。数据采集系统是智能仪器的重要组成部分。数据采集系统一般由传感器、模拟信号调理电路、模/数转换电路三部分组成。

数据采集系统直接影响到整机的测量精度、分辨率、输入阻抗、测量速度以及抗干扰能力等重要指标。在总体设计中，应首先对各单元电路进行精度分析和误差分配，再根据上述指标确定各种主要集成电路（如 A/D 转换器等）的重要技术参数，合理地设计数据采集系统。数据采集系统的误差主要包括模拟电路误差、采样误差和转换误差。

2.7 智能仪器通信设计

随着智能仪器技术的发展，智能仪器经常需要用多微处理器系统协调运行，才能实现其功能指标，多微处理器之间需要进行通信，以保证相互之间的协调合作和数据共享。同时，智能仪表与控制站、操作站和外部处理器之间也常常要进行通信。

数据通信与其它交流一样，必须具备传输的媒介，接收、发送机构和控制手段，还应具有共用的语言和知识。传输方式，传输特性，接口的机械、电气特性必须统一（兼容）。智能仪表的数据通信采用硬件、软件结合的方式实现，通信过程包括信号发送、接收，代码转换、校验，同步，查询，中断控制等操作。

在智能仪器总体设计阶段，应根据智能仪器系统的构成，确定系统总线，并详细制定出系统间的通信协议。通信协议不但要具体规定系统总线的机械结构规范、电气特性规范和功能结构规范，还应具体规定所传送的数据代表的含义。

下面为某仪器通信协议中的一帧通信数据的定义：

A1H 03H 38H 00H DCH

本帧数据的首字节 A1H 是帧数据头，定义为电压挡位设置指令，表明随后数据是电压挡位设置指令。第二字节 03H 是指本帧数据的长度为 3 字节，为 BCD 码，长度计算不包括帧头和长度本身。第三字节和第四字节为电压挡位设置值，为 BCD 码，高三位有效，本帧数据设置的电压挡位为 380 V 挡。最后一位字节 DCH 为校验和，是本帧数据中除校验和本身外，其它所有数据累加并忽略进位后形成的数据。

很显然，只有在智能仪器总体设计时将仪器系统总线的规范确定后，各电路模块才能进行详细的技术设计；只有各系统间通信协议确定后，各软件模块才能进行编制调试。

2.8　人机接口设计

人机接口是指智能仪器与操作者、维修者、测试者、设计调试者等之间的信息通道，主要包括智能仪器的参数输入装置、调节装置、信息输出装置等，人机接口设计就是这些装置的设计、选用及操作模式设计等。

在进行人机接口设计时，应在用户需求分析和市场调研的基础上，结合仪器的布局与结构设计，首先对仪器整体外观风格和形式做出规划，并在满足整体外观风格和形式的前提下，设计人机接口部件的风格和形式。

人机接口设计在总体设计阶段应详细分析用户的操作习惯，写出详细的操作流程，具体到按某键仪器做何操作，显示什么等，据此形成人机接口设计报告，并请有关专家、用户参与评审和修改，直到满足使用要求、操作界面友好为止。只有详细的操作界面设计完成后，才能进行键盘、显示、打印等装置的选用和设计，包括按键的个数和定义、显示器的大小及型号等才能确定下来，并为详细结构的设计打下基础。不能等到具体设计软件时，才发现按键个数少了，或显示器大小型号不能满足需要，而临时添加按键或更换型号，这样会影响到智能仪器的整体结构。

下面为某型号电能表校验仪的部分人机界面设计报告。

打开"开关"键，系统上电开机，显示如图 2.11 所示的开机界面后，系统进入自检，几秒钟后显示校验参数输入界面的第一页（如图 2.12 所示）。所有显示的参数值为最近一次设置的值，本仪器能存储用户设置的参数值，下次开机，如不重新修改设置，最近设置值即为当前值。

```
┌─────────────────────────────┐
│                             │
│   欢迎使用 XXX 型号           │
│   电能表校验仪               │
│                             │
│                             │
│                             │
│                             │
│   XXX   公司研制             │
│                             │
└─────────────────────────────┘
```

图 2.11　开机界面

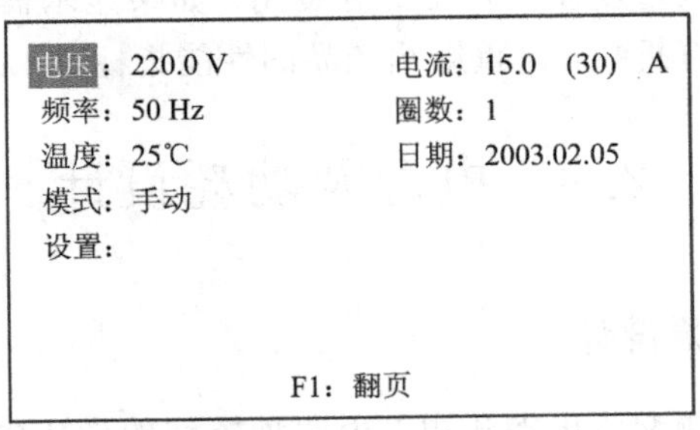

```
┌─────────────────────────────────────┐
│ 电压：220.0 V      电流：15.0 (30) A  │
│ 频率：50 Hz        圈数：1            │
│ 温度：25℃          日期：2003.02.05  │
│ 模式：手动                           │
│ 设置：                               │
│                                     │
│            F1：翻页                  │
└─────────────────────────────────────┘
```

图 2.12　校验参数输入界面第一页

在校验参数输入界面可以输入各种校验参数。其中"电压"反白显示，表示额定电压是当前设置项。按下"下移"键和"上移"键，可以移动反白显示项，以选择需要设置的项。当反白显示移动到"模式"时，在该行后面会显示提示操作"1：手动 2：自动"。这时，如果按"1"键，则选择手动校验，如果按"2"键，则选择自动校验。当反白显示区移走后，上述提示操作消失。当反白显示区移动到"设置"时，该行显示操作提示"1：校验点 2：谐波"。这时按"1"选择自动校验点操作，按"2"选择谐波参数设置操作。

校验参数设置界面共有两页。在上述操作中，除了日期输入中途、自动校验点选择中途和谐波参数输入中途外，任意时刻都可通过按"F1"键，在两页之间切换。第 2 页显示的内容如图 2.13 所示。

```
1  表号：  AAAA12345678900123456789
   常数：  12000i/kWh        等级：1.0级
2  表号：  BBBB12345678900123456789
   常数：  12000i/kWh        等级：1.0级
3  表号：  CCCC12345678900123456789
   常数：  12000i/kWh        等级：1.0级
   F1：翻页      F2：左移      F3：删除
```

图 2.13　校验参数输入界面第二页

本页为被校表参数设置。表号前的数字表示表位号，与挂表架上的表位号对应。"表号"表示被校表表号，最多可输入 24 位数字或字母。

其余参数设置的介绍省略。

很显然，只有如第一页的设置一样，详细设置智能仪器操作的所有操作模式，具体到进行什么操作（按什么键），仪器如何响应（显示什么），才能最终确定按键的个数和各键的定义，才能确定显示器件的规格和型号。校验参数输入界面第二页为显示信息最多的界面，根据本界面显示的内容（约 16×7 汉字），选定字符和汉字的大小（例如字符选为 7×8 点阵，汉字选为 16×16 点阵），显示器的参数（应选 256×128 点阵液晶显示器）就确定下来了。

相反，如果没有进行操作设计而贸然定下显示器的型号及按键的个数和定义，等到连机调试时，才发现需增减按键或更改显示器型号，那将给结构设计带来重大影响，有可能浪费诸如模具开发费、结构重新设计开发费等费用。如果显示器按键设计不合理，凑合完成功能，其可用性也将大打折扣，严重影响产品的性能指标。

2.9　电源及功耗设计

2.9.1　智能仪器的电源设计

智能仪器大多采用工频交流电源供电，由两种类型的稳压电路提供所需的各挡电压。一种是普通线性电源，它由变压器、整流器、低通滤波器等部件组成，结构简单，成本较低，稳压精度能满足一般要求，缺点是体积较大，发热严重；另一种是广泛应用于微机系统的开关电源,它按照脉宽调制式(PWM)原理工作,体积小巧,稳定性好,稳压精度高,工作效率高,但成本略高,宜采用专业厂家生产的产品。

设计与选用智能仪器系统电源要注意以下几点:

(1) 电源应具有足够的功率,以免满负荷或超负荷运行时发热严重,使精度降低或失效。

(2) 由于电源是干扰信号进入智能仪器的主要途径之一,因此电源变压器等器件应有良好的屏蔽,必要时可以在电源入口处设置交流稳压器、交流电源滤波器和分布式电抗器等,以提高稳压和滤波性能。

(3) 由于微机系统中器件的要求不同,因此需要电源具有若干组输出(例如 +5 V,±15 V,+24 V 等),应估计各组电路供电的功耗,考虑各组供电的要求(稳压等),综合选取。

(4) 有时仪器还要求具有相互隔离的电源,设计中应统一考虑。从抗干扰的角度考虑,共地系统不宜采用隔离电源,而隔离系统不宜使用共地电源。

2.9.2　智能仪器低功耗设计

智能仪器的功耗是由很多方面的因素来决定的,它主要取决于系统的技术指标,芯片和器件的性能,以及系统的工作方式等。手持式智能仪器一般只能依靠电池供电,故应根据仪器的使用环境,充分考虑电池供电的负载能力、连续工作时间、充电控制及电池的易采购性,并采用低功耗、微功耗器件,降低电路的电流消耗,延长电池的使用寿命。低功耗手持式智能仪器是一类特殊的智能仪器,其功耗设计过程应遵循一些特殊的设计原则。

设计低功耗手持式产品通常需要遵循以下原则:简洁化设计;用 CMOS 集成电路;选择低电压供电;尽量选用高速低频的工作方式;选用低功耗、高效率的电路;采用低功耗的工作方式;合理地选择系统技术指标;采用分区分时供电方式;尽可能采用待机和掉电运行方式;尽量用软件来代替硬件。

2.10　总体设计的验证和评审

2.10.1　总体设计的验证

尽可能早地发现错误是至关重要的,因为这样可以防止错误最终扩散到用户那里,并能够缩减设计费用和缩短设计时间。当一些总体设计中的错误在详细设计阶段被发现时(例如当某一特定需求的结果被更好地理解时),应修改总体设计,排除错误。当然,最好能在总体设计完成后,就进行仔细的验证。

验证总体设计的目的是确保其正确性、完整性、一致性等。

因为需求来源于用户,并且或多或少带有不严谨性,因此验证需求具有一定的难度。原型是最终与用户沟通的良好工具。与只是用技术术语向用户描述系统不同的是,原型可以使用户至少听到、看到、感受到系统的一些重要方面。当然由于设计工作尚未进行,原型不能展现系统的全部功能。但是可以用特殊的用户界面建立原型供用户测试,可以用预先设定的参数仿真系统的内部操作,可以用高级语言建立系统原型,可以用诸如 Matlab

等软件完成系统的某些功能等。现有的同类系统也可以帮助用户表达其需求。对于一个存在的系统，让用户具体指出对哪方面满意，对哪方面不满意，相对于让其抽象地评价一个新系统要容易得多。在某种情况下，可以从已经存在的系统构建出一个新系统的原型。

2.10.2 总体设计的评审

保证智能仪器设计质量的另一个有效的方法是进行设计评审。设计评审是整个开发过程的重要组成部分。设计评审是在设计早期阶段发现错误的简单且节省设计费用的方法。

设计评审可以采用评审会议的方式进行。开发小组成员对设计工作进行讨论，并评审系统的总体方案或某个组成部分。当设计者为准备设计评审而不得不考虑设计的细节时，也许会发现一些错误，此时可以直接修改。更多的设计错误有可能引起其它与会者的注意。如果在智能仪器开发的早期发现了错误，使其不会扩散到实现阶段，就可以节省设计时间和成本。通过设计评审可以提高系统的质量。

习　　题

1. 智能仪器总体设计的主要内容是什么？
2. 根据工作对象和工作特点，智能仪器的设计可分为哪些步骤？
3. 设计智能仪器时应遵循哪些原理和原则？
4. 如何理解阿贝原则？
5. 简述平均读数原理、比较测量原理、补偿原理和标准量细分原理。
6. 智能仪器的布局与结构设计大致包括哪些内容？
7. 智能仪器键盘的个数和定义、显示器的规格型号如何确定？
8. 智能仪器电源设计应注意哪些内容？
9. 智能仪器低功耗设计应注意哪些内容？
10. 智能仪器内外通信的通信协议应包括哪些内容？
11. 智能仪器总体设计评审如何实施？

第 3 章　信号测取和放大

本章主要介绍智能仪器信号的测取和放大技术，重点讲述智能仪器数据采集系统中传感器和放大电路的工作原理和设计、选用方法。

3.1　信号调理概述

在传统的仪器中，信号调理的任务较复杂，除了要实现物理信号向电信号的转换、小信号的放大和滤波外，还有诸如零点校正、线性化处理、温度补偿、误差修正和量程切换等，这些操作统称为信号调理(Signal Conditioning)，相应的执行电路统称为信号调理电路。

在智能仪器数据采集系统中，许多原来依靠硬件实现的信号调理任务都可通过软件来实现，这样就大大简化了数据采集系统中信号输入通道的结构。信号输入通道中的信号调理重点为小信号放大、信号滤波等。随着计算机运算能力的提高以及数字信号处理技术的发展，数据通道中的去噪处理一般通过软件来解决，故本章主要针对传感器和前置放大两部分加以阐述。

3.2　传　感　器

传感器是信号输入通道的第一道环节，是对被测信号的拾取，也是决定整个测试系统性能的关键环节之一。对于一项测量任务，首先要能够有效地从被测对象中取得能用于处理的信息，因此传感器在整个智能仪器中的作用十分重要。

由于传感器技术的发展非常迅速，各种各样的传感器应运而生，因此大多数测试系统的设计者，一般只需从现有的传感器产品中正确地选用即可，不需要亲自设计。

3.2.1　传感器的类型

由于被测物理量的多样性和用于构成传感器的物理原理的繁杂性，导致传感器的种类、规格十分繁多。因此，对传感器进行科学分类十分必要。传感器的分类方法很多，常用的分类方法有按被测物理量分类、按传感器工作原理或信号转换原理分类、按传感器与被测量间能量关系分类等。

传感器按被测物理量分类的方法十分简单，例如：测量力的传感器统称为力传感器；测量速度的传感器统称为速度传感器；测量温度的传感器统称为温度传感器等等。

按传感器工作原理或信号转换原理可对传感器进行分类，此时，传感器可分为结构型和物性型两类。所谓结构型传感器，是指根据传感器的结构变化来实现信号的传感，例如：电容式传感器是依靠改变电容极板的间距或作用面积来实现电容值的改变的；变阻器式传感器是利用电刷的移动来改变作用电阻丝的长度，从而改变电阻值的大小。所谓物性型传感器，是指根据传感器敏感元件材料本身物理特性的变化来实现信号的转换，例如：压电加速度传感器是利用了传感器中石英晶体的压电效应等。

传感器也是一种换能元件，它把被测量转换成一种具有规定精度的其它量或同种量的其它值。可根据传感器与被测对象之间的能量转换关系将传感器分为能量转换型和能量控制型两类。能量转换型传感器又称为有源传感器，直接由被测对象输入能量使传感器工作，属于此类传感器的有热电偶温度传感器、压电式传感器、弹性压力传感器等。能量控制型传感器又称为无源传感器，它依靠外部提供辅助能量工作，由被测量控制该辅助能量的变化，属于此类传感器的有电阻应变式传感器等。

表 3.1 列出了常用传感器的基本类型和作用原理。

表 3.1　常用传感器的基本类型和作用原理

传 感 器 类 型	作 用 原 理	传 感 器 类 型	作 用 原 理
机　械　类		**电　气　类**	
A. 接触轴，轴销，指销	位移—位移	A. 电阻式	
B. 弹性元件		1. 接触型	位移—阻抗变化
1. 测力杆		2. 变长度导体型	位移—阻抗变化
a. 拉/压式	力—直线位移	3. 变面积导体型	位移—阻抗变化
b. 弯曲式	力—直线位移	4. 导体尺寸变化型	应变—阻抗变化
c. 扭曲式	力矩—角位移	5. 导体电阻率变化型	温度—阻抗变化
2. 测力环	力—直线位移	B. 电感式	
3. 布尔登管	压力—位移	1. 变线圈尺寸型	位移—电感变化
4. 膜盒	压力—位移	2. 变气隙型	位移—电感变化
5. 膜片	压力—位移	3. 变铁芯材料型	位移—电感变化
C. 质量块		4. 变铁芯位置型	位移—电感变化
1. 振动质量块	力作用—相对位移	5. 变线圈位置型	位移—电感变化
2. 摆	重力加速度—频率或周期	6. 动圈式	速度—感应电压变化
3. 摆	力—位移	7. 动磁铁式	速度—感应电压变化
4. 液柱	压力—位移	8. 动铁芯式	速度—感应电压变化
D. 热式		C. 电容式	
1. 热电偶	温度—电位	1. 变气隙式	位移—电容变化
2. 双金属材料	温度—位移	2. 变极板面积式	位移—电容变化
（包括玻璃中的水银）		3. 变介电常数式	位移—电容变化
3. 热敏电阻	温度—阻抗变化	D. 压电式	位移—电压或电压—位移
4. 化学相位	温度—阻抗变化	E. 半导体结	
5. 压力温度计	温度—压力	1. 结阈值电压	温度—电压变化
E. 液气式		2. 光电二极管	光强—电流
1. 静力型		F. 光电式	
a. 浮子	液位—位移	1. 光生伏特型	光强—电压
b. 密度计	密度—相对位移	2. 光导型	光强—电阻变化
2. 动力型		3. 光子发射型	光强—电流
a. 测流孔	流速—压力变化	G. 霍尔效应式	位移—电压
b. 文杜利管	流速—压力变化		
c. 皮托管	流速—压力变化		
d. 叶片	速度—力		
e. 透平机	线速度—角速度		

同一种被测量，常常可用多种传感器测量。例如测量温度的传感器有热电偶、热电阻、热敏电阻、半导体 PN 结、IC 温度传感器、光纤温度传感器等多种传感器。因此，在多种传感器都能满足测量范围、精度、速度、使用条件等的情况下，应侧重考虑成本高低、相配电路是否简单等因素进行取舍，尽可能选择性能价格比高的传感器。

近年来，传感器有了较大的发展，其中对智能仪器有较大影响的传感器有以下几种。

1. 大信号输出传感器

为了与 A/D 转换的输入要求相适应，传感器厂家开始设计、制造一些专门与 A/D 转换器相配套的大信号输出传感器。通常是把放大电路与传感器做成一体，使传感器能直接输出 $0\sim5$ V、$0\sim10$ V 或 $4\sim20$ mA 的信号。信号输入通道中应尽可能选用大信号传感器或变送器，这样可以省去小信号放大环节，如图 3.1 所示，采用大信号输出传感器的两路数据采集电路，要比采用小信号输出传感器的简洁得多。对于大电流输出，只要经过简单的 I/U 转换，即可变为大信号电压输出。对于大信号电压，可以经过 A/D 转换，也可以经过 U/F 转换送入微机。

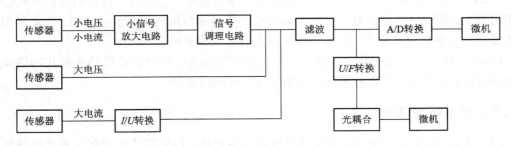

图 3.1　大信号输出传感器的使用

2. 数字式传感器

数字式传感器一般采用频率敏感器件，也可以是 R、L、C 构成的振荡器，或模拟电压输入经 U/F 转换等。数字式传感器一般都是输出频率参量(或开关量)，具有测量精度高、抗干扰能力强、便于远距离传送等特点。此外，采用数字量传感器时，传感器的输出如果满足 TTL 电平标准，则可直接接入微处理器的 I/O 接口或中断入口。当传感器的输出不是 TTL 电平时，则需经电平转换或放大整形。一般信号进入单片机的 I/O 接口或扩展 I/O 接口时，还需要通过光电耦合器隔离，如图 3.2 所示。

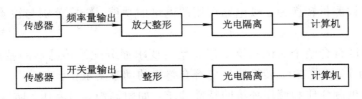

图 3.2　频率量及开关量输出传感器的使用

频率量及开关量输出的传感器还具有信号调理较为简单的优点。因此，在一些非快速测量中，应尽可能选用频率量输出传感器。频率量及开关量输出的传感器响应速度较慢，不适于快速测量。

3. 集成传感器

集成传感器是将传感器与信号调理电路做成一体。例如，将应变片、应变电桥、线性化处理、电桥放大等做成一体，构成集成压力传感器。采用集成传感器，可以减轻输入通道的信号调理任务，简化通道结构。

在某些特殊的使用场合，如果无法选到合适的传感器，则需自行设计制做传感器。自制传感器的性能应满足使用要求。

4. 网络传感器

1997 年 9 月，国际电气电子工程师协会（The Institute of Electrical and Electronics Engineers，IEEE）颁布了通用智能化变送器标准，即 IEEE1451.2。

对于智能网络化传感器接口内部标准和软硬件结构，IEEE1451 标准中都做出了详细的规定。该标准的通过，将大大简化由传感器/执行器构成的各种网络控制系统，并能够最终实现各个传感器/执行器厂家的产品相互之间的互换性。

IEEE1451.4 就是一个混合型的智能传感器接口标准，它使得工程师们在选择传感器时不用考虑网络结构，这就减轻了制造商要生产支持多网络的传感器的负担，也使得用户在需要把传感器移到另一个不同的网络标准上时可减少开销。

IEEE1451.4 标准通过定义不依赖于特定控制网络的硬件和软件模块来简化网络化传感器的设计，这也推动了含有传感器的即插即用系统的开发。

3.2.2 传感器的选择

对于智能仪器的系统集成，要实现系统的总体功能，传感器的选择和在系统中的配置十分关键。针对系统总体功能，要选择适用于测量任务的传感器的大小、种类、信息传送方式、装配方式以及同系统其它部分的协调关系。当用单个传感器检测某个局部位置的运作状况时，传感器的功能及操作都相对简单。而当需要将多个传感器组合起来检测某个大范围区域的不同运作状况时，便存在着如何将这些传感器有机集成为一个智能仪器系统的问题。因此应针对不同的检测状况参数选择不同的传感器，此时，传感器本身的技术参数至关重要。同时还需要将这些传感器按照某种确定的协议来进行分配，以便于实现检测数据的最优化传输和对检测状况的最优控制。

智能仪器对传感器的主要技术要求如下：

（1）具有将被测量转换为后续电路可用的电量的功能，转换范围与被测量实际变化范围相一致；

（2）转换精度符合整个测试系统根据总精度要求而分配给传感器的精度指标（一般应优于系统精度的 10 倍左右），转换速度应符合整机的动态要求；

（3）能满足被测介质和使用环境的特殊要求，如耐高温、耐高压、防腐、抗振、防爆、抗电磁干扰、体积小、质量轻和不耗电或耗电少等；

（4）能满足用户对可靠性和可维护性的要求。

因此应根据以上要求，正确选用传感器。传感器的选用主要从以下几方面进行。

1）类型的选择

要进行一个具体的测量工作，首先要考虑采用何种原理的传感器，这需要分析多方面的因素之后才能确定。因为即使是测量同一物理量，也有多种原理的传感器可供选用，哪一种原理的传感器更为合适，则需要根据被测量的特点和传感器的使用条件考虑，具体包括：量程的大小；被测位置对传感器体积的要求；测量方式为接触式还是非接触式；信号的引出方式是有线还是非接触测量；传感器的来源是国产、进口还是自行研制；价格能否承受等。

2）精度的选择

精度是传感器的一个重要的性能指标，精度的选择是关系到整个测量系统测量精度的一个重要环节。传感器的精度越高，其价格也越昂贵。因此，传感器的精度只要满足整个测量系统的精度要求即可，不必选得过高，这样就可以在满足同一测量目的的诸多传感器中选择比较便宜和简单的传感器。

如果测量的目的是为了进行定性分析，则选用重复精度高的传感器即可，不宜选用绝对量值精度高的传感器；如果测量的目的是为了进行定量分析，则必须获得精确的测量值，因此需选用精度等级能满足要求的传感器。

3）灵敏度的选择

通常，在传感器的线性范围内，希望传感器的灵敏度越高越好。因为只有灵敏度高时，与被测量对应的输出信号的值才比较大，有利于信号的处理。但要注意的是，传感器的灵敏度高，外界噪声也容易混入，影响测量精度。因此，同时要求传感器本身应具有较高的信噪比，尽量减少从外界引入的干扰信号。

4）频率响应特性的选择

传感器的频率响应特性决定了被测量的频率范围，必须在允许的频率范围内保持不失真地测量。实际传感器的响应总有一定的延迟，希望延迟时间越短越好。

如果传感器的固有频率高，频带宽，则可测量的信号频率范围就宽，而由于受到结构特性的影响，机械系统的惯性也较大。

在动态测量中，应保证传感器对被测信号的动态响应特性满足要求，以免产生过大的误差。

5）线性范围的确定

传感器的线性范围是指输出与输入成正比的范围。从理论上讲，在此范围内，灵敏度保持定值。传感器的线性范围越宽，则其量程越大，并且能保证一定的测量精度。在选择传感器时，当传感器的种类确定以后，首先要看其量程是否满足要求。但实际上，任何传感器都不能保证绝对的线性，其线性度也是相对的。当所要求的测量精度比较低时，在一定的范围内，可将非线性误差较小的传感器近似看做线性的，这会给测量带来极大的方便。

6）稳定性的选择

传感器使用一段时间后，其性能保持不变的能力称为稳定性。影响传感器稳定性的因素除了传感器本身的结构外，主要是传感器的使用环境。因此，要使传感器具有良好的稳定性，必须使传感器有较强的环境适应能力。在选择传感器之前，应对其使用环境进行调查，并根据具体的使用环境选择合适的传感器，或采取适当的措施，减小环境的影响。传感器的稳定性有定量指标，超过使用期后，在使用前应重新进行标定，以确定传感器的性能是否发生变化。在某些要求传感器能长期使用而又不能轻易更换或标定的场合，所选用的传感器的稳定性要求更严格，要能够经受住长时间的考验。

3.3 信 号 放 大 器

3.3.1 前置放大器

由图 3.1 可见，采用大信号输出传感器，可以省掉小信号放大器环节，但是多数传感器的输出信号都比较小，必须选用前置放大器进行放大。

由于电路内部有这样或那样的噪声源存在，使得电路在没有信号输入时，输出端仍存在一定幅度的波动电压，这就是电路的输出噪声。把电路输出端测得的噪声有效值 U_{ON} 折算到该电路的输入端，即除以该电路的增益 K，得到的电平值称为该电路的等效输入噪声 U_{IN}，即

$$U_{IN} = \frac{U_{ON}}{K} \tag{3.1}$$

如果加在该电路输入端的信号幅度 U_{IS} 比该电路的等效输入噪声还要低，那么这个信号就会被电路的噪声所淹没。为了不使小信号被电路的噪声所淹没，就必须在该电路前面加一级放大器，如图 3.3 所示。

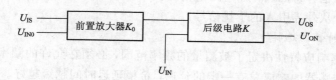

图 3.3　前置放大器的作用

图中前置放大器的增益为 K_0，本身的等效输入噪声为 U_{IN0}。由于前置放大器的噪声与后级电路的噪声是互不相关的随机噪声，因此，图 3.3 电路的总输出噪声 U'_{ON} 为

$$U'_{ON} = \sqrt{(U_{IN0}K_0K)^2 + (U_{IN}K)^2} \tag{3.2}$$

总输出噪声折算到前置放大器输入端，即总的等效输入噪声为

$$U'_{IN} = \frac{U'_{ON}}{K_0K} = \sqrt{U_{IN0}^2 + \left(\frac{U_{IN}}{K_0}\right)^2} \tag{3.3}$$

假定不设前置放大器时，输入信号刚好被后续电路的噪声淹没，即 $U_{IS}=U_{IN}$，加入前置放大器后，要使输入信号 U_{IS} 不再被后续电路的噪声所淹没，即 $U_{IS}>U'_{IN}$，就必须使 $U'_{IN}<U_{IN}$，即

$$U_{IN} > \sqrt{U_{IN0}^2 + \left(\frac{U_{IN}}{K_0}\right)^2} \tag{3.4}$$

解式(3.4)可得

$$U_{IN0} < U_{IN}\sqrt{1 - \frac{1}{K_0^2}} \tag{3.5}$$

由式(3.5)可见，为使小信号不被后续电路的噪声所淹没，在后续电路前端必须加入放大倍数 $K_0>1$ 的放大器，而且加入的放大器必须是低噪声的，即该放大器本身的等效输

入噪声必须比其后级电路的等效输入噪声低。

出于减小体积的考虑，信号调理电路中的滤波器大多采用 RC 有源滤波器，由于电阻元件是电路噪声的主要根源，因此 RC 滤波器产生的噪声比较大。如果把放大器放在滤波器后面，滤波器的噪声将会被放大器放大，使电路输出信噪比降低。例如，如图 3.4 所示，图中放大器和滤波器的放大倍数分别为 K 和 1，其本身的等效输入噪声分别为 U_{IN0} 和 U_{IN1}。图 3.4(a)所示调理电路的等效输入噪声为

$$U_{IN} = \frac{\sqrt{(U_{IN0}K)^2 + U_{IN1}^2}}{K} = \sqrt{U_{IN0}^2 + \left(\frac{U_{IN1}}{K}\right)^2} \tag{3.6}$$

图 3.4(b)所示调理电路的等效输入噪声为

$$U'_{IN} = \frac{\sqrt{(U_{IN0}K)^2 + (U_{IN1}K)^2}}{K} = \sqrt{U_{IN0}^2 + U_{IN1}^2} \tag{3.7}$$

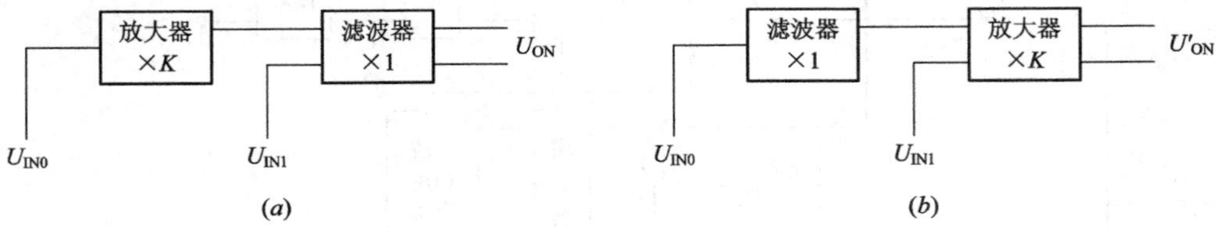

图 3.4　两种调理电路的对比

(a) 滤波器后置等效图；(b) 滤波器前置等效图

对比式(3.6)和式(3.7)可见，由于 $K>1$，因此 $U'_{IN}>U_{IN}$，这就是说，调理电路中放大器设置在滤波器前面有利于减少电路的等效输入噪声。

3.3.2　信号放大器常见的形式

各类传感器输出信号的形式各不相同，因此需要的放大电路也有所不同。下面根据各类传感器的输出信号，说明应采用的信号放大器的类型。

(1) 电压输出型：此种类型的传感器有对称结构，也有非对称结构。对称结构中又以交直流电桥输出居多，如应变电桥、热敏元件、霍尔电桥等效电路等，一般都要求接电压放大器电路。电压放大器包括交流电桥输出型放大器和直流电桥输出型放大器。

(2) 电流电荷输出型：如压电式传感器、光电探测器等。此种类型的传感器需要带有电流(或电荷)到电压变换的放大电路。

(3) 阻抗输出型：此种类型的传感器需要有对频率或脉冲宽度进行调制的放大器。

下面就几种常用的放大电路——交流电桥输出型放大电路、直流电桥输出型放大电路、带电流-电压变换放大电路和带电荷-电压变换放大电路分别说明。

1) 交流电桥输出型放大电路

典型的交流电桥输出型放大电路如图 3.5 所示，假定 $R(1+X)$ 为应变片电阻，而 $R(1-X)$ 为补偿应变电阻，它们共同检测低频率 ω_1 的正弦变化动态应变，其电阻变化率为

$$X = \frac{\Delta R}{R} = \frac{\Delta R_m}{R} \cdot \sin\omega_1 t = X_m \cdot \sin\omega_1 t \tag{3.8}$$

其中：ΔR 为电阻变化量；ΔR_m 为电阻变化量的最大值；R 为应变片的标称阻值；ω_1 为动

态应变的变化频率；X_m 为电阻变化率的最大值。

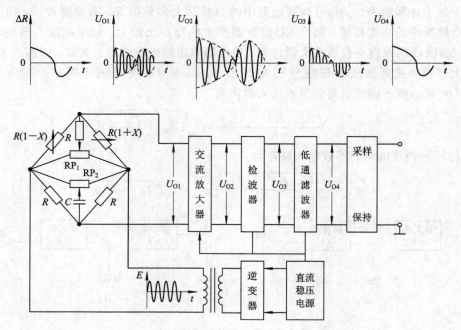

图 3.5　交流电桥输出型放大电路

供给电桥的交流电源，是由直流电源经逆变后产生的较高频率的交流电压，其表达式为

$$E = E_m \cdot \sin\omega_2 t \tag{3.9}$$

其中：E_m 为供给电桥的交流电源电压的最大值；ω_2 为供给电桥的交流电源电压的频率。

由于交流电桥的工作原理是对输入信号的调制，其中 ω_2 为载波频率，应选择 ω_2 大于 $7\sim10$ 倍的 ω_1，其电桥输出的电压为

$$U_{O1} = \frac{1}{2}E \cdot X = \frac{1}{2}E_m \cdot \sin\omega_2 t \cdot \frac{\Delta R_m}{R} \cdot \sin\omega_1 t$$

$$= \frac{1}{4}X_m E_m [\cos(\omega_2 - \omega_1)t - \cos(\omega_2 + \omega_1)t] \tag{3.10}$$

因此，电桥输出为调幅波，是两个角频率分别为 $(\omega_2 - \omega_1)$ 和 $(\omega_2 + \omega_1)$ 的分量的叠加。对于这种信号，可使用一般的交流窄带型放大器，此种放大器易于实现良好的稳定性和较高的增益。

对于上述的测量电桥，由于分布电容的影响，其调零不仅要设置直流调零电位器 RP_1，还要设置交流调零电位器 RP_2，以提高零点的稳定性。

2）直流电桥输出型放大电路

直流电桥输出型放大电路的典型结构如图 3.6 所示，它由三部分组成，即直流激励电源、惠斯登电桥及仪用放大器。当然在惠斯登电桥和仪用放大器之间根据需要可插入滤波器。直流电桥的供电直流电源有时需要恒流源，如霍尔元件构成的电桥；有时需要恒压源，如热敏电阻等构成的电桥。图 3.6 中采用的恒压源，其稳定度应高于传感器的精度。电桥激励电源有时可以和后面的仪用放大器供电电源共用，但要求系统允许共地。若传感器与仪用放大器因为其它原因不允许共地，则二者的电源不能共用。

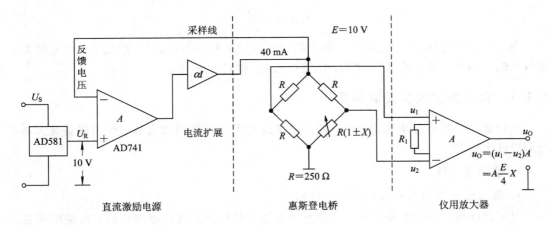

图 3.6 直流电桥输出型放大电路

3) 带电流-电压变换放大电路

对于把物理量变换为电流的传感器,需要经过电流到电压的变换后再进行放大。因为不能提供足够大的驱动能力,所以仅用电阻来构成电流-电压变换是不切实际的,比较实用的办法是用运放和高阻值反馈电阻构成转换电路,如图 3.7 所示。在忽略放大器静态偏流的情况下,有

$$U_O = -I_i \cdot R_f \qquad (3.11)$$

式中:I_i——输入电流;

　　　R_f——反馈电阻阻值。

为减小输入偏流的影响,最好选用输入级为场效应晶体管的混合型运放,如 AD515。

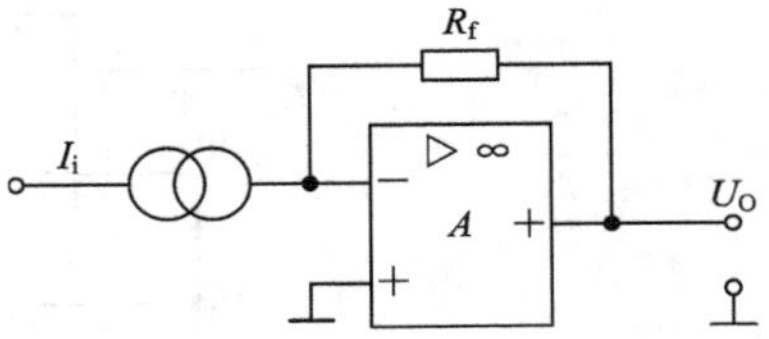

图 3.7 带电流-电压变换放大电路

4) 带电荷-电压变换放大电路

压电传感器将被测量转换成电荷输出或电压输出。由于压电传感器本身输出阻抗很高,内阻抗为串联的小容值电容,因此必须配用高输入阻抗电压放大器,否则电荷通过传感器晶体电容 C_{ab} 及放大器输入阻抗 R_i 放电而不能保存。在远距离电缆传送或物理量变化极为缓慢时,压电传感器应配用电荷放大器。

带电荷-电压变换放大器由电荷放大器和仪用放大器两部分组成,如图 3.8 所示,它将电荷变换成电压,然后再经过仪用放大器放大。图中忽略所有的漏阻,C_{ab} 为晶体固有电容,C_i 为传输电缆电容,C_f 为反馈电容。由于放大器开环增益极高,形成了虚地,输入电荷 Q 几乎只对 C_f 充电,因此 C_f 上充电电压 U_C 即为输出电压 U_O,即

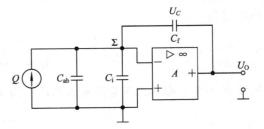

图 3.8 带电荷-电压变换放大电路

$$U_O = U_C = \frac{-AQ}{C_{ab} + C_i + (1+A)C_f} \qquad (3.12)$$

式中,A 为运放开环增益,$A \gg 1$,而 $(1+A)C_f$ 又远大于 C_{ab} 和 C_i,所以得

$$U_O = -\frac{Q}{C_f}$$

由式(3.12)可知，U_O 仅和输入电荷量 Q 成正比，和反馈电容 C_f 成反比，与电路其它参数和输入频率无关。若 A 不够高，则需计入 C_{ab} 和 C_i 的影响。

3.3.3 常用的放大器及其应用

在智能仪器的信号调理通道中，使用较多的放大器有仪用放大器、程控增益放大器以及隔离放大器等。

1. 仪用放大器

1) 仪用放大器的基本结构和性能指标

对于高质量的数据采集系统，当传感器为微弱的电压、电流输出型时，常需配用仪用放大器。仪用放大器是一种高性能的放大器，动、静态特性都很好。其对称性结构可同时满足放大器的抗共模干扰能力、输入阻抗、闭环增益的时间和温度稳定性等不同的性能要求。仪用放大器的内部基本结构如图 3.9 所示，它由三个通用运算放大器构成，第一级为两个对称的同相放大器，第二级是一个差动放大器。

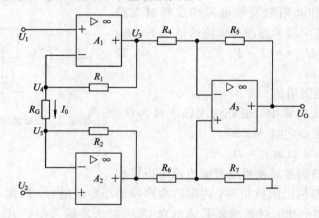

图 3.9 仪用放大器的内部基本结构

仪用放大器上下对称，即图中 $R_1 = R_2$，$R_4 = R_6$，$R_5 = R_7$。可以推导出仪用放大器的闭环增益为

$$A_f = -\frac{\left(1 + \dfrac{2R_1}{R_G}\right)R_5}{R_4}$$

假设 $R_4 = R_5$，即第二级运算放大器增益为 1，则可以推出仪用放大器闭环增益为

$$A_f = -\frac{1 + 2R_1}{R_G}$$

由上式可知，通过调节电阻 R_G，可以很方便地改变仪用放大器的闭环增益。当采用集成仪用放大器时，R_G 一般为外接电阻。目前，市场上可供选择的仪用放大器较多，在实际的设计过程中，可根据模拟信号调理通道的设计要求，并结合仪用放大器的以下主要性能指标确定具体的放大电路。

（1）非线性度：非线性度是指放大器的实际输出-输入关系曲线与理想直线的偏差。在选择仪用放大器时，一定要选择非线性偏差尽量小的仪用放大器。

（2）温漂：温漂是指仪用放大器的输出电压随温度变化而变化的程度。通常仪用放大器的输出电压会随温度的变化而发生 $(1\sim50)\,\mu V/℃$ 的变化，这与仪用放大器的增益有关。例如，一个温漂为 $20\,\mu V/℃$ 的仪用放大器，当其增益为 1000 时，环境温度变化 1℃，仪用放大器的输出电压会产生约 20 mV 的变化。这个数字相当于 12 位 A/D 转换器在满量程为 10 V 的 8 个 LSB 值。所以在选择仪用放大器时，要根据所选 A/D 转换器的绝对精度，尽量选择温漂小的仪用放大器。

（3）建立时间：建立时间是指从阶跃信号输入瞬间至仪用放大器输出电压达到并保持在给定误差范围内所需的时间。

（4）恢复时间：恢复时间是指放大器撤除驱动信号瞬间至放大器由饱和状态恢复到最终值所需的时间。显然，放大器的建立时间和恢复时间直接影响数据采集系统的采样速率。

（5）电源引起的失调：电源引起的失调是指电源电压每变化 1%，引起放大器的漂移电压值。仪用放大器一般用做数据采集系统的前置放大器。该指标则是设计系统稳压电源的主要依据之一。

（6）共模抑制比：国产放大器的共模抑制比在 $60\sim120$ dB 之间。

在实际的非理想对称条件下，失调对电路的漂移及共模抑制比均有影响，但 A_1 和 A_2 的对称结构（如图 3.9 所示）还是可以起到弥补作用的。因为 A_1 的失调电压 U_{OS1} 和 A_2 的失调电压 U_{OS2} 中的共同分量在输入回路中相互抵消，因此并不影响第一级的输出。但对于不对称产生的分量是抵消不掉的。此外 A_3 的失调对输出直接产生影响。因此，在选用仪用放大器或用分离元器件组建放大器电路时，应遵循以下两方面的原则：

（1）运放的选择原则：前面两个运放 A_1 和 A_2 应选择对称的器件，使二者的失调电压和失调电流尽量相同，而 A_3 应尽量选择失调小的运算放大器。要获得高输入阻抗、低偏流的特性，前级运放 A_1、A_2 可使用带场效应晶体管输入级的运放。

（2）电阻元件的选择原则：为充分发挥前级的对称作用，通常选择末级的增益为 1，使 $R_1=R_4=R_5$，而 R_G 则根据增益的要求选择，R_1/R_G 的比值愈大，增益愈大。R_5 与 R_7 取值相等，不需要精密匹配，而 R_1 和 R_2、R_4 和 R_6 则需要尽量匹配，以提高共模抑制比。

仪用放大器的差动输入端可直接与传感器输出端连接。但是要注意其输入回路能否对偏置电流提供直接通路，如果没有通路偏流，就会对杂散电容充电，使输出漂移得不到控制。因此，当放大器前端的传感器，如变压器、热电偶及交流耦合的信号源等为"浮空"时，必须提供输入端到地的直流通路，如图 3.10 所示。如果直流通路不能实现，就要采用隔离型放大器。

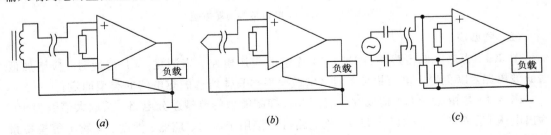

(a)　　　　　　　　　　　(b)　　　　　　　　　　　(c)

图 3.10　为直流偏置提供通路

（a）变压器耦合型；（b）热电偶型；（c）交流耦合型

2) INA114 简介

INA114/115 是一个低成本的仪用放大器,它不需要外接失调调整电路就可获得很高的精度。用户在一般使用时,只需外接一只普通电阻就可得到任意增益,其增益范围为 1～10 000 可变,正、负输入端具有内部过压保护电路,其保护范围可达 ±40 V,具有很高的共模抑制比和很低的失调电压及漂移电压。它可在 ±2.25 V 的电源下工作,适合电池供电及单一 +5 V 供电系统使用。

INA114/115 可广泛应用于桥式放大器、热电偶测量放大器、医用放大器及数据采集放大器等,其主要性能参数如下:

失调电压:<50 μV;温度漂移:<0.25 μV/℃;输入偏置电流:2 nA(最大值);输入失调电流:<2 nA;共模抑制比:>115 dB(A=1000);长期稳定性:每月 ±0.2 μV 左右;输入共模电压:±13.5 V 左右;输入过载保护:>±40 V;电源电压范围:±2.25～±18 V;静态电流:<3 mA。

(1) 基本接法

INA114 的内部电路结构如图 3.11(a)所示,内部设有过压保护电路,采用 A_1、A_2 及 A_3 三个运放组合结构。图 3.11(b)为其基本接法。增益 A 通过外接电阻 R_G 来调控,并由式 $G=1+\dfrac{50}{R_G}$ kΩ 确定。INA115 的电路结构、基本接法与 INA114 基本相同。

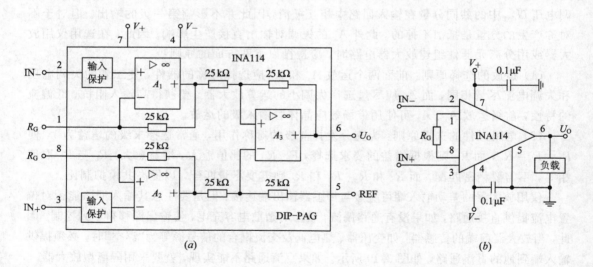

图 3.11　INA114 电路结构与基本接法

(2) 典型应用

图 3.12 为热电偶传感器与 INA114 连接的应用电路。当测量点 T 过远时,应增加低通滤波电路,以免噪声电压损坏器件。增益要根据具体所选的热电偶的类型而定。

图 3.13 是由 INA114 构成的具有高共模抑制能力的典型差分电路。其放大倍数为 10,输出电压 U_O 等于 $10 \times (U_2 - U_1)$。该电路可直接用于压力、应变、温度、生物电等模拟量的测量。其中运放可选用 OPA602 或 OP07 等器件。这种电路对电源的共模干扰有较强的抑制能力,适用于测量微弱信号。

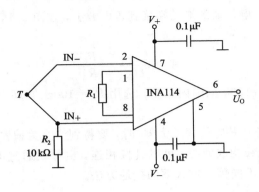

图 3.12　INA114 基本测量电路

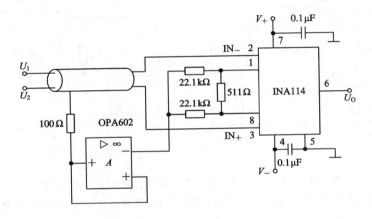

图 3.13　由 INA114 构成的典型差分电路

3）AD521 简介

AD521 是美国 AD 公司生产的单片集成仪表放大器。AD521 的引脚排列如图 3.14(a)所示，基本连接方法如图 3.14(b)所示。

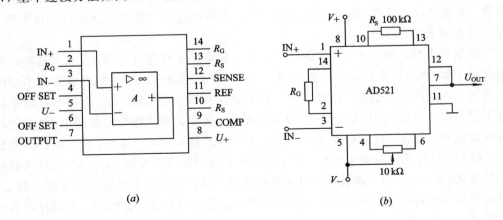

(a)　　　　　　　　　　　　　　　　　　　　　　　(b)

图 3.14　AD521 的管脚定义和基本接法

管脚 OFF SET(4，6 脚)用来调节放大器的零点，调整方法是将这两个端子接到一个

10 kΩ 电位器的固定端，电位器的滑动端接到负电源上，如图 3.14(b)所示。放大器的放大倍数 A 通过下式计算：

$$A = \frac{U_{\text{OUT}}}{U_{\text{IN}}} = \frac{R_{\text{S}}}{R_{\text{G}}} \tag{3.13}$$

放大倍数可在 0.1～1000 范围内调整，选用 $R_{\text{S}} = 100 \pm 0.15$ kΩ 时，可以获得较稳定的放大倍数。

在使用 AD521（或任何其它仪表放大器）时，要特别注意为偏置电流提供回路。输入端（1 或 3）必须与电源的地线构成回路，可以直接相连，也可以通过电阻相连。图 3.15 给出了 AD521 与输入信号在不同耦合方式下的接地方法。

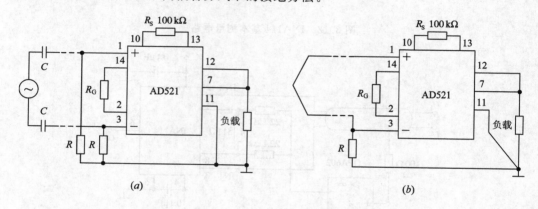

图 3.15　AD521 与输入信号在不同耦合方式下的接地方法
（a）直接通过电阻接地提供回路；（b）通过测量通道和接地电阻提供回路

2. 程控增益放大器

1）程控增益放大器概述

在智能仪器中，为实现在较宽的测量范围内保证必要的测量精度，经常采用改变量程的办法。当改变量程时，测量放大器的增益一般也应相应地加以改变。这种变化可通过软件实现，它使仪器的量程能够方便地自动切换。这种通过软件程序控制增益的放大器，称为程控增益放大器。

在数据采集系统中，对于输入的模拟信号一般都需加前置放大器，使放大器输出的模拟电压处于模/数转换器的电压转换范围内。但由于被测信号的变化幅度在各种不同的场合下表现出不同的动态范围，信号电平可以从微伏级到伏级，模/数转换器不可能在各种情况下都与之相匹配，因此往往使 A/D 转换器的精度不能最大限度地被利用，或致使被测信号削顶饱和，造成很大的测量误差，甚至使 A/D 转换器损坏。另外，在多回路多参数测量中，对不同的传感器的输出信号，往往要提供不同增益的放大器，才能使 A/D 转换前的信号规范化（如 0～5 V）。如果要用固定增益的放大器，则既不能照顾动态范围大的信号，也不能满足不同传感器输出的要求。使用程控增益放大器作前置放大器，就能很好地解决这个问题，实现全量程均一化，从而可提高 A/D 转换的有效精度。因此程控增益放大器在数据采集系统和各种智能仪器仪表中得到越来越多的应用。

程控增益放大器又称为可编程增益放大器（Programmable Gain Amplifier, PGA）。程控增益放大器的基本形式是由运算放大器和用模拟开关控制的电阻网络(反馈电阻网络)组成的。模拟开关可用数字编码控制,数字编码可用数字硬件电路实现,也可用计算机根据需要来控制。

图 3.16 是程控增益放大器的基本原理图。放大器增益 $A = \dfrac{U_{OUT}}{U_{IN}} \approx \left| \dfrac{R_f}{R_1} \right|$,闭合不同的开关 S_i,接入不同的反馈电阻,便能改变放大器的增益。选择开关 S_i 可用场效应管或集成模拟开关实现。对于测量精度要求高的场合,就可选用专用的仪表放大器,通过数字编码控制模拟开关切换反馈电阻,以实现增益控制。

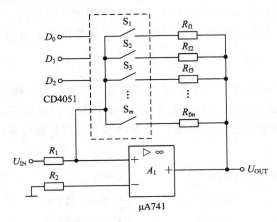

图 3.16　程控增益放大器基本原理图

程控增益放大器与普通放大器的差别在于反馈电阻网络可变,且受控于控制接口的输出信号。不同的控制信号,将产生不同的反馈系数,从而改变放大器的闭环增益。

要提高程控增益放大倍数的准确度,可采用下列措施:

(1) 选用精密测量电阻。因为程控增益放大器的放大倍数一般是由外接电阻决定的,电阻值的准确度决定了放大倍数的准确度,所以电阻要选用精密测量电阻,并且要精确匹配。

(2) 选择转换开关。电路中的转换开关应根据不同的要求选用不同的开关,电子模拟开关可用场效应管组成,也可采用集成模拟开关。电子模拟开关的特点是体积小、响应速度快,但它并不是理想的开关,在导通时有一定的导通电阻,这将影响放大倍数的精度。在设计中要充分考虑如何减小导通电阻的影响,尽量加大与其串联的电阻值,减小通过它的电流,或把导通电阻作为一个基本电阻来选配其它的电阻。要求较高时还要考虑温度引起导通电阻变化的影响。不同的模拟开关性能是不一样的,要根据对不同的精度要求选用不同级别的模拟开关。如在响应速度要求不高的情况下,甚至可采用机械继电器做开关,这可大大减小导通电阻(一般只有几百甚至几十毫欧)。

程控增益运算放大器的特点是运算放大器的增益可以由外部输入数字控制,这样,使用时可以根据输入模拟信号的大小来改变放大器的增益。因此,程控增益放大器是解决大范围输入信号放大的有效办法之一。目前,程控增益放大器亦做成集成电路的形式,如美国 Analog Device(AD)公司的 AD524 和美国 B-B 公司的 PCA202/203 等。

2）AD524 简介

AD524 是一种高精度、高共模抑制比、低失调电压、低噪声的单片集成电路程控增益放大器，其引脚图如图 3.17 所示。AD524 的输出失调温度漂移小于 0.25 μV/℃，输入失调温度漂移小于 0.5 μV/℃，单位增益下的高共模抑制比大于 90 dB。增益为 1000 时，高共模抑制比为 120 dB。单位增益下的最大直流非线性度为 0.003%，增益带宽积为 25 MHz。

AD524 的特点是在芯片内部已经集成了高精度的增益电阻，因此不需要外接电阻，而只要通过不同的连接方式即可获得不同的增益。改变增益最简单的方法是将芯片的 3 脚分别与 13、12、11 脚相连，就可以得到 ×10、×100、×1000 的增益。如果希望得到任意大小的增益，可在引脚 RG_1、RG_2 两端外接电阻 R_G，R_G 的值由下式计算：

$$R_G = \frac{40000}{增益-1} \tag{3.14}$$

也可利用外接电阻与芯片内部电阻并联来选择增益。例如可将 3 脚与 13 脚相连，再在 3 脚与 16 脚之间接一个 4 kΩ 的电阻，这就相当于在 RG_1 和 RG_2 之间接了一个 4 kΩ 和 4.44 kΩ 相并联的电阻，并联电阻的阻值为 2.104 kΩ，根据增益公式可计算出此时的增益约为 20。

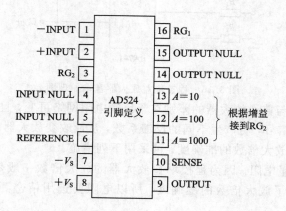

图 3.17　AD524 引脚图

3）PGA202/203 简介

PGA202/203 是增益可控的双端输入仪用放大器。其中，PGA202 的编程增益为 ×1、×10、×100 和 ×1000，PGA203 的编程增益为 ×1、×2、×4 和 ×8。两者都可通过 CMOS/TTL 逻辑电平选择控制，很容易和单片机接口。由于采用了激光修正技术，因而增益失调无需用外接元件调整，使用方便。

PGA202/203 可广泛应用于自动量程可控电路、数据采集系统、动态范围扩展系统和远距离测量仪器当中，其主要性能参数有：建立时间（≤2 μs）、偏置电流（≤50 pA）、非线性误差（≤0.012%）、共模电压范围（±10～±13 V）、共模抑制比（≥80 dB）、输出阻抗（0.5 Ω 左右）、增益误差（0.1%）、输入阻抗（10 GΩ）、静态电流（6.5 mA 左右）、电源范围（±6～±18 V）及数字逻辑电平（与 CMOS/TTL 逻辑电平完全兼容）。

（1）基本接法：PGA202/203 的内部电路结构主要由前端逻辑电路、基本差分放大电路和高通滤波电路等组成，具有失调电压调整端、滤波输出端、反馈输出端和参考输出端，能够灵活组成各类放大电路。图 3.18(a)是其基本放大接法。为了避免影响共模抑制,最好将所有地线一点接地。增益的选择是靠改变 A_0、A_1 的逻辑电平实现的。图 3.18(b)是交流输入电容耦合的基本放大接法,R_1、R_2 是为了给放大器的输入端增加偏置回路而设定的,不能省去。

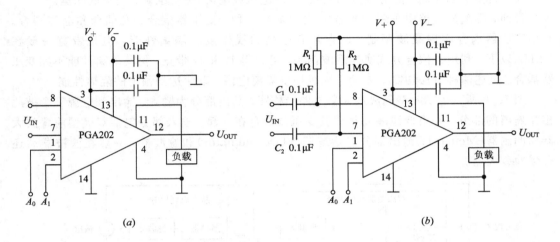

图 3.18　PGA202/203 的基本连接

(2) 典型应用:由于 PGA202/203 是双端输入放大器,因此既可用做前置放大器,也可用做后级放大电路。图 3.19(a)是用两片噪声很低的 OP27 和 PGA203 所构成的仪用差分放大电路,前级 A_1、A_2 的总放大倍数为 100、200、400 和 800。这种电路适用于微弱信号的测量和放大。图 3.19(b)是用 PGA202 和 PGA203 串联实现的增益为 1～800 的典型接法。

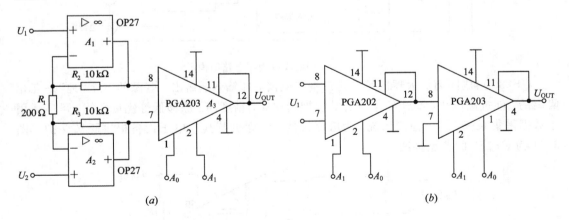

图 3.19　PGA202/203 的典型应用

3. 隔离放大器

隔离放大器主要用于要求共模抑制比高的、模拟信号的传输放大中。有时为保证系统的可靠性,可以考虑在模拟信号进入采集系统之前,用隔离放大器进行隔离放大。

一般来讲,隔离放大器是一种将输入、输出及电源在电流和电阻上进行隔离,使之没有直接耦合的测量放大器。由于隔离放大器采用了浮离式设计，消除了输入、输出端之间的耦合，因此具有以下特点：

（1）能保护系统元器件不受高共模电压的损害，防止高压对低压信号系统的损坏。

（2）泄漏电流低，对于测量放大器的输入端，无需提供偏流返回通路。

（3）共模抑制比高，能对直流和低频信号（电压或电流）进行准确、安全的测量。

目前，隔离放大器中采用的耦合方式主要有三种：变压器耦合、光耦合和电容耦合。利用变压器耦合实现载波调制，通常具有较高的线性度和隔离性能，但是带宽一般在 1 kHz 以下。利用光耦合方式实现载波调制，可获得 10 kHz 带宽，但其隔离性能不如变压器耦合。上述两种方法均需对差动输入级提供隔离电源，以便达到预定的隔离性能。

图 3.20 所示为 284 型隔离放大器电路结构图。其内部分为输入、输出和电源三个彼此相互隔离的部分，并由低泄漏高频载波变压器耦合在一起。输入部分包括双极型前置放大器和调制器（Modem）；输出部分包括解调器（Demodulator）和滤波器，一般在滤波器后还有缓冲放大器。

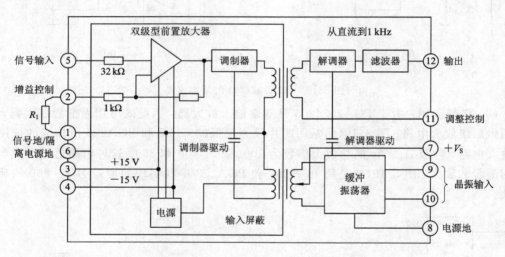

图 3.20　284 型隔离放大器电路结构图

GF289 集成隔离放大器的特点是三端口隔离，即输入、输出、电源的三个"地"是互相隔离的，能抗高电压（1500 V），具有共模抑制比高、精度高、漂移低等优良性能，可广泛用于数据采集系统、巡回检测系统，为医疗仪器、计算机及其它电子设备提供隔离保护。图 3.21 为 GF289 的典型接法。

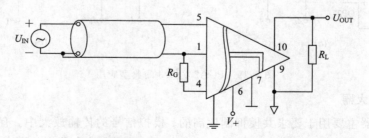

图 3.21　GF289 典型接法

　　GF289 的主要参数有：增益范围（$A_V = 2 \sim 100$）、增益稳定性（0.08%/℃）、输入电压范围（$0 \sim 5$ V）、共模电压（DC1500V）、共模抑制比（$K_{CMR} \geqslant 140$ dB）、同相端输入阻抗（$R_L \geqslant 10$ MΩ）、输入失调电压（$U \leqslant 5$ mV）、3 dB 带宽（BW = 1 kHz）、额定输入电压（$U_{IN} \geqslant \pm 10$ V）、输出电阻（$R_O \leqslant 1$ Ω）、隔离电源（供用户使用）、电源电压（$U_+ = 10 \sim 15$ V）、电压（± 15 V $\pm 10\%$）、额定工作电流（$I_+ \leqslant 30$ mA）、电流（± 5 mA $\pm 10\%$）和输出纹波电压（$\leqslant 30$ mV）。

习　　题

　　1. 简述传感器的定义、作用以及常用传感器的种类。

　　2. 智能仪器设计中选择传感器的依据是什么？

　　3. 为什么要在数据采集系统中使用测量放大器？

　　4. 信号放大器有哪些常用形式？

　　5. 设计一个由 8051 单片机控制的程控隔离放大器增益的接口电路。已知输入信号小于 10 mV，要求当输入信号小于 1 mV 时，增益为 1000，而当输入信号每增加 1 mV 时，其增益自动减为原来的 1/2，直到输入信号增加到 100 mV 为止。

　　6. 如何提高程控增益放大倍数的精度？

　　7. 隔离放大器有何特点？采用的耦合方式有哪些？

第 4 章 信号转换技术

本章主要讲述智能仪器输入输出通道中模拟信号与数字信号的相互转换技术，重点是 A/D 转换器和 D/A 转换器的特点及其选用方法。

4.1 A/D 转换器的技术指标

A/D 转换器(Analog to Digital Converter)可以将模拟量转换成数字量，以便让微处理器处理。常用以下几项技术指标来评价 A/D 转换器的质量水平。

1) 分辨率(Resolution)

A/D 转换器的分辨率定义为 A/D 转换器所能分辨的输入模拟量的最小变化量，即数字量变化一个最小量时模拟信号的变化量。一般都简单地用 A/D 转换器输出数字量的位数 n 表示。一个 n 位的 A/D 转换器有 2^n 种可能的输出状态，可分辨出输入变量的满量程值的 $1/2^n$。对于一个 n 位的 A/D 转换器，输入变量满量程值的 $1/2^n$ 称为 1 LSB(Least Significant Bit，最低有效位，是数字量的最低有效位所表示的模拟量)。表 4.1 所示为 A/D 转换器分辨率与位数的关系。

表 4.1 A/D 转换器分辨率与位数的关系

位数 n	分 辨 率	
	1 LSB	占满刻度的百分比(近似)/%
8	1/256	0.4
10	1/1024	0.1
11	1/2048	0.05
12	1/4096	0.024
14	1/16 384	0.006
15	1/32 768	0.003
16	1/65 536	0.0015

2) 转换速率(Conversion Rate)

转换速率是指完成一次从模拟量到数字量的 A/D 转换所需的时间的倒数。转换时间与实现转换所采用的电路技术有关。采用同种电路技术的 A/D 转换器，转换时间与分辨率有关，一般地，分辨率越高，转换时间越长。

A/D 的转换时间为完成一次 A/D 转换所需的时间，即从输入端加入信号到输出端出现相应数码的时间。转换时间越短，A/D 转换器适应输入信号快速变化的能力越强。

各种结构类型的 A/D 转换时间有所不同。转换时间最短的是全并行型 A/D 转换器，其转换时间为 5～50 ns；其次是逐次比较型 A/D 转换器，其转换时间为 0.4 μs 左右；再次是逐次逼近型 A/D 转换器；较慢的是双积分型 A/D 转换器。

3）量化误差（Quantizing Error）

量化误差是由 A/D 转换器的有限分辨率所引起的误差。图 4.1 所示的是 8 位 A/D 的转移特性曲线。在不计其它误差的情况下，一个分辨率有限的 A/D 转换器的阶梯状转移特性曲线与具有无限分辨率的 A/D 转换器的转换曲线（直线）之间的最大偏差，称为量化误差。量化误差一般为 $\pm\frac{1}{2}$LSB，提高分辨率可以减小量化误差。量化误差和分辨率是统一的。

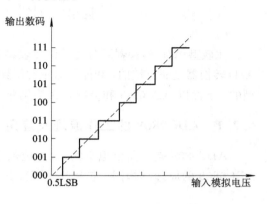

图 4.1　8 位 A/D 转换器的转移特性曲线

4）转换精度

A/D 转换精度可以用两种方式来表示：

（1）绝对精度：在一个转换器中，任何数码所对应的实际模拟电压与其理想电压值之差都不是一个常数，把这个差的最大值定义为绝对精度。对于 A/D 转换而言，可以在每一个阶梯的水平中心点进行测量，用最低有效位（LSB）的倍数表示，如 $\pm\frac{1}{2}$LSB 等。

（2）相对精度：与绝对精度相似，所不同的是把这个最大偏差表示为满刻度模拟电压的百分数，或者用二进制数来表示相对应的数字量。通常用绝对精度除以满量程值的百分数来表示相对精度。

5）线性度

线性度有时又称为非线性度（Non-Linearity），它是指转换器实际的输入/输出特性与理想的输入/输出特性的最大偏移量与满刻度输出之比。

与线性度误差直接关联的一个 A/D 转换的常用术语是失码（Missing Code）或跳码（Skipped Code），也叫做非单调性。所谓失码，就是有些数字码不可能在 A/D 转换器的输出端出现，即被丢失（或跳过）了。例如，当 A/D 转换器的传输特性如图 4.2 所示时，011 码被丢失。

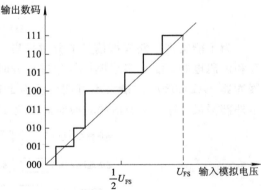

图 4.2　A/D 转换的失码现象

A/D 转换的线性度误差的来源及特性与转换器采用的电路技术有关，它们是难以用外电路加以补偿的。

6）温度对误差的影响

环境温度的改变会造成偏移、增益和线性度误差的变化。当 A/D 转换器必须工作在温度变化的环境中时，这些误差的温度系数将是一个重要的技术参数。温度系数是指温度改变 1℃ 时误差的改变量与满量程输入模拟电压的比值，常用 10^{-6}/℃ 表示。

4.2 比较型 A/D 转换器

比较型 A/D 转换器可分为反馈比较型和非反馈(直接)比较型两种。高速的并行比较型 A/D 转换器是非反馈的,智能仪器中常用到的中速、中精度的逐次逼近型 A/D 转换器是反馈型的。下面以 ADC0809 和 AD574A 为例介绍比较型 A/D 转换器的工作原理和应用。

4.2.1 ADC0809 的工作原理及应用

ADC0809 是 8 路模拟量输入、8 位数字量输出的逐次比较式 A/D 转换芯片,图 4.3 为 ADC0809 的原理结构图。芯片的主要部分是一个 8 位的逐次比较型 A/D 转换器。

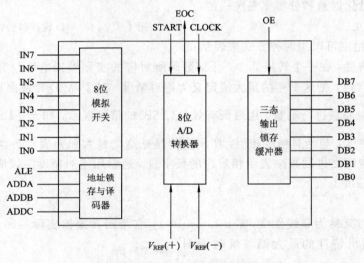

图 4.3   ADC0809 的原理结构图

为了能实现 8 路模拟信号的分时采集,在芯片内部设置了多路模拟开关、通道地址锁存和译码电路,能对多路模拟信号进行分时采集和转换。转换后的数据送入三态输出锁存缓冲器。ADC0809 的最大不可调误差为 ±1 LSB,典型时钟频率为 640 kHz,时钟信号应由外部提供。每一个通道的转换时间约为 100 μs。图 4.4 为 ADC0809 的工作时序。

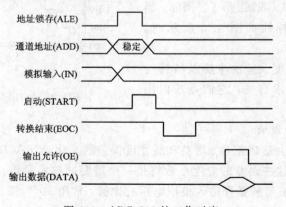

图 4.4   ADC0809 的工作时序

图 4.5 为 ADC0809 的引脚图，各引脚的功能如下：

(1) IN0～IN7：8 路模拟量输入端。

(2) D0～D7：8 位数字量输出端。

(3) START：启动脉冲输入端，脉冲上升沿复位 0809，下降沿启动 A/D 转换。

(4) ALE：地址锁存信号。高电平有效时把三个地址信号送入地址锁存器，并经地址译码得到地址输出，用以选择相应的模拟输入通道。

(5) EOC：转换结束信号。转换开始时变低，转换结束时变高，变高时将转换结果打入三态输出锁存器。如果将 EOC 和 START 相连，加上一个启动脉冲，则连续进行转换。

(6) OE：输出允许信号输入端。

(7) CLOCK：时钟输入信号，最高允许值为 640 kHz。

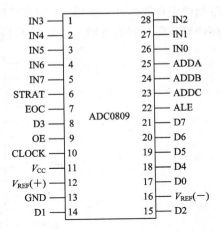

图 4.5 ADC0809 的引脚图

(8) $V_{REF}(+)$、$V_{REF}(-)$：$V_{REF}(+)$ 为正基准电压输入端，$V_{REF}(-)$ 为负基准电压输入端，通常将 $V_{REF}(+)$ 接 +5 V，$V_{REF}(-)$ 接地。

(9) V_{CC}：电源电压，范围为 +5～+15 V。

图 4.6 所示为 ADC0809 与单片机 AT89C51 的接口电路。采用译码选址法，设其接口地址为 0F0H。译码器的有效输出作为片选信号，片选信号和 $\overline{WR}$ 信号一起经或非门产生启动信号 START 和地址锁存信号 ALE，片选信号和 $\overline{RD}$ 信号一起经或非门产生输出允许信号 OE。OE=1 时选通三态门，使输出锁存器中的转换结果送入数据总线。EOC 信号经反相器后接到 AT89C51 的 $\overline{INT1}$。由于芯片的 3 位地址码输入端 A、B、C 分别接到 AT89C51 的 P0.0、P0.1、P0.2，故模拟量输入通道地址为 00～07H。

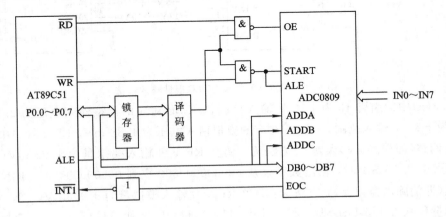

图 4.6 ADC0809 与单片机 AT89C51 的接口

4.2.2 AD574A 的工作原理及应用

AD574A 是 12 位 A/D 转换器，按逐次逼近式工作，最大转换时间为 25 ps。片内具有

4 位三段三态门输出，可直接挂在 8 位或 16 位微机的数据总线上。AD574A 可以在较宽的温度范围内保持线性并不丢码，内有高稳定时钟及齐纳二极管稳定电源（Veer：10 V），采用 28 引脚塑料或陶瓷双列直插式封装，功耗较低（390 mW）。图 4.7 所示为 AD574A 的引脚图。

+5 V	1	28	STS
12/$\bar{8}$	2	27	D11
$\overline{CS}$	3	26	D10
A0	4	25	D9
R/$\bar{C}$	5	24	D8
CE	6	23	D7
+5 V	7	AD574A 22	D6
REFOUT	8	21	D5
AGND	9	20	D4
REFIN	10	19	D3
−15 V	11	18	D2
BIPOFF	12	17	D1
10V$_{IN}$	13	16	D0
20V$_{IN}$	14	15	DGND

图 4.7　AD574A 的引脚图

AD574A 输入模拟量的允许范围为 0～+10 V 或 0～+20 V（单极性）；±5 V 或 ±10 V（双极性）。单极性输入和双极性输入的连接线路分别如图 4.8(a) 和 (b) 所示。

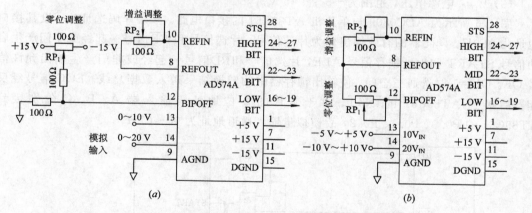

图 4.8　AD574A 单极性和双极性输入接法

图 4.8(a) 中的引脚 13 为 +10 V 输入范围，1 LSB 对应的模拟输入电压为 2.44 mV；引脚 14 为 +20 V 输入范围，1 LSB 对应的模拟输入电压为 4.88 mV。图 4.8(a) 中的 RP$_1$ 用于零位调整（即消除偏移误差），方法为：调整 RP$_1$，使输入模拟量为 1.22 mV（+10 V 范围，相当于 0.5 LSB）时，输出数字量从 000000000000 变到 000000000001。RP$_2$ 用于校准满量程（即消除增益误差），方法为：调整 RP$_2$，使输入模拟量为 9.9963 V（+10 V 范围，相当于满量程减去 1.5 LSB）时，数字量从 111111111110 变到 111111111111。双极性工作时的零位及满量程调整方法是：在图 4.8(b) 中，调节 RP$_1$，使模拟电压变化 0.5 LSB（即对 ±5 V 范围是 −4.9988 V）时，输出数字量从 000000000000 变到 000000000001。调节 RP$_2$，使输入模拟量为满量程减去 1.5 LSB（即对 ±5 V 范围是 +4.9963 V）时，输出数字量从 111111111110 变化到 111111111111。

AD574A 数字部分主要包括控制逻辑、时钟、SAR 及三态门输出等部分。其 STS 端表明 ADC 的工作状态，当转换开始时，STS 呈高电平，转换完成后返回低电平。AD574A 共有 5 个控制端，可用外部逻辑电平来控制其工作状态，具体如表 4.2 所示。由表 4.2 可见，在一定的控制条件下，AD574A 可按 12 位启动转换，也可按 8 位启动转换；可将 12 位一次并行输出，也可先输出最高 8 位数据，然后输出余下的 4 位数据(后跟 4 位 0)，两次输出时的数据格式如图 4.9 所示。图中的 D11 及 D0 分别为数据的最高位(MSB)及最低位(LSB)。

表 4.2　AD574 的控制状态表

CE	$\overline{\text{CS}}$	R/$\overline{\text{C}}$	12/$\overline{8}$	A0	操　作　内　容
0	×	×	×	×	无操作
×	1	×	×	×	无操作
1	0	0	×	0	启动一次 12 位转换
1	0	0	×	1	启动一次 8 位转换
1	0	1	接+5 V 电源	×	12 并行输出
1	0	1	接数字地	0	输出最高 8 位数码
1	0	1	接数字地	1	输出余下 4 位数码

xxx0H(偶数地址)	D11	D10	D9	D8	D7	D6	D5	D4

xxx1H(奇数地址)	D3	D2	D1	D0	0	0	0	0

图 4.9　AD574 的 8 位输出数据格式

AD574A 使用灵活，可方便地与各种 CPU 或微机系统相连。为使其数据转换及数据输出正确进行，必须遵守有关的时序，如图 4.10 所示。

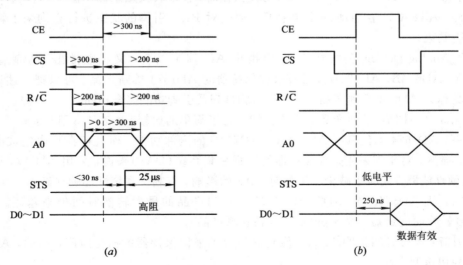

图 4.10　AD574A 数据转换启动和读数据时序

(a) 数据转换启动时序；(b) 读数据时序

根据图示时序,可方便地设计出 AD574A 与微机系统接口的各种电路。图 4.11 为 AD574A 与 AT89C51 的接口电路。

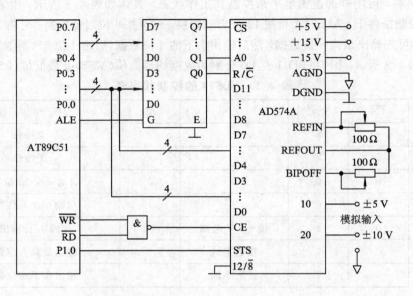

图 4.11　AD574A 与 AT89C51 的接口

由图 4.11 可知,无论是启动转换还是读转换结果,都要保证 CE 为高电平,故 AT89C51 的 $\overline{RD}$、$\overline{WR}$ 信号通过与非门后与 AD574A 的 CE 端相连。转换结果分高 8 位和低 4 位与 AT89C51 的 8 位数据线(P0 口)相连,故 $12/\overline{8}$ 接地。这样对地址 A7～A0 ＝ 0XXXXX00 进行写操作时,启动一次 12 位转换;对地址 A7～A0＝0XXXXX10 进行写操作时,启动一次 8 位转换;对地址 A7～A0＝0XXXXX01 进行读操作时,读取转换结果高 8 位;对地址 A7～A0＝0XXXXX11 进行读操作时,读取转换结果低 4 位。

另外,AT89C51 在启动 A/D 转换后,通过对 P1.0 引脚的状态进行查询来了解 A/D 转换是否结束。

AD(Analog Device)公司在 1984 年推出 AD574A 以后,又相继推出了快速型产品 AD674A、AD674B、AD774B 及带有采样保持器的 AD1674 等新产品。可以把上述这些型号的产品称为 AD574 系列产品,因为其引脚排列及引脚功能完全相同。

表 4.3 对 AD574 系列产品的主要性能进行了简单的比较。由表 4.3 可见:

第一,AD1674 不仅具有 AD574A～AD774B 的全部功能,而且还在片内集成有采样保持器。显然,对于需采用采样保持器的数据采集系统(DAS)来说,采用 AD1674 可简化 DAS 的硬件线路,同时也减少了干扰对 DAS 的影响,有利于系统性能的提高。

第二,从 AD574A 到 AD774B,AD574 系列产品的最大转换时间越来越短。其中, AD774B 转换时间最短,仅 8 μs(被称为快速型产品)。

AD1674 转换时间虽为 10 ps,但它已包含了采样保持器的捕捉时间,因此,AD1674 也是一种快速型产品。

表 4.3 AD574 系列产品主要性能比较

型 号	转换时间	封装形式	环境温度	备 注
AD574A	25 μs	1, 2, 4, 5	C, M	1984 年推荐产品
AD647A	15 μs	1	C, M	具有 AD574A 的全部特性, 提高了转换速度, 1988 年推荐
AD674B	15 μs	1, 2, 6	C, I, M	在 AD674A 的基础上, 增加封装形式及工业级产品
AD774B	8 μs	1, 2, 6	C, I, M	AD674B 的快速产品, 与 AD674B 一起于 1990 年推荐
AD1674	10 μs	1, 2, 6	C, I, M	前述各型产品的换代产品, 内含采样保持器, 其它方面兼容

注:① 封装形式代号的意义:1——密封陶瓷或金属双列直插(DIP)封装;2——密封塑料或环氧树脂双列直插(DIP)封装;4——陶瓷无引线芯片载体(CLCC)封装;5——塑料有引线芯片载体(PLCC)封装;6——小引线集成电路封装(SOIC)。

② 环境温度字母的意义:C——商业,$0 \sim +70℃$;I——工业,$-40 \sim +85℃$;M——军事,$-55 \sim +125℃$。

4.3 双积分型 A/D 转换器

4.3.1 双积分型 A/D 转换器的特点

双积分型 A/D 转换器最大的特点是对外接元件参数的长期稳定性无过高要求,只要在一个转换周期的时间内各参数保持稳定,就可获得很高的转换精度。这是因为在两次积分之后,外接元件的参数所起的作用被抵消了。

双积分型 A/D 转换器另外的两个特点是:第一,微分线性度极好,不会有非单调性。因为积分输出是连续的,因此,计数必然是依次进行的。相应地,计数过程中输出的二进制码也必然每次增加 1 LSB,所有的码都必定顺序发生,即从本质上说,不会发生丢码现象。第二,积分电路为抑制噪声提供了有利条件。双积分型 A/D 转换器从原理上说是测量输入电压在定时积分时间 T_1 内的平均值,显然对干扰有很强的抑制作用,尤其对正负波形对称的干扰信号,如工业现场中的工业频率(50 Hz 或 60 Hz)正弦波电压信号,抑制效果更好。当然,为提高抑制干扰的效果,使用时一般应将 T_1 选择为干扰信号周期的整数倍。

4.3.2 5G14433 的工作原理及应用

5G14433 是一种国产廉价型的 3 位半双积分 A/D 转换器,因其廉价且抗干扰性好,在智能仪器中的应用十分广泛,其转换速度约为 $1 \sim 10$ 次/秒,国外同类产品为 MC14433。

5G14433 的主要外接器件有时钟振荡器的外接电阻 R_C、外接失调补偿电容 C_0、外接积分电阻 R_1 和电容 C_1。模拟电路部分有基准电压、模拟电压输入部分。数字电路部分由逻辑控制、BCD 码输出锁存器、多路开关、时钟以及极性判别、溢出检测等电路组成。

5G14433 的主要参数有：电压量程（分 1.999 V 和 199.9 mV 两挡，相应的基准电压为 2 V 和 200 mV）、转换精确度（±0.05%）、转换速度（8～10 次/秒，相应时钟频率为 50～150 kHz）、输入阻抗（大于 100 MΩ）、工作电压（±45～±8 V）。5G14433 的输出数据为四位 BCD 码，分别由 DS1～DS4 分时选通输出，选通信号为正脉冲；具有超量程和欠量程输出标志。

5G14433 芯片的引脚排列如图 4.12 所示。各引脚的功能如下：

V_{AG}	1		24	V_{DD}
V_{REF}	2		23	Q3
V_X	3		22	Q2
R_1	4		21	Q1
R_1/C_1	5		20	Q0
C_1	6	5G14433	19	DS1
C_{01}	7		18	DS2
C_{02}	8		17	DS3
DU	9		16	DS4
CLK1	10		15	$\overline{OR}$
CLK0	11		14	EOC
V_{EE}	12		13	V_{SS}

图 4.12 5G14433 芯片的引脚图

（1）V_{AG}：模拟地。

（2）V_{REF}：基准电压输入。

（3）V_X：被测电压输入。

（4）R_1，R_1/C_1，C_1：外接积分元件输入端。

外接元件的典型值为：2 V 量程时，$R_1=470$ kΩ，$C_1=0.1$ μF；200 mV 量程时，$R_1=27$ kΩ，$C_1=0.1$ μF。元件接入 R_1、R_1/C_1、C_1 端（即 4、5、6 端）。

（5）C_{01}、C_{02}：外接失调补偿电容，一般取 0.1 μF。

（6）DU：实时输出控制。当 DU 输入一个正脉冲时，则将 A/D 转换结果送入输出锁存器。

（7）EOC：一次转换结束标志。每一个转换周期结束时，输出正脉冲。若 EOC 和 DU 相连，则将每次的转换结果都送入输出锁存器。

（8）CLK1，CLK2：时钟信号输入、输出端。外接电阻为 470 kΩ 时，CLK=66 kHz。

（9）V_{EE}：负电源，−5 V。

（10）V_{SS}：公共接地端。

（11）V_{DD}：正电源，+5 V。

（12）DS1～DS4：千、百、十、个位选通输出。EOC 和 DS 的时序图如图 4.13 所示。

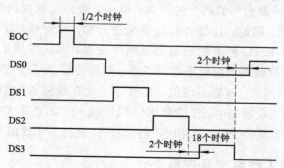

图 4.13 EOC 和 DS 的时序图

（13）Q3～Q0：转换结果的 BCD 码输出端。5G14433 的输出数据为 BCD 码，从最高位到最低位的输出由 DS1～DS4 分时选通控制。在 DS=1 期间输出 4 位 BCD 码，千位数显示只有 0 或 1 两个数值。

另外还有过量程、欠量程、正极性或负极性等标志信号。

当 DS1＝1 时，Q3～Q0 的输出编码含义如表 4.4 所示。

表 4.4　Q3～Q0 的输出编码含义

Q3	Q2	Q1	Q0	含　义
0	×	×	1	过量程
1	×	×	1	欠量程
1	×	×	0	千位为 0
0	×	×	0	千位为 1
×	1	×	×	正极性
×	0	×	×	负极性

图 4.14 所示为 5G14433 与单片机 AT89C51 的接口电路。由于 5G14433 转换结果的输出是连续的，所以 AT89C51 必须通过并行接口与其相连。5G14433 采用连续转换方式，每次转换结束，在 EOC 端输出一正脉冲，经反相后作为单片机 AT89C51 的外部中断 $\overline{INT1}$ 的请求信号。当 5G14433 的时钟为 50 kHz 时，EOC 的输出脉冲宽度为 10 μs。AT89C51 采用边沿触发方式，因此要求输入的负脉冲宽度至少保持 12 个时钟周期才能被 CPU 响应。若 AT89C51 单片机采用 6 MHz 晶振，则输入脉宽应大于 2 μs，所以 EOC 输出的脉冲宽度能够满足要求。在 EOC 脉冲出现之后，接着按从高到低的顺序发送选通脉冲 DS1～DS4，同时在 Q3～Q0 端先后输出千、百、十、个位的 BCD 码数据。

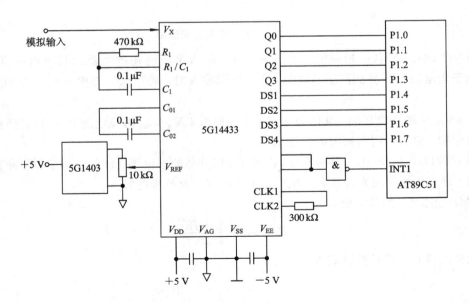

图 4.14　单片机 AT89C51 与 5G14433A/D 转换器的接口电路

当单片机 8031 响应 EOC 的中断请求后，首先检测送到 P1 口上的数据是否有位选通的有效信号，当检测到 DS1 位选通信号为高电平时，就将 Q3～Q0 输出线上的数据存放到相应的数据区保存，然后再检测 DS2 位选通信号，如此逐位分时接收 Q3～Q0 的数据输出。

4.3.3 ICL7135 的工作原理及应用

ICL7135 也是一种常用的 4 位半双积分型单片集成 A/D 转换芯片，它的主要特点有：分辨率高，相当于 14 位二进制数；转换精度高，转换误差为 ±1 LSB；能在单极性参考电压下，对双极性的输入模拟电压进行 A/D 转换；模拟输入电压范围为 0～±1.9999 V；采用了自动校零技术，可保证零点在常温下的长期稳定性；模拟输入可以是差动信号，输入阻抗极高。ICL7135 芯片引脚图如图 4.15 所示。芯片各引脚的功能如下：

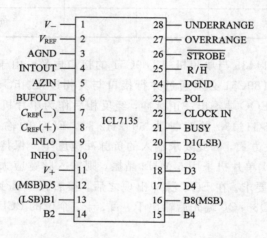

图 4.15　ICL7135 芯片引脚图

（1）INLO、INHO：模拟电压差分输入端。输入电压应在放大器的共模电压范围内，即从低于正电源 0.5 V 到高于负电源 1 V。单端输入时，通常 IN_ 与模拟地（AGND）连在一起。

（2）V_{REF}：基准电压端，其值为 $0.5V_{IN}$，一般取 1 V。V_{REF} 的稳定性对 A/D 转换精度有很大的影响，应当采用高精度的稳压源。

（3）INTOUT、ZAIN、BUFOUT：分别为积分器的输出端、自动校零端和缓冲放大器输出端。这三个端子用来外接积分电阻、积分电容以及校零电容。

积分电阻 R_{INT} 的计算公式为

$$R_{INT} = \frac{满度电压}{20\ \mu A} \tag{4.1}$$

积分电容 C_{INT} 的计算公式为

$$C_{INT} = \frac{10000 \times \frac{1}{f_{osc}} \times 20\ \mu A}{积分器输出摆幅} \tag{4.2}$$

如果电源电压取 ±5 V，电路的模拟地端接 0 V，则积分器输出摆幅取 ±4 V 较合适。

校零电容 C_{AZ} 可取 1 μF。

（4）$C_{REF}(-)$、$C_{REF}(+)$：外接基准电容端，电容值可取 1 μF。

（5）CLOCK IN：时钟输入端。工作于双极性情况下，时钟最高频率为 125 kHz，这时转换速率为 3 次/秒左右；如果输入信号为单极性，则时钟频率可增加到 1 MHz，这时转换速率为 25 次/秒左右。

（6）R/$\overline{H}$：启动 A/D 转换控制端。该端接高电平时，ICL7135 连续自动转换，每隔 40002 个时钟周期完成一次 A/D 转换；该端接低电平时，转换结束后保持转换结果，若输入一个正脉冲（宽度大于 300 ns），则启动 ICL7135 开始一次新的 A/D 转换。

（7）BUSY：输出状态信号端。积分器在对信号积分和反向积分的过程中，BUSY 输出高电平（表示 A/D 转换正在进行）；积分器反向积分过零后，BUSY 输出低电平（表示 A/D 转换已经结束）。

（8）$\overline{\text{STROBE}}$：选通脉冲输出端。脉冲宽度是时钟脉冲的 1/2，A/D 转换结束后，该端输出 5 个负脉冲，分别选通高位到低位的 BCD 码输出。$\overline{\text{STROBE}}$ 也可作为中断请求信号，向主机申请中断。

（9）POL：极性输出端。当输入信号为正时，POL 输出为高电平；当输入信号为负时，POL 输出为低电平。

（10）OVERRANGE：过量程标志输出端。当输入信号超过转换器计数范围（19999）时，该端输出高电平。

（11）UNDERRANGE：欠量程标志输出端。当输入信号小于量程的 9%（1800）时，该端输出高电平。

（12）B8、B4、B2、B1：BCD 码数据输出线，其中 B8 为最高位，B1 为最低位。

（13）D5、D4、D3、D2、D1：BCD 码数据的位驱动信号输出端，分别选通万、千、百、十、个位。

为了使 ICL7135 工作于最佳状态，获得最好的性能，必须注意外接元器件性能的选择。

图 4.16 所示为 ICL7135 的输出时序图。

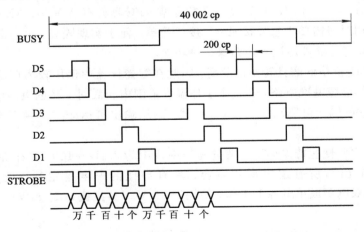

图 4.16　ICL7135 的输出时序

4.4 U/F 型 A/D 转换器

U/F 型 A/D 转换器，即利用电压-频率变换器(Voltage - Frequency Converter，VFC)所组成的模/数转换器。U/F 型 A/D 转换器抗干扰能力强，成本低，而且信号易于远传。

4.4.1 U/F 型 A/D 转换器的特点

VFC 是根据电荷平衡原理工作的。在确保定时器、恒流源和积分电阻具有足够高的精度的条件下，输出脉冲频率与输入电压有精确的线性关系，其线性误差小于 0.005%。利用 VFC 组成的 A/D 转换器的原理框图如图 4.17 所示。

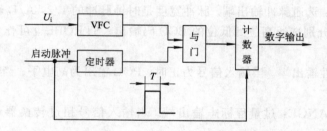

图 4.17 利用 VFC 组成的 A/D 转换器的原理框图

VFC 具有很宽的动态范围。常用 VFC 的动态范围为 $10^4 \sim 10^5$ V。

对同样的输入信号 U_i，只要改变定时器的时间 T，就可改变输出的数字值 N，从而可改变测量的分辨率。例如，选用频率范围为 0 Hz~1 MHz 的 VFC，取定时时间 $T=1$ s，计数器用 6 位半的 BCD 计数器，则分辨率可高达 10^6 V。

4.4.2 LM331 的工作原理及应用

目前市场上已有各种集成电路 VFC 器件芯片可供选择，如通用型 VFC 器件有 LM131、LM231、LM331、RC4151 等，高精度型 VFC 器件有 AD650、AD651、VFC32 等。这些器件在使用时只需要少量外接元件，接口简单，便于实现隔离，而且具有很好的变换精度和线性度，有的器件还设有短路保护等功能。

由于 LM331 价格低廉且转换精度高，因此在智能仪器中使用较为广泛。LM331 使用了新的温度补偿能隙基准电路，在整个工作温度范围内和低到 4 V 的电源电压下都有极高的转换精度。它的输出可驱动 3 个 TTL 负载，高压输出可达 40 V，并且可以防止 V_{cc} 的短路。

LM331 的主要性能特点如下：满量程频率范围为 1 Hz~100 kHz；最大非线性度为 0.01%；脉冲输出与所有逻辑形式兼容；具有最佳的温度稳定性，最大值为 $\pm 50 \times 10^{-6}$/℃；可在双电源或单电源下工作；功耗低，5 V 下典型值为 15 mW；具有电源电压输出短路保护。

图 4.18 为 LM331 的引脚排列图。各引脚的功能如下：

(1) V_{cc}：接地端。

（2）I_{OUT}：精密电流源输出端。

（3）RC：定时比较器输入端。此端接电阻 R_f 到 V_{CC}，接电容 C_t 到地。

（4）V_{IN} 和 V_X：输入比较器的两个输入端。V_{IN} 为输入电压引脚，V_X 为比较阈值电压输入引脚。V_X 通常与精密电流源输出端相连，并外接串联电阻 R_L 和电容 C_L 到地，利用其产生的滞后效应，改善线性度。

（5）R_S：输出调节。该脚可接一可变电阻，通过改变基准电流来调节增益偏差，以校正输出频率。

（6）F_{OUT}：频率输出引脚，为集电极开路输出，必须外接一上拉电阻（10 kΩ），所加电压应与后级电平一致，如接 AT89C51 的 T0 或 T1，则电压应为 +5 V。

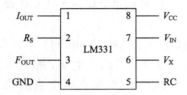

图 4.18　LM331 的引脚排列图

LM331 的输出频率与输入电压的关系为

$$F_{OUT} = \frac{V_{IN} \times R_S}{2.09 R_L \times R_t C_t} \tag{4.3}$$

例如，当 $R_S = 15$ kΩ，$R_t = 68$ kΩ，$C_t = 0.01$ μF 时，0～10 V 的输入电压对应的输出频率为 0～1 kHz。

图 4.19 所示为 LM331 与单片机 AT89C51 组成 A/D 转换器的接口电路。图中，R_1、C_1 组成低通滤波器，在 R_L、C_L 可产生滞后效应，以提高转换的线性度。R_S 用来对基准电路进行调节，以校正输出频率。F_{OUT} 端通过上拉电阻接到单片机的 T1 口，通过测量输入脉冲信号的频率，即可求得输入电压 V_{IN}。

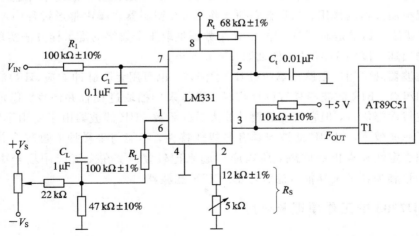

图 4.19　LM331 外接元件及其与单片机接口图

4.5 Σ-Δ 型 A/D 转换器

4.5.1 Σ-Δ 型 A/D 转换器的工作原理

传统的 A/D 转换技术在实现极高精度（大于 16 位）的 A/D 转换器时，在性能、代价等方面受到了极限性的挑战，而且由于难以与数字电路系统实现单片集成，因而不适应 VLSI 技术的发展。近年来，Σ-Δ 型 A/D 转换器正以其分辨率高、线性度好、成本低等特点得到越来越广泛的应用。Σ-Δ 型 A/D 转换器由于采用了过采样技术和 Σ-Δ 调制技术，能够以较低的成本实现高精度的 A/D 转换器，适应了 VLSI 技术发展的要求。

1）过采样技术

所谓过采样，是指以远远高于奈奎斯特（Nyquist）采样频率的频率对模拟信号进行采样。如果对理想 A/D 转换器加一恒定直流输入电压，那么多次采样得到的数字输出值总是相同的，而且分辨率受量化误差的限制。如果在这个直流输入信号上叠加一个交流信号，并用比这个交流信号频率高得多的采样频率进行采样，此时得到的数字输出值将是变化的，用这些采样结果的平均值表示 A/D 转换的结果，便能得到比用同样的 A/D 转换器高得多的采样分辨率，这种方法称为过采样。提高采样频率，可以降低量化噪声电平，而基带是固定不变的，因而减少了基带范围内的噪声功率，提高了信噪比。

2）Σ-Δ 调制技术

Σ-Δ 调制器将量化噪声从基带内搬移到基带外的更高频段，通常将这一技术称为噪声整形技术。过采样 Σ-Δ 型 A/D 转换器正是通过对输入模拟信号在前端进行过采样及噪声整形处理，使电路输出的码流在基带内能够达到系统所要求的信噪比。

3）数字滤波和采样抽取技术

Σ-Δ 调制器对量化噪声整形以后，将量化噪声移到所关心的频带以外，然后对整形的量化噪声进行数字滤波。数字滤波器的作用有两个：一是相对于最终采样速率 f_s，它必须起到抗混叠滤波器的作用；二是它必须滤除 Σ-Δ 调制器在噪声整形过程中产生的高频噪声。数字滤波器通常是通过对每输出 M 个数据抽取 1 个数字的重采样方法实现的，这种方法称为输出速率降为 $1/M$ 的采样抽取（Decimation）。

数字滤波器既可用有限脉冲响应（FIR）滤波器，也可用无限脉冲响应（IIR）滤波器，或者是两者的组合。FIR 滤波器具有设计容易、能与采样抽取过程合并计算、稳定性好、具有线性相位特性等优点，但它可能需要计算大量的系数。IIR 滤波器由于使用了反馈环路，因而提高了滤波效率，但 IIR 滤波器具有非线性特性，不能与采样抽取过程合并计算，而且需要考虑稳定性和溢出等问题，所以应用起来比较复杂。在交流应用场合中，大多数 Σ-Δ 型 A/D 转换器的采样抽取滤波器都用 FIR 滤波器。

4.5.2 AD7703 的工作原理及应用

1. AD7703 芯片介绍

1）概述

AD7703 是美国 ADI 公司生产的 20 位模/数转换器。它的非线性为 0.0003%，并具有可选的校验方式，温度工作范围宽（一般为 $-40\sim85℃$），抗干扰能力强，串行接口灵活，适用于工业测控过程、便携式仪表等领域的信号采样，其内部结构如图 4.20 所示。

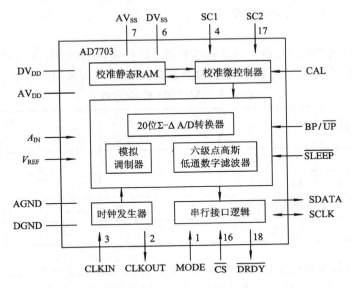

图 4.20 AD7703 的内部结构

2）引脚说明

AD7703 为 20 脚双列直插式封装，图 4.21 所示为其引脚图，各引脚功能如下：

（1）MODE：串行口方式选择端，MODE 为 1 时为内同步，MODE 为 0 时为外同步。

（2）CLKIN：时钟输入端，当采用外部时钟时，CLKIN 为外部时钟输入端，CLKOUT 端不用。

（3）CLKOUT：时钟输出端，当采用内部时钟时，CLKOUT 为内部时钟输出端。

（4）SC1 和 SC2：系统校准方式选择端，可组合选择 AD7703 的校准方式。

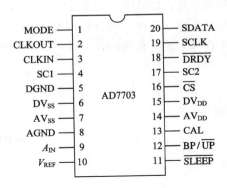

图 4.21 AD7703 的引脚图

（5）DGND 和 AGND：数字地与模拟地。

（6）AV_{DD}，AV_{SS}：模拟正负电源，通常为 $+5$ V。

（7）DV_{DD}，DV_{SS}：数字正负电源，通常为 $+5$ V。

（8）A_{IN}：模拟信号输入端，范围为 $0\sim+2.5$ V（单极性时）或 $+2.5$ V（双极性时）。

（9）V_{REF}：参考电源电压输入端，通常接 $+2.5$ V 基准电压。

（10）$\overline{SLEEP}$：睡眠工作方式设置端，此脚接地时为睡眠工作方式。

（11）BP/$\overline{UP}$端：单双极性输入方式选择端，低电平时为单极性，高电平时为双极性。

（12）CAL：校准控制端，CAL$=1$ 时启动自校准。

（13）$\overline{CS}$：片选端，当 CS$=0$ 时发送数据。

（14）$\overline{DRDY}$：数据输出准备信号，低电平时表示数据寄存器内的数据准备好，数据传送结束后，该脚变为高电平。

（15）SCLK：串行时钟输入/输出端。

（16）SDATA：串行数据输出端。

3）校准方式

通过 AD7703 内部的自校准和系统校准功能，既可消除 AD7703 本身的零点、增益和漂移误差，又能消除系统输入通道的失调和增益误差。AD7703 所采用的校准方法见表 4.5。

表 4.5 AD7703 校准方式

SC1	SC2	校准类型	校准零值	校准满负荷值	次序	校准时间（时钟周期）
0	0	自校准	V_{GND}	V_{REF}	一步	3145665
1	1	校准系统失调	A_{IN}		第一步	1052599
0	1	校准系统增益		A_{IN}	第二步	1068813
1	0	校准系统失调	A_{IN}	V_{REF}	一步	2117389

AD7703 的自校准可以用硬件自动实现，其硬件自校准电路如图 4.22 所示。模拟电压 AGDN 为零值，参考电压 V_{REF} 为满负荷值，CAL 端的高电平应至少维持 4 个 CLKIN 时钟周期，并在 $\overline{DRDY}$ 由高变低时自校准结束，此方法类似于 MCS-51 单片机的上电复位电路。在结合软件实现自校准时，可用单片机的一根口线控制 CAL 端，且当 CAL 为 1 时启动校准，然后查询 $\overline{DRDY}$ 端，为 0 时校准结束。

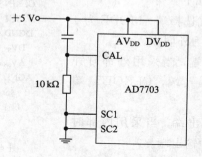

图 4.22 硬件自校准电路

图 4.23 所示为系统校准接口电路，系统校准可以消除前置放大电路的失调和增益误差，以使 AD7703 的输出结果具有更高的精度。

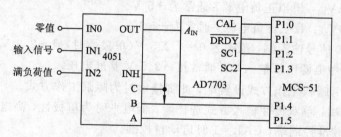

图 4.23 系统校准接口电路

在系统校准时，AD7703 之前应加一个模拟多路开关 4051，由单片机选择控制多路开关的某一通道，以便为 AD7703 提供零值、满负荷值以及校准完成后正常状态所需要接受的输入信号。当图 4.23 中的模拟开关 4051 输入选择信号 BA＝00 时，选择零值；当 BA＝01 时，选择正常的输入信号；当 BA＝10 时，选择满负荷值。

由表 4.5 可知，系统校准可分以下两种情况：

第一种情况是校准系统失调和校准系统增益，该校准需要分两步完成。第一步是对 A_{IN} 脚输入零值，第二步对 A_{IN} 脚输入的满负荷值进行增益校准。

第二种是校准系统失调，该校准可一步完成，也就是将 A_{IN} 的输入值作为零点，直接用 V_{REF} 作为满负荷值。

在校准过程中，SC1、SC2 的值不能发生变化，$\overline{DRDY}$ 由高变低表明 AD7703 校准结束。AD7703 校准结束后，在等待一定的时间之后，AD7703 的输出才是此时 A_{IN} 端输入电压的二进制码。等待时间 T 与 AD7703 使用的主时钟频率 f_{clkin} 有关，具体关系如下：

$$T = \frac{507\ 904}{f_{clkin}} \text{ s} \tag{4.4}$$

当 f_{clkin} 为 4.096 MHz 时，设置时间为 124 ms。在进行校准时，AD7703 必须保持输入的零点值和满负荷点值稳定。通过这两个数值，AD7703 校准控制器可以算出将输入信号转换成数字信号的增益斜率，如表 4.6 所示。此值通常可存储在校准静态 RAM 中，在模拟信号转换成二进制代码时使用。

表 4.6 两种方式的增益斜率

输 入 方 式	增 益 斜 率
单极性输入方式	增益斜率＝(满负荷值－零值)/1 048 576
双极性输入方式	增益斜率＝2(满负荷值－零值)/1 048 576

实际使用时，应该选择正确合理的校准方式，一般情况下可考虑自校验方式，在要求比较严格的场合，还应采用系统校准。系统启动时应自动为 AD7703 进行一次校准，而 AD7703 从掉电保护状态进入正常工作状态后，也应为 AD7703 进行一次校准。

2. AD7703 芯片应用

1) AD7703 数字接口

AD7703 的串行数据接口的两种方式由 MODE 信号选择。当 MODE＝1 时，工作在片内时钟同步 SSC 方式，数据由片内产生的串行时钟 SCLK 同步控制输出。在这种方式下，AD7703 把每个采样时间间隔分成 16 个特殊的周期，即 8 个模拟周期和 8 个数字周期。模拟周期用于模拟信号的建立，数字周期用于数字计算。每一个数字周期开始时，AD7703 将首先查询 $\overline{CS}$ 状态，若 $\overline{CS}$ 为低电平，则 SCLK 被激活，AD7703 从 SDATA 端送出寄存器的现存数据，先送 MSB，后送 LSB，在 LSB 送出之后，$\overline{DRDY}$ 信号变成高电平，直到获得新的数据为止。数据位在 SCLK 下降沿更新，在 SCLK 上升沿有效。

当 MODE＝0 时，AD7703 工作在外部时钟同步 SEC 的方式，这是一种比较常用的方式，图 4.24 是其时序图。从图 4.24 中可以看出，在 $\overline{CS}$ 下降沿，串行数据位的 MSB 首先被送出，其后的数据位在外部 SCLK 的下降沿变更，上升沿有效。在 LSB 送出之后，$\overline{DRDY}$ 和 SDATA 变为三态。如果 $\overline{CS}$ 为低电平，并且 AD7703 还在发送数据，那么不论是否有新数据，AD7703 仍继续发送旧的数据。

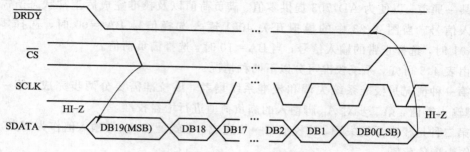

图 4.24　SEC 方式的工作时序

2）AD7703 典型应用电路

图 4.25 是 AD7703 工作在 SEC 方式下的一种典型应用连接图。图中 2.5 V 基准电压由 AD580 产生，模拟地、数字地和各自的电源采用独立供电，并加入了去耦电容。BP/$\overline{\text{UP}}$ 接低电平，为单极性输入，并且在模拟输入端加了滤波电路，以防止模拟调制器和数字滤波器饱和，采用软件自校验方式校验，SC1、SC2 直接接地。

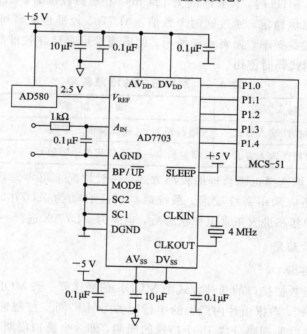

图 4.25　AD7703 工作在 SEC 方式下的典型应用连接图

由于 AD7703 是将转换好的 20 位二进制数放入输出寄存器，并按一定的时序串行输出，因此必须编程将 AD7703 的输出读出来。采用 SEC 方式读数据时，要求 MCS - 51 单片机的 P1.3 能为 AD7703 提供外部同步时钟，以便读出数据。该方式应先判断 $\overline{\text{DRDY}}$ 是否为低，为低表示已有转换好的数据存于输出寄存器中。当 $\overline{\text{CS}}$ 信号变低时，接收 20 位数据的最高位 MSB。然后 MCS - 51 单片机由 P1.3 口输出外部同步时钟 SCLK，AD7703 在 SCLK 的下降沿更新数据，数据在 SCLK 的上升沿稳定，因此系统将在 SCLK 的上升沿读取数据，依次进行，直到 20 位数据全部读出。

4.5.3　CS5360 的工作原理及应用

1. CS5360 简介

CS5360 是 Curris 公司生产的一种双通道、高性能的 24 位数字音频系统的 A/D 转换芯片。该芯片具有如下特点：$\Delta-\Sigma$ A/D 转换技术；24 位数字输出；105 dB 的动态范围；低噪声，总谐波失真大于 95 dB；片内数字抗混叠滤波及电压参考；最高采样频率为 50 kHz；差动模拟输入；单 +5 V 电源供电。

图 4.26 是 CS5360 的内部功能框图，管脚定义如下：

$AINL_+$，$AINL_-$：左声道差动模拟输入；$AINR_+$，$AINR_-$：右声道差动模拟输入；AGND：模拟地；DGND：数字地；VA_+，VD_+：模拟、逻辑、数字电源输入；LRCK：左右声道输出指示；SCLK：串行数据时钟；SDATA：串行数据输出；$\overline{RST}$：复位输入；MCLK：模拟时钟和数字时钟输入；CMOUT：共模电压输出，正常情况下为 2.2 V；FRAME：帧指示；PU：峰值更新指示；OVFL：模拟输入过量程指示；HP DEFEAT：高通滤波选择控制；DIF0，DIF1：数据输出格式控制。

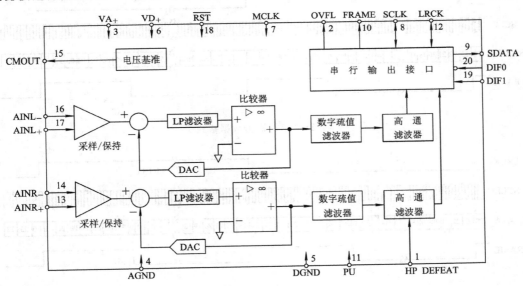

图 4.26　CS5360 内部功能框图

CS5360 有两种工作模式供用户选择：主模式和从模式。这两种模式的区别在于转换数据输出接口中时钟（也就是 LRCK 和 SCLK）的来源不同。在主模式下，SCLK 和 LRCK 由芯片内部提供，为输出信号。而在从模式下，这两个时钟必须由外部提供，为输入信号。

CS5360 支持三种串行数据输出格式，包括 I^2C 格式，这些格式由 DIF0 和 DIF1 决定。数据输出格式决定了串行数据、左/右时钟和串行时钟之间的关系。表 4.7 列出了三种格式和相关的图形数据。串行数据输出通过串行数据

表 4.7　数据输出格式选择

DIF0	DIF1	格式	图形
0	0	0	3
0	1	1	4
1	0	2	5
1	1	掉电方式	..

输出 SDATA、串行数据时钟 SCLK 和左/右时钟 LRCK 来完成。

数据输出的三种格式如图 4.27、图 4.28、图 4.29 所示。这三种数据格式的输出都采用二进制补码，最高位在前。其中数据格式 0 和数据格式 1 都属于左对齐方式，不同的是格式 0 为上升沿有效，而格式 1 为下降沿有效。数据格式 2 属于 I^2S 兼容左对齐格式，上升沿有效。

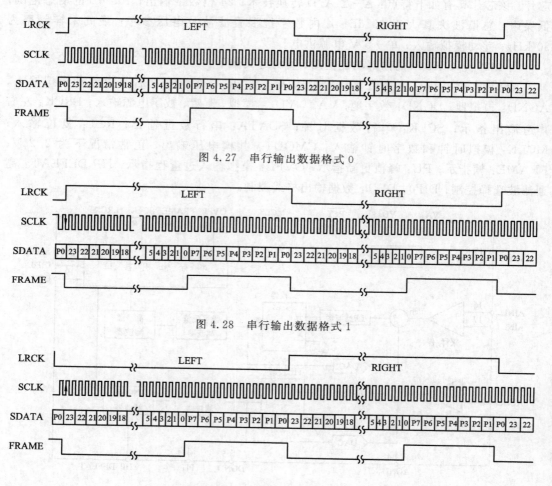

图 4.27　串行输出数据格式 0

图 4.28　串行输出数据格式 1

图 4.29　串行输出数据格式 2

2. CS5360 的应用

在设计 CS5360 的接口电路时，需要考虑的主要问题是如何将其转换输出的 24 位串行数据读出并存储。有两种方案可以考虑：一种方案是将 CS5360 的数据输出接口直接与 MCU 的 I/O 口相连，利用 MCU 内部提供的串行接口或者采用软件来实现数据的读出和保存，这种接口方案对 MCU 的速度要求相对要高一些；另一种方案是设计专门的硬件电路来实现数据的读出和存储，适用于采用低速 MCU 的场合。下面介绍的接口电路采用第二种设计方案，利用一片 CPLD 完成 CS5360 与低速 MCU 的硬件接口电路，整个系统的组成如图 4.30 所示，图中的 CS5360 工作于主模式（Master Mode）。

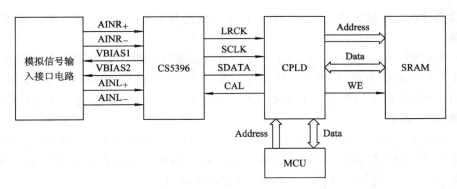

图 4.30　CS5360 接口电路系统组成框图

1）接口电路的组成

图 4.31 为整个接口电路的功能框图，由四部分组成：采样速率控制电路对输入时钟 CLK 和 CS5360 输出的 LRCK 进行分频处理，以控制整个系统的采样速率；串并转换电路将 CS5360 输出的串行数据转换为并行数据输出，并产生相应的 RAM 写信号；地址产生电路生成 RAM 的地址控制信号，每写完一次 RAM，地址自动加 1；地址译码及控制电路完成对系统地址总线的译码，产生各种必需的控制信号。

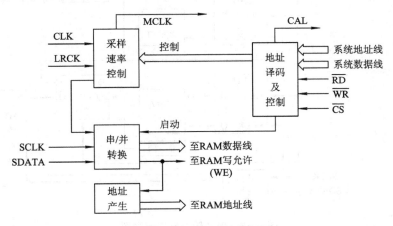

图 4.31　接口电路功能框图

2）各部分电路的设计实现

（1）采样速率控制电路。该部分电路同时采用两种方法控制 CS5360 的采样速率。第一种方法是改变 CS5360 的主时钟，即 MCLK 的频率。由于 CS5360 的最低采样速率为 8 kHz，因此当要求的采样速率小于 8 kHz 时，这种方法就不适用了，为此接口电路又加入了第二种控制方法，即对输出指示信号 LRCK 进行分频。在主模式（Master Mode）下，CS5360 的 LRCK 脚输出的是一个方波信号，高低电平分别代表输出不同声道的转换数据。通过对 LRCK 进行分频处理，虽然 CS5360 自身的采样速率没有改变，但同样达到了控制采样速率的目的，这实际上采用的是一种舍弃中间点的办法。分频电路的设计比较简单，这里不再给出。

（2）串并转换电路。该部分电路是接口电路的核心部分，它负责将 CS5360 输出的串行数据转换为并行数据输出给 SRAM，同时产生相应的写 RAM 信号。设计中需要考虑以下两个问题。

第一个问题：因为 CS5360 在输出一个声道的数据时，除了 24 位转换结果数据外，还输出一个 8 位的附加信息（在独立工作方式下为 8 位 0），因此输出一道数据时总共有 32 个时钟输出，而最后的 8 位数据是无用的，所以需要有一个禁止逻辑，防止 8 位的附加数据也写入到 SRAM 中。

第二个问题：由于串行输出时钟 SCLK 在 CS5360 工作期间是一直存在的，因此在启动和结束串并转换时应该有一个控制逻辑，使得串并转换电路只有在 LRCK 的上升沿（或者下降沿）触发下才进行数据转换，以保证数据的完整性。

图 4.32 是该部分电路的原理图，其中 CBU2 和 CBU3 分别是一个 2 位和 3 位的二进制加法计数器。图 4.33 是该部分电路的时序图。

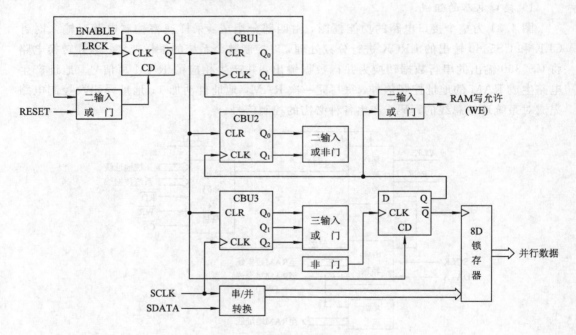

图 4.32　串并转换电路原理图

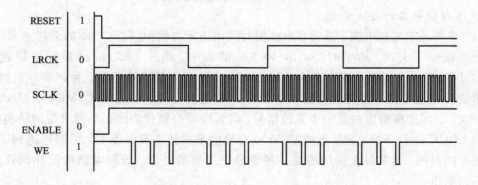

图 4.33　串并转换电路时序图

（3）地址产生及译码控制逻辑电路。地址产生电路生成 SRAM 的地址控制线，并且每写一次地址自动加 1，它实际上是一个加法计数器；译码控制逻辑电路完成系统必要的地址译码和逻辑控制。由于这两部分电路比较简单，这里不再给出详细的描述。

整个接口电路可以采用 Altera 公司的 EPM7128S 或者 Lattice 公司的 ispLSI1032E 来设计实现。如果采用 ispLSI1032E，大约需要 25～30 个 GLB。

4.6　A/D 转换器的选用

不同的 A/D 转换器具有不同的特点。双积分型 A/D 转换器一般精度高，对周期变化的干扰信号积分为零，因而具有抗干扰性好、价格便宜等优点，但其转换速度慢。逐次比较型 A/D 转换器同双积分型相比在转换速度上要快得多，精度较高（例如 12 位及 12 位以上的），但价格也较高。U/F 型 A/D 转换器的突出优点是精度高，分辨率可达 16 位以上，价格低廉，但转换速度不高。近年来，随着半导体技术的不断发展，各种性能优异的 A/D 转换器层出不穷。

A/D 转换器是数据采集电路的核心部件，正确选用 A/D 转换器是提高数据采集电路性能价格比的关键，以下几点应着重考虑。

1. A/D 转换位数的确定

A/D 转换器的位数不仅决定采集电路所能转换的模拟电压动态范围，也在很大程度上影响采集电路的转换精度。因此，应根据对采集电路转换范围与转换精度两方面的要求选择 A/D 转换器的位数。

若需要转换成有效数码（除 0 以外）的模拟输入电压的最大值和最小值分别为 $U_{i,\,\max}$ 和 $U_{i,\,\min}$，A/D 转换器前放大器增益为 K_g，m 位 A/D 转换器满量程为 E，则应使

$$U_{i,\,\min} K_g \geqslant \frac{E}{2^m}（小信号不被量化噪声淹没）$$

$$U_{i,\,\max} K_g \leqslant E（大信号不使 A/D 转换器溢出）$$

所以，须使

$$\frac{U_{i,\,\max}}{U_{i,\,\min}} \leqslant 2^m \tag{4.5}$$

通常称量程范围上限与下限之比的分贝数为动态范围，即

$$L_1 = 20 \lg \frac{U_{i,\,\max}}{U_{i,\,\min}} \tag{4.6}$$

若已知被测模拟电压动态范围为 L_1，则可按下式确定 A/D 转换器的位数 m，即

$$m \geqslant \frac{L_1}{6} \tag{4.7}$$

由于 MUX、S/H、A/D 转换器组成的数据采集电路的总误差是这三个组成部分的分项误差的综合值，因此选择元器件精度的一般规则是：每个元器件的精度指标应优于系统精度的 10 倍左右。例如，要构成一个误差为 0.1% 的数据采集系统，所用的 A/D 转换器、S/H 和 MUX 组件的线性误差都应小于 0.01%，A/D 转换器的量化误差也应小于 0.01%。已知 A/D 转换器的量化误差为 $\pm(1/2)$LSB，即满度值的 $1/2^{m+1}$，因此可根据系统精度指

标 δ，按下式估算所需 A/D 转换器的位数 m：

$$\frac{10}{2^{m+1}} \leqslant \delta \tag{4.8}$$

例如，要求系统误差不大于 0.1% 满度值（即 $\delta=0.1\%$），则需采用 m 为 12 位的 A/D 转换器。

2. A/D 转换速度的确定

A/D 转换器从启动转换到转换结束输出稳定的数字量，需要一定的时间，称为转换器的转换时间，用不同原理实现的 A/D 转换器转换时间是大不相同的。总的来说，积分型、电荷平衡型和跟踪比较型 A/D 转换器转换速度较慢，转换时间从几十毫秒到几毫秒不等。这种形式只能构成低速 A/D 转换器，一般适用于对温度、压力、流量等缓变参量的检测和控制。逐次比较型 A/D 转换器的转换时间可从几微秒到几百微秒不等，属中速 A/D 转换器，常用于工业多通道单片机检测系统和声频数字转换系统等。转换时间最短的高速 A/D 转换器是那些用双极型或 CMOS 工艺制成的全并行型、串并行型和电压转移函数型 A/D 转换器，转换时间仅 20~100 ns。高速 A/D 转换器适用于雷达、数字通信、实时光谱分析、实时瞬态记录、视频数字转换系统等。

A/D 转换器不仅从启动转换到转换结束需要一段时间（即转换时间，记为 t_c），而且从转换结束到下一次再启动转换也需要一段休止时间（或称复位时间、恢复时间、准备时间等，记为 t_o）。这段时间除了使 A/D 转换器内部电路复原到转换前的状态外，最主要的是等待 CPU 读取 A/D 转换结果和再次发出启动转换的指令。对于一般的微处理机而言，通常需要几十微秒到几毫秒的时间才能完成 A/D 转换器转换以外的工作，如读数据、再启动、存数据、循环记数等。因此，A/D 转换器的转换速率 n（单位时间内所能完成的转换次数）应由转换时间 t_c 和休止时间 t_o 二者共同决定，即

$$n = \frac{1}{t_o + t_c} \tag{4.9}$$

转换速率的倒数称为转换周期，记为 $T_{A/D}$，即

$$T_{A/D} = t_o + t_c \tag{4.10}$$

若 A/D 转换器在一个采样周期 T_s 内依次完成 N 路模拟信号采样值的 A/D 转换，则

$$T_s = N \times T_{A/D} \tag{4.11}$$

对于集中采集式测试系统，N 即为模拟输入通道数；对于单路测试系统或分散采集测试系统，则 $N=1$。

若需要测量的模拟信号的最高频率为 f_{max}，则抗混叠低通滤波器截止频率 f_h 应选取为

$$f_h = f_{max} \tag{4.12}$$

由于 $f_h = \frac{1}{CT_s} = \frac{f_s}{C}$（其中，$f_s$ 为 A/D 转换器的采样频率，C 为设定的截频系数，一般 $C>2$），则

$$T_s = \frac{1}{Cf_{max}} = \frac{1}{Cf_h} \tag{4.13}$$

将式(4.11)代入式(4.13)得

$$T_{A/D} = \frac{1}{NCf_{max}} = t_o + t_c \tag{4.14}$$

由上式可见,对于 f_{max} 大的高频(或高速)测试系统,应该采取以下措施:

(1) 减少通道数 N,最好采用分散采集方式,即 $N=1$。

(2) 减少截频系数 C,增大抗混叠低通滤波器的陡度。

(3) 选用转换时间 t_c 短的 A/D 转换器芯片。

(4) 将由 CPU 读取数据改为由存储器直接存取(DMA),以大大缩短休止时间 t_o。

3. 根据环境条件选择 A/D 转换器

对于工作温度、功耗、可靠性等级等性能参数,要根据环境条件来选择 A/D 转换器。

4. 选择 A/D 转换器的输出状态

根据微处理器接口特征,考虑如何选择 A/D 转换器的输出状态。例如,A/D 转换器是并行输出还是串行输出(串行输出便于远距离传输);是二进制码还是 BCD 码输出(BCD);是用外部时钟、内部时钟还是不用时钟;有无转换结束状态信号;有无三态输出缓冲器;有无与 TIL、CMOS 及 ECL 电路的兼容性等。

4.7 信号输出与 D/A 转换器

4.7.1 输出通道的信号种类

根据智能仪器不同输出对象的具体要求,其输出信号可分为以下几种类型。

1. 模拟量输出信号

模拟量输出信号可分为直流电流信号和直流电压信号两种。

(1) 直流电流信号:由于电流信号抗干扰能力强,信号线电阻不会导致信号损失,因此当仪器仪表的输出模拟信号需要传输较远的距离时,一般采用电流信号而不是电压信号。按照 GB3369—1982 所规定的《工业自动化仪表用模拟直流电流信号》和 IEC 标准 381 所规定的《过程控制系统用模拟直流电流信号》,直流电流信号分为 4~20 mA(负载电阻 250~750 Ω)和 0~10 mA(负载电阻 0~3000 Ω)两种。在采用 4~20 mA 的信号标准时,0 mA 表示信号电路或其供电系统发生故障。

(2) 直流电压信号:当某个智能仪器给多个仪器提供输入信号时,一般采用直流电压信号。为避免导线阻抗形成压降而使得信号改变,接收设备的输入阻抗必须足够高。但是,太高的输入阻抗很容易引入电场耦合干扰。因此,直流电压信号只适用于传输距离较近的场合。采用 4~20 mA 电流信号的系统可用 250 Ω 标准电阻将其转换为 1~5 V 的直流电压信号。1~5 V 的直流电压信号是常用的模拟信号形式。在采用 1~5 V 的信号标准时,1 V 以下的电压值表示信号电路或供电系统发生故障。

智能仪器输出的模拟量信号,除部分是通过智能仪器模拟电路直接引出外,大部分是由微处理器输出数字量,经 D/A 转换器转换处理后输出的。

2. 开关量输出信号

智能仪器常在下列场合中使用开关量输出信号:

(1) 越限报警：将被测量参数的示值与人为设定的参比值进行比较，比较的结果（大于或小于）以开关量的形式输出，便于驱动报警系统，或者输出给控制设备以便采取措施。

(2) 开关量控制：某些系统中采用位式执行机构或开关器件进行控制，其动作是由开关信号控制的，例如电磁阀、电磁离合器、继电器或接触器、双向晶闸管等。

用于控制的开关信号的电气接口形式又分为有源和无源两类。无源是指智能仪器只提供输出电路的通、断状态，负载电源由外电路提供。例如有些电能表的电子脉冲输出端子仅仅输出通断信号。有源的开关量输出信号往往表示为电平的高低或电流的有无，由智能仪器为负载提供全部或部分电源。有源和无源各有利弊。无源的开关量输出容易实现智能仪器与执行机构之间的电路隔离；有源的开关量输出根据输出电压或电流的实际数值，可判断出负载开路故障。

(3) 反映智能仪器本身的工作状态：智能仪器工作状态，例如"自动"或"手动"状态、"正常"或"故障"状态等，都可以用开关量输出信号来表征。

3. 数字量输出信号

数字量输出与数字量输入共同构成智能仪器之间的数据通信。有关智能仪器之间通信的相关内容将在后面的章节中讲述。

4.7.2　D/A 转换器的性能指标与选择要点

1. D/A 转换器的性能指标

1）分辨率

对于 D/A 转换器来说，分辨率表示输入数字量变化一个相临数码时，输出模拟电压的变化量。转换器的分辨率定义为满刻度电压与 2^n 之间的比值，其中 n 为 DAC 的位数，例如：对于一个 12 位 D/A 转换器来说，当输入的二进制码变化一个 LSB 时，输出模拟电压的变化量为满刻度电压的 0.024%。

2）转换精度

D/A 转换精度是实际输出电压与理论输出电压之差，即最大静态转换误差。

3）D/A 的建立时间及转换速度

D/A 的建立时间是指输入数字量变化后，输出模拟量稳定到相应数值范围内所经历的时间。D/A 转换速度是每秒转换的次数。转换速度是 D/A 的建立时间的倒数，如果时间长，则表示转换速度低。

4）线性度

线性度有时又称为非线性度（Non-Linearity），它是指转换器实际的输入/输出特性和理想输入/输出特性的最大偏移，与满刻度输出之比。

2. D/A 转换器的选择要点

各种型号的 D/A 转换芯片较多，它们在价格、精度上有很大的差别。从结构上看可分为两类：一类设置有数据寄存器、片选引脚和写入引脚，可直接与 MCS-51 单片机的总线连接；另一类没有锁存器，必须通过并行接口或串行口与 MCS-51 单片机连接。

D/A 转换芯片输入信号有并行和串行两种形式，根据实际要求选定。在实际应用中大多数为并行输入。串行输入节省数据线和硬件资源，但速度较慢，适用于远距离传输数据。

　　根据对输出模拟量的精度要求来选择 D/A 转换器的分辨率和转换精度。在同一系统中，一般 D/A 转换器的精度要小于 A/D 转换器的精度。在精度指标方面，D/A 转换器的零点误差和满量程误差可以通过电路调整进行补偿，因此主要看芯片的非线性误差等。D/A 转换器的电流建立时间很短，一般为 $50\sim500$ ns。若是输出电压形式，加上运算放大器电路，电压建立时间一般为几微秒，能满足一般应用的要求。D/A 转换器的转换结果有电流和电压两种输出形式，有单极性或双极性，有不同量程，还有多通道输出方式。可根据实际应用系统对模拟量形式的实际要求选定。

4.7.3　常用的 D/A 转换器

1. DAC0832 简介

1）DAC0832 的特性

　　美国国家半导体公司的 DAC0832 芯片是具有两个输入数据寄存器的 8 位 DAC，能直接与 MCS-51 单片机相连接。其主要特性有：分辨率为 8 位；电流输出，稳定时间为 1 μs；可双缓冲、单缓冲或直接数字输入；只需在满量程下调整其线性度；单一电源供电（+5～+15 V）；低功耗（20 mW）。

2）DAC0832 的引脚及逻辑结构

　　DAC0832 的引脚如图 4.34 所示。DAC0832 各引脚的功能如下：

　　DI0～DI7：数据输入线；ILE：数据允许锁存信号，高电平有效；$\overline{\text{CS}}$：输入寄存器选样信号，低电平有效；$\overline{\text{WR1}}$：输入寄存器的写选通信号；$\overline{\text{XFER}}$：数据传送信号，低电平有效；$\overline{\text{WR2}}$：DAC 寄存器的写选通信号；V_{REF}：基准电源输入引脚；R_{fb}：反馈信号输入引脚，反馈电阻在芯片内部；I_{OUT1}、I_{OUT2}：电流输出引脚；V_{CC}：电源输入引脚；AGND：模拟信号地；DGND：数字信号地。

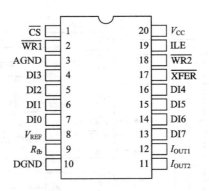

图 4.34　DAC0832 引脚图

　　输入寄存器的锁存信号 $\overline{\text{LE1}}$ 由 ILE、$\overline{\text{CS}}$、$\overline{\text{WR1}}$ 的逻辑组合产生。当 ILE 为高电平、$\overline{\text{CS}}$ 为低电平、$\overline{\text{WR1}}$ 输入负脉冲时，$\overline{\text{LE1}}$ 产生正脉冲；当 $\overline{\text{LE1}}$ 为高电平时，输入锁存器的状态随数据输入线状态的变化而变化，$\overline{\text{LE1}}$ 的负跳变将输入数据线上的信息打入输入寄存器。

　　DAC 寄存器的锁存信号 $\overline{\text{LE2}}$ 由 $\overline{\text{XFER}}$ 和 $\overline{\text{WR2}}$ 的逻辑组合产生。当 $\overline{\text{XFER}}$ 为低电平，$\overline{\text{WR2}}$ 输入负脉冲时，在 $\overline{\text{LE2}}$ 产生正脉冲；当 $\overline{\text{LE2}}$ 为低电平时，DAC 寄存器的输出和输入寄存器的状态一致，$\overline{\text{LE2}}$ 的负跳变将输入寄存器的内容打入 DAC 寄存器。

DAC0832 是电流输出型，在单片机应用系统中通常需要电压信号，电流信号到电压信号的转换可由运算放大器实现。

3) DAC0832 和 MCS-51 的接口

如图 4.35 所示，DAC0832 采用单缓冲方式与单片机连接。图中 ILE 接 +5 V，$\overline{WR1}$ 和 $\overline{WR2}$ 都接在单片机的 $\overline{WR}$ 端，$\overline{CS}$ 和 $\overline{XFER}$ 都接在地址线 P2.0 上。因此，DAC0832 的口地址为 0EFFFH，单片机对 DAC0832 进行一次写操作时，即把 8 位数据写入 DAC 寄存器，随即发生 D/A 转换，经过建立时间，输出一个模拟量。

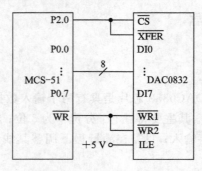

图 4.35　DAC0832 单缓冲方式与 MCS-51 的接口

DAC0832 还可工作于双缓冲器方式，输入寄存器的锁存信号和 DAC 寄存器的锁存信号分开控制，这种方式适用于几个模拟量需要同时输出的系统，每一路模拟量的输出需要一个 DAC0832，可用多个 DAC0832 构成多路模拟量同步输出的系统。图 4.36 为二路模拟量同步输出的系统。图中，DAC0832(1) 输入寄存器地址为 DFFFH，DAC0832(2) 输入寄存器地址为 BFFFH，两个 DAC0832 的 DAC 寄存器共用同一个地址，为 7FFFH，这样可使两片 DAC0832 同时进行 D/A 转换。DAC0832 的输出分别接图形显示器的 XY 偏转放大器的输入端。

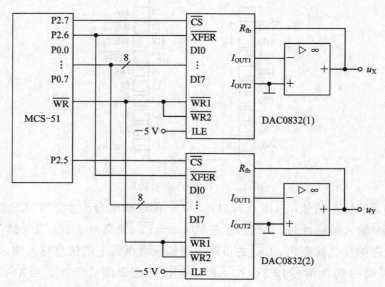

图 4.36　DAC0832 双缓冲方式与 MCS-51 的接口

下面是按照图 4.36 接口电路，将两个 8 位数字量 Xdata 和 Ydata 同时转换为模拟信号的参考程序清单：

```
MOV        DPTR，#7FFFH
MOV        A，#Xdata
MOVX       @DPTR，A
MOV        DPTR，#0DFFFH
MOV        A，#Ydata
MOVX       @DPTR，A
MOV        A，#0BFFFH
MOVX       @DPTR，A
```

本程序中最后一条指令是通过寻址，同时打开两片 DAC0832 的 DAC 寄存器进行 D/A 转换，与累加器 A 的值无关。

2. MAX5631 简介

MAX5631 是美国 MAXIM 公司生产的一种 32 通道 16 位高精度采样保持 D/A 转换器。它不需要配置外部增益和偏置电路。MAX5631 能提供最大为 200 μV 的分辨率和 0.015%FDR 的高精度转换，其输出电压范围为 −4.5～9.2 V，并具有工作温度范围宽以及串行接口灵活等特点，适用于处理大量模拟数据的输出。

1) 引脚说明

图 4.37 所示是 MAX5631 的引脚图。

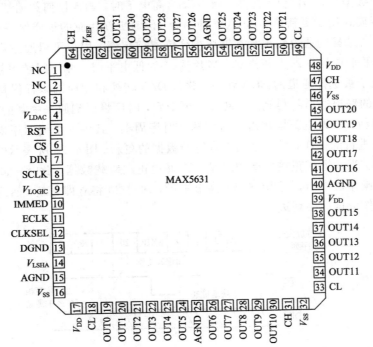

图 4.37 MAX5631 引脚图

该器件共有 64 个引脚，大致可分成以下几类：

（1）电源类：4 脚为 D/A 数模转换器的 +5 V 供电电源，9 脚为 +5 V 逻辑电源，14 脚为 +5 V 采样保持电源。16、32、46 脚为负电源，17、39、48 脚为正电源。13 脚为数字地，15、25、40、55、62 脚为模拟地，63 脚为电压参考输入。

（2）控制类：5 脚 $\overline{RST}$ 为复位输入，6 脚 $\overline{CS}$ 为片选输入，10 脚 IMMED 为立即更新模式，18、33、49 脚（CL）为输出钳位电压低位，31、47、64 脚（CH）为输出钳位电压高位。

（3）时钟类：11 脚 ECLK 为外部时序时钟输入，12 脚 CLKSEL 为时钟选择输入。

（4）串行接口类：7 脚 DIN 为串行数据输入，8 脚 SCLK 为串行时钟输入。

（5）输出类：该类引脚主要有 OUT0～OUT31 共 32 个输出端。

2）工作模式

MAX5631 有三种工作模式，分别为顺序模式、立即更新模式和猝发模式。

顺序模式为默认工作模式。在顺序工作模式下，内部时序控制器按顺序循环访问 SRAM，并将对应的数字量装入 DAC，同时更新相应的采样保持器。在采用内部顺序控制时钟时，顺序工作模式下更新 32 路输出的时间为 320 μs。而当采用外部顺序控制时钟时，整个更新过程需要 128 个时钟周期。

MAX5631 的转换过程是先从串行数据端 DIN 送进要转换的 16 位数据 D15～D0（高位在前，低位在后），然后送进 5 位地址 A4～A0（用这 5 位地址编码来选择输出的通道号）。地址的后两位是控制字 C1 和 C0。其中，C1 为 1 时选立即更新模式，为 0 时则选猝发模式；C0 为 1 时选择外部时钟序列，为 0 时则选择内部时钟序列。C1、C0 之后应补一位 0。

当片选信号 $\overline{CS}$ 变低后，系统将在每一个时钟的上升沿送进一位数据。送完最后一位数据（即第 24 个数据）后，片选 $\overline{CS}$ 变高。而当 $\overline{CS}$ 为高电平时，输入任何数据都是无效的。

立即更新模式用于更新单个 SRAM 的内容，同时更新相应的采样保持放大器输出。在这种模式下，所选择的通道输出会在顺序操作恢复前更新。用户可以通过设置 IMMED 或使 C1 为高电平来选择立即更新模式。当片选 $\overline{CS}$ 为低电平时，原访问顺序被打断，输入字被存储在对应于被选择通道的 SRAM 中，此时 D/A 转换和相应的采样保持对输入串口完全透明，相应的输出通道将得到立即更新。更新后，时序将回到原来中断的 SRAM 地址重新开始顺序更新。立即更新操作需要占用两个时序周期，其中一个周期用来使时序控制器继续完成正在进行的操作，另一个用来进行新数据的更新。图 4.38 所表示的就是立即更新模式的时序图。当 7 通道正在更新的时候，20 通道正在装载数据。此时，如果 $\overline{CS}$ 变为低电平，则原顺序操作被中断，而当 $\overline{CS}$ 变为高电平后，通道 20 将立即更新，然后是通道 7 的更新。以后的操作依据原序列进行。

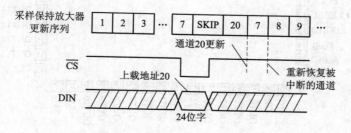

图 4.38　立即更新模式时序图

猝发模式是一种高速装入多地址 SRAM 的方法，但此时数据不被立即更新，而只有在数据猝发装入完成并将控制返回到时序控制器后才进行更新。用户可通过将 IMMED 和 C1 同时保持低电平来选择猝发模式。当 $\overline{CS}$ 变低时，顺序操作被中断，可以给相应的 SRAM 中装入数据。而当 $\overline{CS}$ 变高时，顺序操作从中断的地方重新开始。各通道按原顺序依次更新数据。猝发操作后，一般需要一个时序循环才能再次读取串口数据，以保证所有通道均被猝发数据更新。图 4.39 所示是在通道 7 被更新时，片选 $\overline{CS}$ 变成低电平开始装入所有数据的例子，此时没有任何一个通道的数据能被更新。当片选 $\overline{CS}$ 变成高电平时，系统将从通道 7 重新开始顺序更新操作。

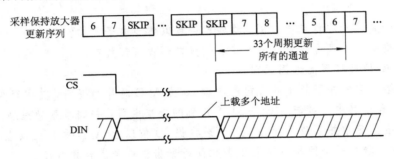

图 4.39　猝发模式时序图

3）硬件连接电路

MAX5631 与单片机 MCS-51 的硬件连接如图 4.40 所示。

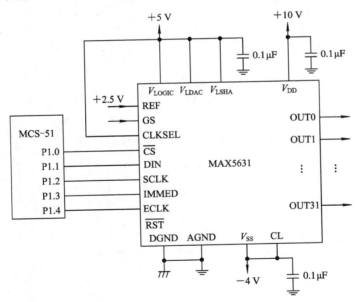

图 4.40　MAX5631 与单片机 MCS-51 的硬件连接

图中，片选 $\overline{CS}$ 可控制 MAX5631 是否被选中。$\overline{CS}$ 为低后，所有的转换开始有效。DIN 为串行数据输入，SCLK 为外部时钟输入。IMMED 为模式选择，该脚为高或者控制字 C1 为高表示选择立即更新模式；当 IMMED 和 C1 同时为低时，表示选择猝发模式。在所给出的硬件连接图中，这两种模式可通过 P1.3 的控制加以选择。如果已经固定选择了某一模式，也可以将该脚直接接地或接电源。CLKSEL 为时钟选择端，当 C0 或者该脚为高电平时，系统选择外部时钟模式，此时内部时钟模式将被关闭。所给的硬件连接图为外部时钟模式。ECLK 为外部时钟模式控制引脚，可用于控制外部时钟。$\overline{RST}$ 为输入复位端。

习　题

1. 一个数据采集系统的采样对象是温室大棚的温度和湿度，要求测量精度分别是 $\pm1℃$ 和 $\pm3\%$ 的相对误差，每 10 min 采集一次数据，应选择何种类型的 A/D 转换器和通道方案？

2. 简述开关信号的特点和作用。哪些器件可以作为电子开关？

3. 单片机如何处理开关量信号？其电气接口形式有哪些？

4. 简述 A/D 转换器的选用原则。

5. 从网络上搜索并下载不同公司的两款 16 位 A/D 芯片的资料，其中至少有一款内嵌基准电压源，画出其中一款与 MCS-51 单片机的接口电路，并编写驱动程序。

6. 从网络上搜索并下载不同公司的两款内嵌 10 位以上 A/D 和 8 位以上 D/A 的单片机芯片的资料，编写一个简易数字电压表和简易锯齿波信号发生器程序。

第 5 章　　数据采集系统设计

本章主要讲述数据采集系统的组成和结构，并通过实例介绍数据采集系统的误差分析方法。

5.1　数据采集系统的组成

一般说来，数据采集系统由传感器、模拟信号调理电路、数据采样电路及微机系统四部分组成，如图 5.1 所示。

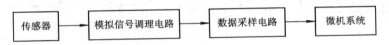

图 5.1　数据采集系统的基本组成

传感器作为智能仪器系统的首要环节，是获取信息的工具。人们要从外界获取信息，必须借助于感觉器官。如果将计算机比做人的大脑，那么传感器就类似于人的感觉器官。

传感器的输出信号一般是模拟信号，而且非常微弱，需要通过滤波、放大、调制解调等模拟信号调理环节，将传感器输出的信号转换成便于传输处理的信号。

大部分传感器的输出信号都是随时间连续变化的模拟电量，若要采用数字式处理，则需要将连续模拟量转换成离散数字量，这可用数字采样电路来实现。这一过程包括采样、量化和编码。采样就是将连续变化的模拟信号离散化的过程。数字信号只能以有限的字长表示其幅值，对于小于末位数字所代表的幅值部分只能采取"舍"或"入"的方法。量化过程就是把采样取得的各点上的幅值与一组离散电平值比较，以最接近于采样幅值的电平值代替该幅值，并使每一个离散电平值对应一个数字量。编码过程是把已量化的数字量用一定的代码表示并输出。通常采用二进制代码。经过编码之后，信号的每个采样值对应一组代码。数字采样电路一般采用集成电路 A/D 转换器实现。

微机系统对采集的数字信号进行变换、计算和处理。

5.2　　数据采集系统的结构

实际的数据采集系统常常需要同时测量多种物理量（即多参数测量），或同一种物理量的多个测量点（即多点巡回测量）。因此，大多数智能仪器的数据采集系统需要多路模拟输入通道。按照数据采集系统中是否共用数据采集电路，多路模拟输入通道可分为集中采集式（简称集中式）和分散采集式（简称分布式）两大类型。

5.2.1 集中采集式

集中采集式多路模拟输入通道的典型结构又可分为分时采集型和同步采集型两种，分别如图 5.2(a)、(b)所示。

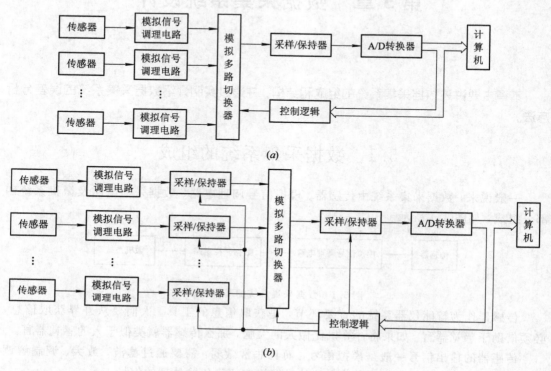

图 5.2 集中式数据采集系统的典型结构

由图 5.2(a)可见，分时采集型数据采集系统的多路被测信号，分别由各自的传感器和模拟信号调理电路，经多路转换开关切换，进入共用的采样/保持器(S/H)和 A/D 转换电路进行数据采样。它的特点是多路信号共同使用一个 S/H 和 A/D 电路，简化了电路结构，降低了成本，但是它对信号的采集是由多路转换开关分时切换、轮流选通的，因而不能获得同一时刻的多路数据，对于要求多路信号严格同步采集测试的系统不适用，然而对于大多数中速或低速的智能仪器，这仍是一种应用广泛的结构。

由图 5.2(b)可见，同步采集型的特点是：在多路转换开关之前，给每路信号通路各加一个采样保持器，使多路信号的采样在同一时刻进行，即同步采样。然后由各自的保持器保持着采样信号的幅值，等待多路转换开关分时切换进入共用的 A/D 电路，将保持的采样幅值转换成数据并输入微处理器。这种结构既能满足同步采集的要求，又比较简单。但是，在被测信号路数较多的情况下，同步采得的信号在保持器中保持的时间会加长，而保持器总会有一些泄漏，使信号有所衰减，同时，由于各路信号保持时间不同，致使各个保持信号的衰减量不同，因此，严格地说，这种结构还是不能获得真正的同步输入。

5.2.2 分散采集式

分散采集式多路模拟输入通道的特点是：每一路信号一般都有一个 S/H 和 A/D，因而也不再需要模拟多路切换器 MUX。每一个 S/H 和 A/D 只对本路模拟信号进行模/数转换,采集的数据按一定的顺序或随机地输入计算机。分散采集式根据采集系统中计算机控制结构的差异,又可以分为单机式采集系统和网络式采集系统,分别如图 5.3(a)、(b)所示。

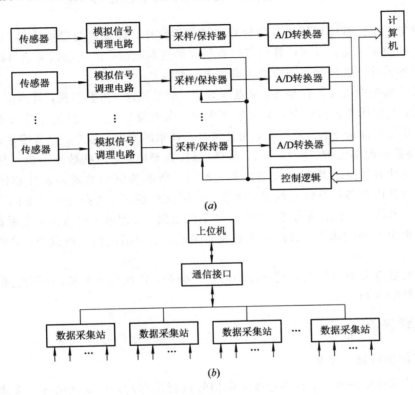

(a)

(b)

图 5.3 分布式数据采集系统的典型结构

由图 5.3(a)可见,分布式单机数据采集系统由单个 CPU 单元实现无相差并行数据采集控制,系统实时响应性好,能够满足中、小规模并行数据采集的要求,但在稍大规模的应用场合,对计算机系统的硬件要求较高。

网络式数据采集系统是计算机网络技术发展的产物。它由若干个数据采集站和一台上位机及通信接口组成,如图 5.3(b)所示。数据采集站一般由单片机数据采集装置组成,位于测点附近,可独立完成数据采集和预处理任务,还可将数据以数字信号的形式传送给上位机。该系统适应能力强,可靠性高,若某个采集站出现故障,只会影响单项的数据采集,而不会对系统其它部分造成任何影响。采用该结构的多机并行处理方式,每一个单片机仅完成有限的数据采集和处理任务,故对计算机硬件要求不高,因此,可用低档的硬件组成高性能的系统,这是其它数据采集系统方案所不可比拟的。另外,这种数据采集系统用数字信号传输代替模拟信号传输,有效地避免了模拟信号长线传输过程中的衰减,有利于克服差模干扰和共模干扰,可充分提高采集系统的信噪比。因此,该系统特别适合于在恶劣的环境下工作。

图 5.2 与图 5.3 中的模拟多路切换器、采样保持器、A/D 转换器都是为实现模拟信号数字化而设置的,它们共同组成了采集电路。因此,图 5.2 和图 5.3 所示的多路模拟输入通道与图 5.1 所示的单路模拟输入通道一样,都可认为是由传感器、模拟信号调理电路、

数据采样电路三部分组成的。

5.3　数据采集系统的误差分析

数据采集系统是智能仪器或各种计算机控制系统中，计算机与模拟世界沟通的通道。从测量误差的角度上看，由于计算机可以有极高的运算精度，因此数据采集系统的误差是智能仪器或各种计算机控制系统中的主要误差来源。

数据采集系统中的元器件很多，从数据采集、信号调理、模数转换，直至信号输出，经过许多环节，其中既有模拟电路，又有数字电路，误差源很复杂。误差分析需要结合具体系统、电路和元器件来进行。近年来，随着微电子技术的发展，芯片的集成度越来越高，许多 A/D 转换器的内部已带有多路开关、采样/保持器等电路，一些数据采集系统的芯片也相继问世。设计者选择芯片组建数据采集系统时，所能接触到的就是芯片整体的特性参数，而不涉及其内部各部分电路的参数及误差，因此对各部分电路进行详细的误差分析似乎没有意义。但是，为了正确选择、使用各种集成电路，合理地设计数据采集系统，应该了解系统中各部分误差的来源。数据采集系统的误差主要包括模拟电路误差、采样误差和转换误差。

本节仅对各部分电路的误差进行简略的定性分析，并在误差分析的同时，介绍设计电路时选择器件的原则。

5.3.1　采样误差

1. 采样频率引起的误差

奈奎斯特采样定理指出：在对连续时间信号进行采样时，为保证采样不失真，应使得采样频率 f_s 不小于信号最高有效频率 f_H 的两倍。如果不满足奈奎斯特采样定理，将产生混叠误差。为了避免输入信号中杂散频率分量的影响，在采样预处理之前，用截止频率为 f_H 的低通滤波器，即抗混叠滤波器进行滤波。

另外，可以通过提高采样频率的方法消除混叠误差。在智能仪器或自动化系统中，如有可能，往往选取高于信号最高频率十倍甚至几十倍的采样频率。

2. 系统的通过速率与采样误差

多路数据采集系统在工作过程中，需要不断地切换模拟开关，采样/保持器也交替地工作在采样和保持状态下，采样是个动态过程。

采样/保持器接收到采样命令后，保持电容从原来的状态跟踪新的输入信号，直到经过捕获时间 t_{AC} 后，输出电压接近输入电压值。

控制器发出保持命令后，保持开关需要延时一段时间 t_{AP}（孔径时间）才能真正断开，这时保持电容才开始起保持作用。如果在孔径时间内输入信号发生变化，则产生孔径误差。只要信号变化速率不太快，孔径时间不太长，孔径误差一般可以忽略。采样/保持器进入保持状态后，需要经过保持建立时间 t_s，输出才能达到稳定。可见，发出采样命令后，必须延迟捕获时间 t_{AC} 再发保持命令，才可以使采样保持器捕获到输入信号。发出保持命令后，经过孔径时间 t_{AP} 和保持建立时间 t_s 延迟后再进行 A/D 转换，可以消除由于信号不稳定引起的误差。

多路模拟开关的切换也需要时间,这一时间是本路模拟开关的接通时间 t_{on} 和前一路开关的断开时间 t_{off} 之和。如果采样过程不满足这个时间要求,就会产生误差。

另外,A/D 转换需要时间,即信号的转换时间 t_c 和数据输出时间 t_o。

数据采集系统采集速率的倒数为吞吐时间,它包括模拟开关切换时间(接通时间 t_{on} 和断开时间 t_{off})、采样/保持器的捕获时间 t_{AC}、孔径时间 t_{AP}、保持建立时间 t_s、A/D 转换时间 t_c 和数据输出时间 t_o。系统通过周期(吞吐时间)t_{TH} 可用下式表示:

$$t_{TH} = t_{on} + t_{off} + t_{AC} + t_{AP} + t_s + t_c + t_o \tag{5.1}$$

如果系统中有放大器,上式中还应该加上放大器的稳定时间。

为了保证系统正常工作,消除系统在转换过程中的动态误差,模拟开关对 N 路信号顺序进行等速率切换时,采样周期至少为 Nt_{TH},每通道的吞吐率为

$$f_{TH} \leqslant \frac{1}{Nt_{TH}} \tag{5.2}$$

如果使用重叠采样方式,在 A/D 转换器的转换和数据输出的同时,切换模拟开关采集下一路信号,则可提高每个通道的吞吐率。

设计数据采集系统及选择器件时,必须使器件的速度指标满足系统通过速率(吞吐时间)的要求,模拟开关、采样/保持器和 A/D 转换器的动态参数必须满足式(5.1),否则在数据采集的过程中,由于模拟开关的切换未完成,或者采样保持器的信号未稳定,或者A/D 转换器的转换、数据输出未结束,从而造成采集、转换的数据误差很大。

如果使用数据采集系统芯片,特别要注意芯片的采样速率,这一指标已综合了数据采集系统各部分电路的动态参数。

5.3.2 模拟电路的误差

1. 模拟开关导通电阻 R_{on} 的误差

模拟开关存在一定的导通电阻,信号经过模拟开关会产生压降。模拟开关的负载一般是采样/保持器或放大器。显然,开关的导通电阻 R_{on} 越大,信号在开关上的压降越大,产生的误差也越大。另外,导通电阻的变化会使放大器或采样/保持器的输入信号波动,引起误差。误差的大小和开关的负载的输入阻抗有关。一般模拟开关的导通电阻为 $100 \sim 300$ Ω,放大器、采样/保持器的输入阻抗为 $10^6 \sim 10^{12}$ kΩ 左右,由导通电阻引起的误差为输入信号的 $1/(10^3 \sim 10^9)$ 左右,可以忽略不计。

如果负载的输入阻抗较低,为了减少误差,可以选择低阻开关,有的模拟开关的电阻小于 100 Ω,如 MAX312~314 的导通电阻仅为 10 Ω。

2. 多路模拟开关泄漏电流 I_s 引起的误差

模拟开关断开时的泄漏电流 I_s 一般在 1 nA 左右,当某一路接通时,其余各路均断开,它们的泄漏电流 I_s 都经过导通的开关和这一路的信号源流入参考地,在信号源的内阻上产生电压降,引起误差。例如,一个 8 路模拟开关,泄漏电流 I_s 为 1 nA,信号源内阻为 50 Ω,断开的 7 路泄漏电流 I_s 在导通这一路的信号源内阻上产生的压降为

$$1 \times 10^{-9} \times 7 \times 50 \text{ V} = 0.35 \text{ } \mu\text{V}$$

可见，如果信号源的内阻小，泄漏电流影响不大，有时可以忽略。如果信号源内阻很大，而且信号源输出的信号电平较低，就需要考虑模拟开关的泄漏电流的影响。一般希望泄漏电流越小越好。

3. 采样保持器衰减率引起的误差

在保持阶段，保持电容的漏电流会使保持电压不断地衰减，衰减率 dU/dt 为

$$\frac{dU}{dt} = \frac{I_D}{C_H} \tag{5.3}$$

式中：I_D——流入保持电容 C_H 的总泄漏电流；

C_H——保持电容容值。

I_D 包括采样/保持器中缓冲放大器的输入电流、模拟开关截止时的漏电流和电容内部的漏电流。如果衰减率大，在 A/D 转换期间保持电压减小，会影响测量准确度。一般选择漏电流小的聚四氟乙烯等优质电容，可以使衰减率引起的误差忽略不计。增大电容的容量也可以减少衰减率，但电容太大会影响系统的采样速率。

4. 放大器的误差

数据采集系统往往需要使用放大器对信号进行放大并归一化。如果数据采集系统采用分散式，则给每路设置一个放大器，将信号放大后再传输。如果采用集中式且不要求同步采样，多路信号可共用一个可程控放大器。由于多路信号幅值的差异可能很大，为了充分发挥 A/D 转换器的分辨率，又不使其过载，可以针对不同信号的幅度，调节程控放大器的增益，使加到 A/D 转换器输入端的模拟电压幅值满足 $U_{FS}/2 \leqslant U_i \leqslant U_{FS}$（$U_{FS}$ 表示 A/D 转换器允许输入的最大模拟电压幅值）。

放大器是系统的主要误差源之一。其中有放大器的非线性误差、增益误差、零位误差等，在计算系统误差时必须把它们考虑进去。

5.3.3 A/D 转换器的误差

A/D 转换器是数据采集系统中的重要部件，它的性能指标对整个系统起着至关重要的作用，也是系统中的重要误差源。选择 A/D 转换器时，必须从精度和速度两方面考虑，要考虑它的位数、速度及输出接口。

1. A/D 转换器的静态误差

（1）量化误差：量化误差是由 A/D 转换器的有限分辨率产生的数字输出量与等效模拟输入量之间的偏差。对于一个 N 位 A/D 转换器，连续模拟信号被量化为 2^N 个模拟量，具有最低有效位（Least Significant Bit，LSB）的不确定性，使量化误差最大达到 1 LSB。

（2）失调误差：失调误差又称为零点误差，是指 A/D 转换器在零输入时的输出数码值。

（3）增益误差：增益误差是指 A/D 转换器的实际传输曲线斜率与理想传输特性曲线斜率之间的偏差。

（4）非线性误差：非线性误差是指 A/D 转换器的实际传输特性曲线与平均传输特性曲线之间的最大偏差。

A/D 转换器的误差 ε_{ADC} 为上述各主要误差分量的组合。对于不同的元器件及不同的使

用环境,其数值是不一样的。在工程应用上,取 $\varepsilon_{ADC}=(2\sim3)$LSB 是比较合理的。

2. A/D 转换器的速度对误差的影响

A/D 转换器的速度用转换时间来表示。在数据采集系统的通过速率(吞吐时间)中,A/D 转换器的转换时间占有相当大的比重。选用 A/D 转换器时必须考虑到转换时间是否满足系统通过率的要求,否则会产生较大的采样误差。

5.3.4　数据采集系统误差的计算

在分析数据采集系统的误差时,必须对各部分电路进行仔细分析,找出主要矛盾,忽略次要的因素,分别计算各部分的相对误差,然后进行误差综合。如果误差项在五项以上,按均方根形式综合为宜;如果误差项在五项以下,则按绝对值和的方式综合为宜。

按均方根形式综合误差的表达式为

$$\varepsilon = \sqrt{\varepsilon_{MUX}^2 + \varepsilon_{AMP}^2 + \varepsilon_{SH}^2 + \varepsilon_{ADC}^2} \tag{5.4}$$

按绝对值和方式综合误差的表达式为

$$\varepsilon = (|\varepsilon_{MUX}| + |\varepsilon_{AMP}| + |\varepsilon_{SH}| + |\varepsilon_{ADC}|) \tag{5.5}$$

式中：ε_{MUX}——多路模拟开关的误差;

　　　ε_{AMP}——放大器的误差;

　　　ε_{SH}——采样保持器的误差;

　　　ε_{ADC}——A/D 转换器的误差。

5.3.5　数据采集系统的误差分配实例

设计一个数据采集系统时,按照智能仪器总体设计确定的精度要求、通道数目、工作温度及信号特征等条件,初步确定通道的结构方案和选择元器件。

在确定通道的结构方案之后,应根据通道的总精度要求,给各个环节分配误差,以便选择元器件。通常传感器和信号放大电路的误差所占的误差比例最大,其它各环节,如采样/保持器和 A/D 转换器等的误差,可以按选择元器件精度的一般规则和具体情况而定。

选择元器件精度的一般规则是:每一个元器件的精度指标应该优于系统规定的某一最严格的性能指标的 10 倍左右。例如,要构成一个要求 0.1%级精度性能的数据采集系统,所选择的 A/D 转换器、采样/保持器和模拟多路开关组件的精度都应该不大于 0.01%。

初步选定各个元器件之后,还要根据各个元器件的技术特性和元器件之间的相互关系核算实际误差,并且按绝对值和的形式或均方根形式综合各类误差,检查总误差是否满足给定的指标。如果不合格,应分析误差,重新选择元器件及进行误差的分析综合,直至达到要求。下面通过一个远距离测量室内温度的数据采集系统的设计举例说明。

已知满量程为 100℃,共有 8 路信号,要求模拟输入通道的总误差为±1.0℃(即相对误差为±1%),环境温度为 25℃±15℃,电源波动为±1%。

本例中数据采集系统的设计可按以下步骤进行。

1. 方案选择

鉴于温度的变化一般很缓慢,故可以选择多通道共享采样/保持器和 A/D 转换器的通道结构方案,温度传感器及信号放大电路的结构方案如图 5.4 所示。

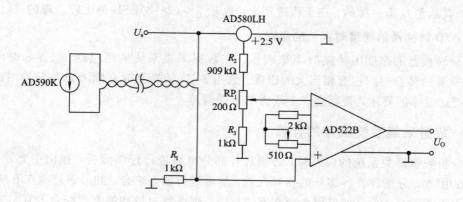

图 5.4　温度传感器及信号放大电路的结构方案

2. 误差分配

由于传感器和信号放大电路是整个通道总误差的主要部分，故将总误差的 90%（即 ± 0.9℃ 的误差）分配至该部分。该部分的相对误差为 0.9%，数据采集、转换部分和其它环节的相对误差为 0.1%。

3. 初选元器件与误差估算

1) 传感器的选择与误差估算

由于是远距离测量，且测量范围不大，故选择电流输出型集成温度传感器 AD590K。由技术手册可查出：

（1）AD590K 的线性误差：AD590K 的线性误差为 0.20℃。

（2）AD590K 的电源抑制误差：当 $+5$ V$\leqslant U_s \leqslant +15$ V 时，AD590K 的电源抑制系数为 0.2℃/V。现设供电电压为 10 V，U_s 的变化为 0.1%，则由此引起的误差为 0.02℃。

（3）电流电压变换电阻的温度系数引入的误差：AD590K 的电流输出传至采集系统放大电路，需先经电阻变为电压信号。电阻值为 1 kΩ，该电阻误差选为 0.1%，电阻温度系数为 10×10^{-6}/℃，AD590K 的灵敏度为 1 μA/℃，在 0℃ 时的输出电流为 273.2 μA。所以，当环境温度变化 15℃ 时，它所产生的最大误差电压（当所测量温度为 100℃ 时）为

$$(273.2 \times 10^{-6}) \times (10 \times 10^{-6}) \times 15 \times 10^3 = 4.0 \times 10^{-5} = 0.04 \text{ mV}$$

相当于 0.4℃。

2) 信号放大电路的误差估算

AD590K 的电流输出经电阻转换成最大量程为 100 mV 的电压，而 AD590K 的满量程输入电压为 10 V，故需加一级放大电路，现选用仪用放大电路 AD522B，在放大器输入端加一偏置电路。将传感器 AD590K 在 0℃ 时的输出值 273.2 mV 进行偏移，以使 0℃ 时的输出电压为零。为此，尚需一个偏置电源和一个分压网络，由 AD580LH 以及 R_2、RP$_1$、R_3 构成的电路如图 5.4 所示。偏置后，100℃ 时 AD522B 的输出信号为 10 V，显然放大器的增益为 100。

（1）参考电源 AD580LH 的温度系数引起的误差：AD580LH 用来产生 273.2 mV 的偏置电压，其电压温度系数为 25×10^{-6}/℃，当温度变化 ± 15℃ 时，偏置电压出现的误差为

$$(273.2 \times 10^{-3}) \times (25 \times 10^{-6}) \times 15 \approx 1.0 \times 10^{-4} \text{ V} = 0.1 \text{ mV}$$

相当于 0.1℃。

（2）电阻电压引入的误差：电阻 R_2 和 R_3 的温度系数为 $\pm 10 \times 10^{-6}/℃$，$\pm 15℃$ 温度变化引起的偏置电压的变化为

$$(273.2 \times 10^{-3}) \times (10 \times 10^{-6}) \times 15 \approx 4.0 \times 10^{-5} \text{ V} = 0.04 \text{ mV}$$

相当于 0.04℃。

（3）仪用放大器 AD522B 的共模误差：其增益为 100，此时的共模抑制比的最小值为 100 dB，共模电压为 273.2 mV，故产生的共模误差为

$$(273.2 \times 10^{-3}) \times 10^{-5} = 2.7 \times 10^{-6} \text{ V} = 2.7 \text{ μV}$$

该误差可以忽略。

（4）AD522B 的失调电压温漂引起的误差：它的失调电压温度系数为 ± 2 μV/℃，输出失调电压温度系数为 ± 25 μV/℃，折合到输入端，总的失调电压温度系数为 ± 2.5 μV/℃。温度变化为 $\pm 15℃$ 时，输入端出现的失调漂移为

$$(2.5 \times 10^{-6}) \times 15 = 3 \times 10^{-5} \text{ V} = 0.03 \text{ mV}$$

相当于 0.03℃。

（5）AD522B 的增益温度系数产生的误差：它的增益为 1000 时的最大温度系数等于 $\pm 25 \times 10^{-6}/℃$，增益为 100 时，温度系数要小于这一数值，如仍取这一数值，且设所用增益电阻温度系数为 $\pm 10 \times 10^{-6}/℃$，则最大温度增益误差（环境温度变化为 $\pm 15℃$）为

$$(25 + 10) \times 10^{-6} \times 15 \times 100 = 0.05$$

在 100℃ 时，该误差折合到放大器输入端为 0.05 mV，相当于 0.05℃。

（6）AD522B 线性误差：其非线性在增益为 100 时近似等于 0.002%，输出 10 V 摆动范围产生的线性误差为

$$10 \times 0.002\% = 2 \times 10^{-4} \text{ V} = 0.2 \text{ mV}$$

相当于 0.2℃。

现按绝对值和的方式进行误差综合，则传感器、信号放大电路的总误差为

$$0.20 + 0.02 + 0.04 + 0.10 + 0.04 + 0.03 + 0.05 + 0.20 = 0.68℃$$

若用平方和根的综合方式，则这两部分的总误差为

$$\sqrt{0.2^2 + 0.02^2 + 0.04^2 + 0.1^2 + 0.04^2 + 0.03^2 + 0.05^2 + 0.2^2} = 0.31℃$$

估算结果表明，传感器和信号放大电路部分满足误差分配的要求。

3）A/D 转换器、采样/保持器和多路开关的误差估算

因为分配给该部分的总误差不能大于 0.1%，所以 A/D 转换器、采样/保持器、多路开关的线性误差一般应小于 0.01%。为了能正确地做出误差估算，需要了解这部分器件的技术特性。

（1）A/D 转换器为 AD5420BD，其有关技术特性如下：

线性误差为 0.012%（FSR）；微分线性误差为 ± 0.5 LSB；增益温度系数（max）为 $\pm 25 \times 10^{-6}/℃$；失调温度系数（max）为 $\pm 7 \times 10^{-6}/℃$；电压灵敏度在 ± 15 V 时为 $\pm 0.004\%$，在 ± 5 V 时为 $\pm 0.001\%$；输入模拟电压范围为 ± 10 V；转换时间为 5 μs。

A/D 转换器的误差估算：线性误差为 $\pm 0.012\%$；量化误差为 $\pm 1/2^{13} \times 100\% \approx 0.012\%$；滤波器的混叠误差取为 0.01%。采样/保持器和 A/D 转换器的增益和失调误差，均可通过零点和增益调整来消除。

按绝对值和的方式进行误差综合，系统总误差为混叠误差、采样/保持的线性误差以及 A/D 转换器的线性误差与量化误差之和，即

$$\pm(0.01+0.01+0.012+0.012)\% = \pm0.044\%$$

按均方根形式综合，总误差为

$$\pm(\sqrt{2\times0.01^2+2\times0.012^2})\% = \pm0.022\%$$

（2）采样/保持器为 ADSHC-85，其有关技术特性如下：

增益非线性为 $\pm0.01\%$；增益误差为 $\pm0.01\%$；增益温度系数为 $\pm10\times10^{-6}/℃$；输入失调温度系数为 $\pm100\ \mu V/℃$；输入电阻为 $10^{11}\ \Omega$；电源抑制为 $200\ \mu A/V$；输入偏置电流为 $0.5\ nA$；捕获时间（10 V 阶跃输入、输出为输入值的 0.01%）为 $4.5\ \mu s$；保持状态稳定时间为 $0.5\ \mu s$；衰变速率（max）为 $0.5\ mV/ms$；衰变速率随温度的变化为温度每升高 $10℃$，衰变数值加倍。

采样/保持器的线性误差为 $\pm0.01\%$。输入偏置电流在开关导通电阻和信号源内阻上所产生的压降为

$$(300+10)\times0.5\times10^{-9}=1.6\times10^{-7}\ V=0.16\ \mu V$$

可以忽略。

（3）多路开关为 AD7501 或 AD7503，其主要技术特性如下：

导通电阻为 $300\ \Omega$；输出截止漏电流为 $10\ nA$（在整个工作温度范围内不超过 250 nA）。

常温（25℃）下的误差估算：常温下的误差估算包括多路开关误差、采集器误差和 A/D 转换器误差的估算。

多路开关误差估算：设信号源内阻为 $10\ \Omega$，则 8 个开关截止漏电流在信号源内阻上的压降为

$$10\times10^{-9}\times8=8\times10^{-8}\ V=0.08\ \mu A$$

可以忽略。

开关导通电阻和采样/保持器输入电阻的比值，决定了开关导通电阻上输入信号压降所占的比例，即

$$\frac{300}{10^{11}}=3\times10^{-9}$$

可以忽略。

4）工作温度变化引起的误差

（1）采样/保持器的漂移误差：

失调漂移误差为 $\pm100\times10^{-6}\times15=\pm1.5\times10^{-3}\ V$；相对误差为 $\pm(1.5\times10^{-3})/10=0.015\%$；增益漂移误差为 $\pm10\times10^{-6}\times15=0.015\%$。$\pm15$ V 电源电压变化所产生的失调误差（设电源电压变化为 1%）为

$$200\times10^{-6}\times15\times1\%\times2=6\times10^{-5}\ V=60\ \mu V$$

可以忽略。

（2）A/D 转换器的漂移误差：

增益漂移误差为 $(\pm25\times10^{-6})\times15\times100\%=\pm0.037\%$；失调漂移误差为 $(\pm7\times10^{-6})\times15\times100\%=\pm0.010\%$；电源电压变化的失调误差（包括 ±15 V 和 $+5$ V 的影响）

为 $\pm(0.004\times2+0.001)\% = \pm0.009\%$。

按绝对值和的方式综合，工作温度范围内系统的总误差为

$$\pm(0.015+0.015+0.037+0.010+0.009)\% = \pm0.086\%$$

按均方根方式综合，则系统总误差为

$$\pm(\sqrt{2\times0.015^2+0.037^2+0.010^2+0.009^2})\% = \pm0.045\%$$

计算表明，总误差满足要求。因此，各个元器件的选择在精度和速度两个方面都满足系统总指标的要求。

习　　题

1. 数据采集系统在智能仪器中的主要作用是什么？

2. 智能仪器的数据采集系统由哪几部分组成？各部分有什么作用？

3. 简述数据采集系统不同的基本结构形式，并比较各种结构形式的特点。

4. 如果一个数据采集系统要求准确度等级为 0.02 级，在设计该数据采集系统时，怎样选择数据采集系统的各个元器件？

5. 采样周期与哪些因素有关？如何选择采样周期？

6. 如果某模拟信号是由频率分别为 250 Hz、200 Hz、150 Hz、100 Hz、50 Hz 的正弦波叠加而成的信号，对其进行不失真采样的最小采样频率为多少？

7. 一个带有采样/保持器的数据采集系统，其采样频率 $f_s = 100$ kHz，FSR $= 10$ V，$\Delta t_{AP} = 3$ ns，$n=8$，问该系统的采样频率 f_s 是否合适？若不合适，应如何选取？

8. 简述智能仪器数据采集系统的误差来源有哪些？A/D 转换器的误差包括哪些？

9. 简述智能仪器中的数据采集系统如何进行误差分配。

第 6 章 可 编 程 器 件

本章主要讲述智能仪器中常用的微处理器和可编程逻辑器件的工作原理、特点和选用方法，重点介绍当前流行的单片机、DSP 的特点和选用方法，以及复杂可编程逻辑器件和现场可编程门阵列器件的特点和应用，简要介绍多微处理器的结构特点。

6.1 微 处 理 器

广义上讲，任意一个包含可编程微处理器的设备，都可称为嵌入式计算机系统。微处理器与传统仪器的结合是智能仪器的特点。

微处理器是一种单芯片的中央处理器。从 20 世纪 70 年代起，超大规模集成电路技术的运用，使得将整个中央处理器集成到一块芯片上成为可能。在工程应用中使用微处理器是实现数字系统的一种十分有效的方法，使设计在不同价位上提供不同特性的产品系列变得容易，并且能够扩充新功能，硬件和软件可以独立调试，并且可以更快地完成设计修改。

使用预设计指令集的处理器实现数字系统应用，比设计专门的逻辑电路还要快捷。微处理器能够高效地执行程序，现代 RISC 处理器在大多数情况下可以在每个时钟周期内执行一条指令，更高性能的处理器可以在每个时钟周期内执行多条指令。通常，微处理器的通用性以及需要独立的存储器会使人们认为基于微处理器的设计要比定制的逻辑设计工作量大得多，然而，在许多情况下，应用微处理器使得系统更加小型化。一块设计好的定制逻辑电路功能是固定的，不能用于执行其它的功能，但是微处理器应用系统却不是这样，只需更换微处理器所执行的程序，就可以更改或添加功能。在单个处理器上执行若干功能，常常能够充分地利用硬件。

微处理器可以分成不同的等级，这种等级的划分一般是根据其处理的字长来确定的。8 位的微控制器通常是为低价应用设计的，它们通常由集成的内存和输入/输出设备组成；16 位微控制器被用于比较精密的应用中，这些应用通常需要较长的字长或是独立的输入/输出设备和内存；32 位 RISC 微处理器能提供很高的性能，它们被用于运算强度很大的应用中。

微处理器有很多不同的类型，包括商用 PC 机、台式工业控制机、板卡式工业控制机、单片机、可编程控制器(PLC)等。

同时，微处理器的生产厂商众多，同样是 16 位单片机，有多种品牌可供选择。各个厂商的产品具有不同的体系结构、不同的资源配置及不同的指令系统。设计者在设计微处理器应用系统时，如何在众多的微处理器产品中选用合适的器件，就显得十分重要。

具体到一个测控应用，在设计微处理器子系统时，一般应遵循以下设计步骤。

1. 熟悉测控对象

不同的应用实际，对微处理器子系统有不同的要求。在系统设计的第一步，首先搞清楚要测控的对象是什么，主要的测量控制规律和动作要求是什么，靠什么方法实现测控，测量传感器的数量和种类，测控精度如何要求，指示或显示器件是什么等等。这样就可以对微处理器子系统的设计过程有一个总体的把握，有的放矢地采取相应措施，达到预期的设计要求。

2. 确定系统的 I/O 通道数

确定系统的 I/O 通道数，对确定系统的规模和功能极其重要。系统的 I/O 通道数涉及到系统主控回路的输入和输出，包含显示回路、测量回路、保护回路、操作回路、报警回路、设定回路、通信回路以及中断回路等。

（1）模拟量通道的确定：模拟量输入通道包括系统中被测量的模拟信号，这些信号应经过 A/D 转换，输入通道数即是 A/D 通道数。模拟输出通道主要指连续变化的调节输出，如调节电机电枢电压或电器转换调节阀等。模拟输出主要通过 D/A 转换输出，因此模拟输出通道与 D/A 转换通道数直接相关。

（2）开关量点数确定：输入开关量包括现场输入节点（如行程开关、极限开关、测量开关等）、某些继电器触点或辅助节点、保护开关节点、报警开关节点、操作开关节点、拨码键盘、输出继电器辅助节点等。输出开关量经常包括输出继电器线圈、显示指示灯、蜂鸣器以及 LED 显示器和 LCD 显示器接口等。

（3）特殊输出处理：根据实际测控需要，应满足特殊输出需要，如 PWM（脉宽调制）信号输出，若选用具有 PWM 输出的单片机，则编程会很方便。

上述 I/O 通道数应按照序号、名称、传感器规格、输入/输出信号、转换精度等内容仔细统计，登记造册，并尽可能详细记录。

3. 选择微处理器

根据 I/O 通道数的统计情况，在满足测控任务对功能、精度、速度、开发环境等要求的前提下，合理选择微处理器。选择微处理器的基本原则如下：

（1）对于小型控制系统、智能化仪器、智能化接口等，尽量采用单片机，并自己设计微处理器系统软硬件。

（2）对于较大批量生产的设备，应采用单片机并自行设计软硬件系统。

（3）对于中等规模的控制系统，为了加快开发速度，应选用现成的工业控制机，如 PLC 工业控制机等。应用软件可自己开发。

（4）对于大型的工业控制系统，最好选用工业 PC 机、专用集散控制系统，软件可用高级语言开发。

4. 确定存储器

微处理器运行的程序存放在 ROM 中，有关数据和参数存放在 RAM 中，在选用存储器时，首先估算程序或存放数据的大小，并据此选择存储器的容量，主要根据测控内容、算法、操作内容等估算，并留有余地。存储器选择时尽可能使用片内存储器，当片内存储器实在不能满足要求时，再考虑扩展。

5. 选择接口电路

主电路包括微处理器及其扩展器件接口电路、总线扩展、地址译码等。I/O 接口电路包括开关量接口、模拟量接口、显示接口和通信接口等。驱动电路包括选择功率器件驱动负载。

6.2 单 片 机

6.2.1 单片机的特点和选择

单片机是近代计算机技术发展史上的一个重要里程碑，它使计算机技术形成了通用计算机系统和嵌入式计算机系统两大分支。在单片机诞生之前，为了满足工业控制对象的嵌入式应用要求，只能将通用计算机进行机械加固、电气加固后嵌入到对象体系中，例如在舰船测控应用中构成轮机监控系统等。由于通用计算机体积巨大且成本高，因此无法嵌入到大多数对象体系（如仪器仪表、汽车、机器人和家用电器等）中。单片机单芯片的微小体积和极低的成本，使其成为电子系统中最重要的智能化工具，可广泛地嵌入到各类电子系统中，例如：

（1）仪器仪表：如用于测定包括温度、湿度、流量、流速、电压、频率、功率、厚度、角度、长度、硬度、元素等的各类仪器仪表中，使仪器仪表数字化、智能化、微型化，功能大大提高。

（2）工业测量和控制系统：如用于各种机床控制、电机控制、工业机器人控制、过程控制、自动检测系统控制等。

（3）家用电器：如电子秤、录像机、录音机、彩电、洗衣机、高级电子玩具、冰箱、照相机、家用多功能报警器等。

（4）通信产品：如调制解调器、各种智能通信设备（例如小型背负式通信机、列车无线通信等）、无线遥控系统等。

常见的单片机有两种体系结构，即集中指令集（CISC）结构和精简指令集（RISC）结构。采用 CISC 结构的单片机，其数据线和指令线分时复用，即为冯·诺伊曼结构。这种结构的单片机指令丰富，功能较强，但取指令和取数据不能同时进行，速度受限，价格亦高。采用 RISC 结构的单片机，其数据线和指令线分离，即为哈佛结构。这种结构的单片机取指令和取数据可以同时进行，且由于一般指令线宽于数据线，使其指令较同类 CISC 单片机指令包含更多的处理信息，执行效率更高，速度亦更快。同时，这种单片机指令多为单字节，程序存储器的空间利用率大大提高，有利于实现超小型化设计。

属于 CISC 结构的单片机有 Intel 的 8051 系列、Motorola 的 M68HC 系列、Atmel 的 AT89 系列、华邦 Winbond 的 W78 系列和 Philips 的 P80C51 系列等。属于 RISC 结构的单片机有 TI 的 MSP430、各公司的 ARM 单片机、Microchip 的 PIC 系列、Zilog 的 Z86 系列、Atmel 的 AT90S 系列、三星 KS57C 系列 4 位单片机和义隆的 EM－78 系列等。

根据程序存储方式的不同，单片机可分为 EPROM、OTP（一次可编程）和 QTP（掩膜）3 种。我国业内在开始时都采用 ROMless 型单片机（片内无 ROM，需片外配 EPROM），这种片内无 ROM 的单片机在实际应用中需扩展存储器，给电路的设计带来很多麻烦，也失去了单片机的特色。为方便应用，降低电路设计的难度，目前所用的单片机大都将程序存储器嵌入其中。

由于高新技术的采用，用于工业现场以测量控制为主要目的的单片机的性能，向用于通用计算机、以大量数据处理为主要目的的通用微处理器靠拢。为了满足大量数据处理对于高速性、大容量的要求，单片机的数据总线宽度从 8 位向 16 位、32 位其至更宽的范围发展。但是，有些测控应用的单片机，其大多数测控参数(如温度、压力、流量等)对于运算速度和数据容量的要求则相对有限，当单片机的主振频率已达到 20~40 MHz 的范围时，其数据处理速度并非是首要的，而其控制功能和控制运行的可靠性更加重要。对于 MCS-51 系列 8 位单片机，由于 Philips、Hyundai、Winbond、Issi、Temic 等大电气商的介入，其数据存储器和程序存储器的寻址空间大为增加，同时由于其与生俱来的相对低价位，目前在我国拥有相当大的市场份额。

在智能仪器中，单片机是核心，因此在硬件设计时应首先考虑单片机的选择，然后再确定与之配套的外围芯片。在选择单片机时，要考虑的因素有字长(即数据总线的宽度)、寻址能力、指令功能、执行速度、中断能力以及市场对该种单片机的软、硬件支持状态等。一般来说，对于控制方式较简单的应用，可以选用 RISC 型单片机；对于控制关系较复杂的应用，应采用 CISC 型单片机。不过，随着 RISC 型单片机的迅速改善，其在控制关系复杂的场合的应用也毫不逊色于 CISC 型单片机。当前市场中单片机的种类和型号很多，有 8 位、16 位以及 32 位的；有 I/O 功能强大、输入/输出引脚多的；其内含 ROM 和 RAM 各不相同，有扩展方便的，有不能扩展的；有带片内 A/D 转换器的，有不带片内 A/D 转换器的。因此要结合系统 I/O 通道数，选择合适的单片机型号，使其既满足测控对象的要求，又不浪费资源。

选择单片机时一般应遵循以下规则：

(1) 根据系统对单片机的硬件资源要求进行选择，考虑的因素主要包括：

① 数据总线字长、运算能力和速度(位数、取指令和执行指令的方式、时钟频率、有无乘法指令等)；

② 存储器结构(ROM、OTP、EPROM、FLASH、外置存储器和片内存储器等)；

③ I/O 结构功能(驱动能力和数量、A/D 转换器、D/A 转换器及其位数、通信端口的数量、有无日历时钟等)；

(2) 选择最容易实现设计目标且性价比高的机型；

(3) 在研制任务重、时间紧的情况下，首先选择熟悉的机型，应考虑手头所具备的开发系统等条件；

(4) 选择在市场上有稳定充足的货源和具有良好品牌的机型。

6.2.2 MCS-51 系列单片机

MCS-51 系列单片机是 Intel 公司在 20 世纪 80 年代初研制成功的，很快就在各行业得到推广和应用。20 世纪 80 年代中期以后，Intel 公司以专利转让的形式把 8051 内核给了 Atmel、Philips、Analog Devices 和 Dallas 等许多半导体厂家。这些厂家生产的芯片是 8051 系列的兼容产品，准确地说是与 8051 指令系统兼容的单片机。这些单片机与 8051 的系统结构(主要是指令系统)相同，采用 CMOS 工艺，因而常用 80C51 系列来称呼所有具有 8051 指令系统的单片机。这些厂家一般都对 8051 做了一些扩充，功能和市场竞争力更强。现在以 8051 技术核心为主导的微控制器技术已被 Atmel、Philips 等公司所继承，并且在原有基础上又进行了新的开发，形成了功能更加强劲的、兼容 51 的多系列化单片机。

目前国内市场上以 Atmel 和 Philips 公司的 51 系列单片机居多，占据市场的大部分，而其它 51 系列单片机，诸如 Winbond 的 W78E 系列、Analog Devices 的 ADuC 系列和 Dallas 的 DS8XC 系列等，也都各自占据一定的市场份额。常见的 8051 内核单片机芯片型号如表 6.1 所列。

表 6.1 常见的 8051 内核单片机芯片型号

公司	常见的 8051 内核单片机芯片型号
Atmel	AT89C51/52/54/58、AT89551/52/54/58、AT89LS51/52/54/58、AT89C55WD、AT89LV51/52/54/58、AT89C105l/2051/405l、AT89C51RC、AT89S53/LS53 和 AT89S8252/LS8252 等
Philips	P8031/32、P80C51/52/54/58、P89C51/52/54/58、P87C51/52/54/58、P87C552、P89C51RX2、P89C52RX2、P87LPC7XX 系列和 P89C9XX 系列
Winbond	78E51B、78E52B、78E54B、78E58B、78E516B，77E52 和 77E58
Analog Devices	ADuC812、ADuC824、ADuC814 和 ADuC816 等
Dallas	DS80C310/320/390 和 DS87C520/530/550 等

MCS-51 系列单片机芯片一般分为基本型、精简型和高档型 3 类。下面主要介绍这几种档次的单片机芯片。

1. 基本型单片机

这类单片机以 Atmel 公司的 AT89CSX、AT89S5X、ATS9LV5X 以及 AT89LS5X 系列为代表，其特点有：具有"三总线"构架；40 脚封装；在内部包含了 4 KB 以上可编程 Flash 程序存储器；具有 3 级程序存储器锁定；可进行 1000 次擦/写操作；具有待机和掉电工作方式。AT89 系列基本型单片机的主要配置如表 6.2 所列。

表 6.2 AT89 系列基本型单片机性能一览表

特 性	AT89C51/52	AT89S51/52	AT89LV51/52	AT89LS51/52
程序存储器/KB	4/8	4/8	4/8	4/8
片内 RAM/B	128/256	128/256	128/256	128/256
16 位定时/记数器	2/3	2/3	2/3	2/3
全双工串行口	有	有	有	有
I/O 口线	32	32	32	32
中断矢量	6/8	6/8	6/8	6/8
电源电压/V	4.0～6.0	4.0～5.5	2.7～6.0	2.7～4.0
待机和掉电方式	有	有	有	有
WDT	无	有	无	有
SPI 接口	无	有	无	无
加密位	3	3	3	3
在系统可编程	可以	可以	可以	可以

2. 精简型单片机

这类单片机以 Philips 公司的 P87LPC700 系列为代表，其特点是取消了"三总线"的构架，引脚缩减到 20 脚甚至更少。在 Intel 公司的 8051 核心技术的基础上进行了技术开发和创新，推出了与 8051 兼容的、独特的、功能更强的高性能 OTP 单片机系列。其典型产品有 P87LPC762/764，这是一系列 80C51 改进型单片机；增加了 WDT、I^2C 总线；其两个模拟量比较器可组成 8 位 A/D 及 D/A 转换器；具有上电复位检测、欠压复位检测；保证 I/O 口驱动电流达到 20 mA；运行速度为标准 80C51 的 2 倍；温度范围为 -40～+85℃；有片内 RC 振荡器；本身的可靠性极高，具有低功耗特性及彻底的不可破译性。Philips 公司还推出了一些 20 脚带 A/D 转换器、D/A 转换器的单片机，如 P87LPC767/768/769，还有其它引脚不等的一系列单片机。P87LPC700 系列单片机基本性能如表 6.3 所示。

表 6.3　P87LPC700 系列单片机基本性能

型　号	存储器	I/O 口 最小值/最大值	通信口	比较器	A/D 转换器
P87LPC759	1 KB/64 B	9/12	—	—	—
P87LPC760	1 KB/128 B	9/12	UART、I^2C	2 路	—
P87LPC761	2 KB/128 B	11/14	UART、I^2C	3 路	—
P87LPC762	2 KB/128 B	15/18	UART、I^2C	4 路	—
P87LPC764	4 KB/128 B	15/18	UART、I^2C	4 路	—
P87LPC76	4 KB/128 B	15/18	UART、I^2C	4 路	4 路，8 位 ADC
P87LPC768	4 KB/128 B	15/18	UART、I^2C	4 路	4 路，8 位 ADC
P87LPC769	4 KB/128 B	15/18	UART、I^2C	4 路	4 路，8 位 ADC

3. 高档型单片机

高档型单片机除具有基本型的优点外，还增加了许多高性能的附件，如高速 A/D 转换、高速指令等。C8051F000 系列单片机是高档型单片机的代表。这个系列的单片机与 8051 兼容，每种芯片都有 4 个 8 位 I/O 端口，4 个 16 位定时器，1 个可编程增益放大器，2 个 12 位 D/A 转换器，2 路 DAC 输出；包含电压基准和温度传感器；有 I^2C/SMBus、UART、SPI 等多种串行接口和 32 KB 的 Flash 存储器；包含 1～2 个电压比较器；有 1 个真正的 10～12 位多通道 A/D 转换器，A/D 转换器最高速率达 100 KB/s；片内 RAM 有 256～2304 字节，指令执行速度达 20～25 MIPS(兆条指令每秒)。还具有 JTAG 调试功能；工作电压为 2.7～3.6 V，温度范围为 -45～+85℃。

C8051F000 系列单片机具有片内 VDD 监视器、WDT 和时钟振荡器。这些单片机是真正能独立工作的片上系统，每个单片机都能有效地管理模拟或数字外设。Flash 存储器还具有在系统重新编程的能力，可用于非易失性数据存储，允许现场更换单片机器件。为降低功耗，每个单片机可以关闭单个或全部外设。芯片内其它功能部件参看表 6.4。

表 6.4　C8051F000 系列单片机性能表

型　号	引　脚	RAM/B	MIPS	模拟比较器
C8051F000/1/2	64/48/32	256	20	2
C8051F005/6/7	64/48/32	2304	25	2/2/1
C8051F010/1/2	64/48/32	256	20	2/2/1
C8051F015/6/7	64/48/32	2304	25	2/2/1

C8051F12X/13X 系列单片机在 C8051F000 系列单片机的基础上扩展了芯片性能。这个系列的单片机都包含外部存储器接口、电压基准、温度传感器、I^2C/SMBus、SPI、2 个 UART、5 个 16 位定时器和可编程计数器阵列以及 2 个模拟比较器。各种芯片还包含其它不相同的功能部件，如表 6.5 所列。

表 6.5 C8051F12X/13X 系列单片机性能表

型　号	MIPS	Flash /KB	16×16 MAC	I/O	12 位 100 KB/s ADC	10 位 100 KB/s ADC	8 位 500 KB/s ADC	DAC 输出
C8051F120/1	100	128	有	64/32	8	—	8	12/2
C8051F122/3	100	128	有	64/32	—	8	8	12/2
C8051F124/5	50	128	有	64/32	8	—	8	12/2
C8051F126/7	50	128	有	64/32	—	8	8	12/2
C8051F130/1	100	128	有	64/32	—	8	—	—
C8051F132/3	100	64	有	64/32	—	8	—	—

6.2.3 PIC 系列单片机

美国 Microchip 公司的 PIC 系列单片机推出了采用精简指令集计算机 RISC 和哈佛双总线、两级指令流水线结构的高性价比的 8 位微处理器，其高速（指令最快 160 ns）、低电压（最低可达 3 V）、低功耗（在 3 V、32 kHz 时为 15 μA）、I/O 口驱动能力强（灌电流可达 25 mA）、一次性编程 OTP、价格低、体积小（8 引脚）、指令简单和易学易用等特点，体现了单片机工业发展的一些新趋势。PIC 系列单片机在办公自动化设备、消费电子产品、通信、智能仪器仪表、汽车电子、金融电子和工业控制等不同领域都有着广泛的应用。PIC 系列单片机的生产量居世界首位，产品型号众多，分基础级、中级、高性能级 3 个不同的档次。基础级 8 位 PIC 系列单片机型号规格如表 6.6 所列。

表 6.6 基础级 8 位 PIC 系列单片机型号规格

系列型号	引　脚	I/O	(EPROM/OTP)/位	ROM/位	RAM/位
PIC16C52	18	12	384×12		25×8
PIC16C54	18	12	512×12		25×8
PIC16C55	28	20	512×12		24×8
PIC16C56	18	12	1 K×12		25×8
PIC16C57	28	20	2 K×12		72×8
PIC16C58	18	12	2 K×12		73×8
PIC16CR54				512×12	25×8
PIC16CR57				2 K×12	72×8
PIC16CR58				2 K×12	73×8
PIC12C508			512×12		25×8
PIC12C509			1 K×12		41×8

中档级 8 位 PIC 系列单片机型号规格如表 6.7 所列。

表 6.7　中档级 8 位 PIC 系列单片机型号规格

系列型号	引脚	I/O	(EPROM/OTP)/位	ROM/位	RAM/位
PIC16C61	18	13	1 K×14		36×8
PIC16C62/63	28	22	2 K/4 K×14		128/192×8
PIC16C64/65	40	33	2 K/4 K×14		128/192×8
PIC16C62/64	18/28	12/20		2 K×14	128×8
PIC12C620/621/622	18	13	512/1 K/2 K×14		80/80/128×8
PIC12C671/672	8	6	1 K/2 K×14		128×8
PIC16C70/71	18	13	512/1 K×14		36×8
PIC16C73/74	28/40	22/33	4 K×14		192×8
PIC16C76/77	28/40	22/33	8 K×14		368×8
PIC16C710/711/715	18	13	512/1 K/2 K×14		36/68/128×8
PIC16CR83/84	18	13	512/1 K×14		36/68×8
PIC16F84	18	13	1 K×14(Flash)		68×8+64×8
PIC16C923/924	64/68	52	4 K×14		176×8
PIC14000	28	20	4 K×14		192×8

高档级 8 位 PIC 系列单片机型号规格如表 6.8 所列。

表 6.8　高档级 8 位 PIC 系列单片机型号规格

系列型号	引脚	I/O	(EPROM/OTP)/位	RAM/位
PIC17C42	40	33	2 K×16	232×8
PIC17C43	30	33	4 K×16	454×8
PIC17C44	40	33	8 K×16	454×8

此外，PIC 单片机还有高性能 PIC18CXXX 系列单片机，是集高性能、CMOS、全静态、模/数转换器于一体的 16 位单片机，内含灵活的 OTP 存储器，带有先进的模拟和数字接口，可用做片上系统，具有嵌入控制分层控制能力，为用户提供了完善的片上系统解决方案。

在大多数单片机中，取指令和执行指令都是顺序进行的；但在 PIC 单片机指令流水线结构中，取指令和执行指令在时间上是相互重叠的，所以 PIC 系列单片机才可能实现单周期指令。只有涉及到改变程序计数器 PC 值的程序分支指令（例如 GOTO、CALL）等才需要两个机器周期。

6.2.4　68 系列单片机

Motorola 公司自 1974 年推出了第一款 MC6800 单片机之后，相继又推出了 MC6891、MC6804、MC6805、MC68HC05、MC68HC08、MC68HC11、MC68HC16、MC68300 和 MC68360 等系列单片机。其中 MC68HC05 和 MC68HC08 是 Motorola 公司 8 位单片机应用最广泛的两个典型机型。

MC68HC05 系列单片机主要由 8 位 CPU、64～920 B RAM、0.9 B～32 KB ROM 和各种 I/O 功能端口组成。MC68HC08 系列单片机是在 MC68HC05 单片机的基础上改进的

8 位单片机系列。为适应不同的应用，还推出了多种专用型号的单片机，例如通用的 GP、JL、XL 型，适用于汽车控制的 AZ 型，适用于模糊控制的 KK、KJ 型，适用于马达控制的 MR 型以及适用于电路应用的 W 型等。它们在变频控制、模糊控制、电话通信、家用电器和汽车控制等方面有很广泛的应用。

MC68HC08 系列单片机的主要特性如下：与 MC68HC05 系列单片机的目标码完全兼容；64 KB 程序/数据存储空间；8 MHz CPU 内部总线频率；16 种寻址方式；可扩展的内部总线定义，用于寻址超过 64 KB 的地址空间；用于指令操作的 16 位变址寄存器、16 位堆栈指针和相应的栈操作指令；不使用累加器的存储器之间的数据移动，BCD 码指令进一步增强；快速 8 位乘法和 16 位除法指令；内部总线灵活多变，可适应 CPU 增强外设（如 DMA 控制器）；完全的静态低电压/低功耗设计。

6.2.5　MCS-296 系列单片机

MCS-296 单片机是美国 Intel 公司研制的 16 位单片机，它与 MCS-96 系列单片机具有很好的兼容性，但其运行速度、存储器容量、数字信号处理能力等软、硬件资源更为丰富。

80296SA 是在 80196 结构的基础上重新设计的，因此，它的指令系统与早期的 MCS-96 系列单片机二进制代码兼容，并在其基础上有所增加。其管脚与 80196NP 和 80196NU 的管脚兼容。它的四段指令流水线能在同一时刻分别完成四条指令的取指、译码以及读、写操作，因而大大提高了指令的运行效率。它的时钟频率可以高达 50 MHz。80296 还包括一个锁相环电路（PLL），因此，外部时钟能以最大的内部时钟频率的 1/2 或 1/4 输入来驱动器件。当运行频率为 50 MHz 时，可以通过管脚选择 25 MHz 或 12.5 MHz 晶体来连接。80296SA 的运行速度是标准的 80196 的 5 倍，是 80196NU 的 2 倍。

80296SA 内含一个 512 字节的内部寄存器存储区，分为高、低两个区域，各占 256 字节。低端的 00H 到 17H 地址区为特殊功能寄存器（SFR），低端寄存器区可以使用指令对其直接寻址，高端寄存器区则需要使用间接寻址方式。当然，通过窗口寄存器方式寻址，可将高端寄存器区映像到低端寄存器区的一些相应位置，因而也可以对其直接寻址。

80296SA 还有一个内部的 2 KB 的代码/数据 SRAM。它的地址映像 F800H～FFFFH 区域。这些 RAM 用于存放时间严格的代码，例如中断服务子程序，也可存放时间性强的数据，如嵌入数字信号处理的数据表格、堆栈或中断向量表等。它的特点是处于器件内部，不必对数据和地址总线访问，存取速度快。设计者可以根据需要决定它的用途。这个存储器区也可以使用窗口寄存器方式将部分地址映像到低端寄存器存储区进行直接访问。80196 系列的窗口可用来扩展那些被寄存器以直接寻址方式存取的寄存器的数据。直接寻址能够使用短的、快速的指令访问低端寄存器区。有了窗口，直接寻址也可以访问高端寄存器和外围接口 SFR。80296SA 使用 80196 已有的窗口选择寄存器 WSR 选择窗口，另外还增加了一个窗口选择寄存器 WSR1，这使得编程更加灵活。

80296SA 的外围接口包括一个事件处理阵列（EPA）（用于与两个带有 4 个捕捉/比较通道的定时器/计数器 TIME1 和 TIME2 相联系的 I/O 功能）、三个通道 PWM 信号发生器、一个带有波特率发生器的串行接口以及 6 个片选的存储器控制器。外围接口 SFR 是 I/O 的控制寄存器，地址在 1F00H～1FFFH，可以设置为窗口。80296SA 还包括一个总线出让电路，允许一个外部器件对总线进行控制。另外，80296SA 还有一个中断控制器。设计者既能像早期的 MCS-96 中断一样编程控制，也可按中断优先级排列编程控制。中断向量表分为低区（FF2000H～FF2007H）和高区（FF2030H～FF203FH）两个区域，用来存放中断服务程序的首地址。

80296SA 的外部存储器接口是由 20 位地址线、16 位数据总线及 6 个片选组成的。数据总线可通过编程设置为 8 位/16 位宽度。每一个片选最大可寻址范围为 1 MB。可以使用 80196 扩展的指令（如 ELD、EST、EJMP、ECALL 等）对大于 64 K 的存储空间进行操作。因此，80296SA 具有 6 MB 连续的程序/数据存储器。地址空间为 000000H～FFFFFFH，程序代码运行开始地址为 FF2080H。

80296SA 采用 100 脚 QFP 封装，它的管脚与 80C196NU 和 80C196NP 管脚兼容。80296SA 与早期的 80196 系列产品的最大区别在于它更适合于数字信号处理（DSP）方面的应用。80296SA 能很好地完成高达 12.5 MIPS 的 DSP 内部循环操作以及乘/累加（MAC）操作。80296SA 有一个 40 位的累加器，这是 80296SA 特有的，可用于存放乘/累加（MAC）运算的 32 位结果。另外，增加了 3 对索引寄存器（IDX0、IDX1、ICB0、ICB1、ICX0、ICX1）以及一个硬件循环计数器。充分使用这些资源，再加上合适的软件算法，可以精确地完成 DSP 运算功能，并使 80296SA 能够快捷地查询和修改数据表中的数据。Intel 的工程师根据 DSP 运算的需要，为它的指令系统增加了 17 条指令，利用这些指令可以有效地支持一个 40 位的累加器、硬件循环控制以及 80 ns 乘/累加（MAC）的自动指针递增/递减。其中，乘/累加指令二进制操作代码与乘法指令 MUL、MULU 相同，差别在于它们目标码的最低 4 位。

Intel 的 MCS-296 则是在 50 M 的 196NU 的基础上增加了 DSP 处理器，用于智能卡等领域，其速度大大提高。在相同的时钟速度下，这些结构上的改变可以大幅度地提高实际处理速度。中等的时钟速度对于降低芯片和应用系统设计的压力、提高电磁兼容和抗干扰性能、减小功耗等都是有利的。

6.2.6 MSP-430 系列单片机

MSP-430 系列单片机是 TI 公司推出的超低功耗、功能集成度高的 16 位单片机，特别适用于功率消耗要求较低的场合，广泛应用于自动信号采集系统、液晶显示的智能仪器、智能检测与控制系统、医疗与运动设备、家用电器和保安系统等领域。

MSP-430 系列单片机采用存储器结构，对存储器进行统一编址，利用公共存储器空间对系统的全部功能模块寻址。同其它微控制器相比，MSP-430 系列可以大大延长电池的使用寿命；6 s 的启动时间可以使启动更加迅速；ESD 保护抗干扰能力强；低电压供电；多达 64 KB 的寻址空间，包含 ROM、RAM、闪存 RAM 和外围模块；通过堆栈处理中断和子程序调用，层次无限制；仅 3 种指令格式，且全部为正交结构；尽可能做到 1 字/指令；源操作数有 7 种寻址模式，目的操作数有 4 种寻址模式；外部中断引脚 I/O 口具有中断能力；对同时发生的中断按优先级别处理；嵌套中断结构，支持在中断服务过程中再次响应其它中断；外围模块地址为存储器分配全部寄存器，不占用 RAM 空间，均在模块内；定时器中断可用于事件、计数、时序发生、PWM 输出等；具有看门狗功能；有 10 位或更高精度的 A/D 转换器；MSP-430 全部为工业级 16 位 RISC 体系单片机，适应工作环境温度为-40～85℃。

MSP-430 系列单片机种类繁多，MSP-430 系列单片机的命名规则如图 6.1 所示。

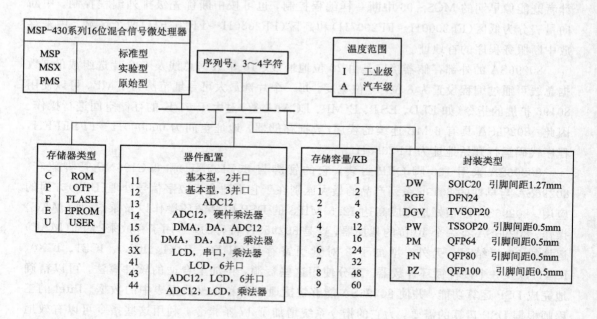

图 6.1　MSP-430 系列单片机的命名规则

MSP-430F4XX 系列部分单片机配置如表 6.9 所列。

表 6.9　MSP430 系列部分单片机配置表

型　　号	配　　置
MSP-430F437	32 KB Flash；1 KB RAM；8 通道 12 位 A/D；48 个 I/O 口；128/160 段 LCD；16 位 WDT；8 位基本定时器；1 个 16 位 Timer_A(3 个捕获/比较寄存器)；1 个 16 位 Timer_B(3 个捕获/比较寄存器)；1 个 USART 接口；比较器 A；温度传感器；80PN/100PZ 封装
MSP-430F447	32 KB Flash；1 KB RAM；8 通道 12 位 A/D；48 个 I/O 口；160 段 LCD；16 位 WDT；8 位基本定时器；1 个 16 位 Timer_A(3 个捕获/比较寄存器)；1 个 16 位 Timer_B(7 个捕获/比较寄存器)；2 个 USART 接口；MPY；比较器 A；温度传感器；100PZ 封装
MSP-430F448	48 KB Flash；2 KB RAM；8 通道 12 位 A/D；48 个 I/O 口；160 段 LCD；16 位 WDT；8 位基本定时器；1 个 16 位 Timer_A(3 个捕获/比较寄存器)；1 个 16 位 Timer_B(7 个捕获/比较寄存器)；2 个 USART 接口；MPY；比较器 A；温度传感器；100PZ 封装
MSP-430F449	60 KB Flash；2 KB RAM；8 通道 12 位 A/D；48 个 I/O 口；160 段 LCD；16 位 WDT；8 位基本定时器；1 个 16 位 Timer_A(3 个捕获/比较寄存器)；1 个 16 位 Timer_B(7 个捕获/比较寄存器)；2 个 USART 接口；MPY；比较器 A；温度传感器；100PZ 封装

MSP - 430 系列单片机不仅可以应用于许多传统的单片机应用领域,如仪器仪表、自动控制以及消费品领域,更适用于一些用电池供电的低功耗产品,如能量表(水表、电表、气表等)、手持式设备、智能传感器等,以及需要较高运算性能的智能仪器设备。

6.2.7 ARM 单片机

ARM(Advanced RISC Machines)是一个公司的名字,也是一类微处理器的通称,还可以认为是一种技术的名字。基于 ARM 技术的微处理器应用约占据了 32 位 RISC 微处理器 75%以上的市场份额,ARM 技术正在逐步渗入到人们生活的各个方面。

ARM 公司是专门从事基于 RISC 技术设计开发芯片的公司,作为知识产权供应商,其本身不直接从事芯片生产,而是靠转让设计许可,由合作公司生产各具特色的芯片。世界各大半导体生产商从 ARM 公司购买其设计的 ARM 微处理器核,根据各自不同的应用领域,加入适当的外围电路,从而形成自己的 ARM 微处理器芯片供应市场。

目前我国市场上可见到若干公司(Atmel、ADMtek、Cirrus Logic、Intel、Linkup、UetSilicon、Samsung、TI 和 Triscend)的带 ARM 内核的嵌入式芯片,其中大部分嵌入的 ARM 内核是 ARM7 或 ARM9。常见的具有 ARM 核的单片机有 Atmel 公司的 AT91 系列单片机,Philips 公司的 LPC2100、LPC2200 系列的 ARM 单片机,Cirrus Logic 公司的 EP 系列单片机以及 Samsung 公司的 ARM7、ARM9 系列单片机。下面对部分芯片做简要的介绍。

1. AT91 系列 ARM 单片机

Atmel 公司的 AT91 系列单片机是基于 ARM7TDMI 嵌入式单片机的 16/32 位单片机,是目前国内市场上应用最广泛的 ARM 单片机之一。AT91 系列单片机定位在低功耗和实时控制应用领域,已成功地应用在工业自动化控制、MP3/WMA 播放器、智能仪器、POS 机、医疗设备、GPS 和网络系统产品中。AT91 系列单片机为工业级芯片,价格便宜。

目前市场上最常用的 Atmel 公司的 ARM 内核芯片型号有 AT91M40800、AT91FR40162、AT91M55800 和 AT91M63200。其主要特点如下:ARM7TDMI32 位 RSIC 微处理器核;大小适宜,内置 SRAM、ROM 和 Flash;丰富的片内外围设备;10 位 ADC/DAC;工业级领先低功耗;先进的电源管理提供空闲模式;快速、先进的向量中断控制器;段寄存器提供分离的栈和中断模式。常见的 AT91 系列单片机的具体特点如表 6.10 所示。

表 6.10 常见的 AT91 系列单片机的特点

型 号	特 点
AT91M40800	价格低廉,结构精巧,功能组合最优
AT91FR40162	在 M40800 的基础上内置 256 KB 的 SRAM 和 2 MB 的 Flash,简化用户电路设计
AT91M55800	在 M40800 的基础上增加了 8 个 10 位 ADC 通道和 2 个 10 位 DAC 通道,方便数字/模拟用户电路设计
AT91M63200	含 ARM7TDMI 核,用做多处理器,具有多处理器接口 MPI

2. LPC2100/LPC2200 系列 ARM 单片机

Philips 公司的 LPC2100/ LPC2200 系列，基于一个支持实时仿真和跟踪的 16/32 位 ARM7TDMI－S 型 CPU，并带有 128/256 KB 嵌入的高速 Flash 存储器。128 位宽度的存储器接口和独特的加速结构，使 32 位代码能够在最大的时钟速率下运行。对代码规模有严格控制，可使用 16 位 Thumb 模式将代码规模降低 30% 以上，而性能的损失却很小。

由于 LPC2100 系列采用非常小的 64 脚封装，功耗极低，有多个 32 位定时器、4 路 10 位 ADC、PWM 输出以及多达 9 个的外部中断，因此它们特别适用于智能仪器、工业控制、医疗系统、访问控制和电子收款机（POS）等应用领域。由于内置了宽范围的串行通信接口，因此它们也非常适合于通信网关、协议转换器、嵌入式软件调制解调器以及其它各种类型的应用。后续的器件还提供以太网、802.11 以及 USB 功能。LPC2100 系列 ARM 芯片的主要特点有：16/32 位 ARM7TDMI－S 核；超小 LQFP 和 HVQFN 封装；16/32/64 KB 片内 SRAM；128/256 KB 片内 Flash 程序存储器；128 位宽度接口/加速器，可实现高达 60 MHz 的工作频率；通过片内 boot 装载程序，实现在系统编程（ISP）和在应用编程（IAP）；Embedded ICE 可设置断点和观察点；嵌入式跟踪宏单元（ETM）支持对执行代码进行无干扰的高速实时跟踪；10 位 A/D 转换器，转换时间低至 2.44 μs；CAN 接口，带有先进的验收滤波器；多个串行接口，包括 2 个 16C550 工业标准 UART、高速 I^2C 接口（400 kHz）和 2 个 SPI 接口。

LPC2100 系列 ARM 芯片性能如表 6.11 所列，表中各型号均有定时器、PWM 输出、实时时钟（RTC）以及看门狗（WDT）。

表 6.11　LPC2100 系列 ARM 芯片性能表

型　号	存　储　器			串　　口	I/O	中断(外部) 中断源	A/D
	RAM KB	Flash /KB	ICP/ISP /IAP				
LPC2104	16	128	有/有	2×UART、I^2C/SPI	32	16/3/16	—
LPC2105	32	128	有/有	2×UART、I^2C/SPI	32	16/3/16	—
LPC2106	64	128	有/有	2×UART、I^2C/SPI	32	16/3/16	—
LPC2114	16	128	有/有	2×UART、I^2C、2×SPI	46	19/4/16	4 路 10 位
LPC2124	16	256	有/有	2×UART、I^2C、2×SPI	46	19/4/16	4 路 10 位
LPC2119	16	128	有/有	2×UART、I^2C、 2×SPI、2×CAN	46	19/4/16	4 路 10 位
LPC2129	16	256	有/有	2×UART、I^2C、 2×SPI、2×CAN	46	19/4/16	4 路 10 位
LPC2131	8	32	有/有	2×UART、2×I^2C、 2×SPI	46	21/4/16	8 路 10 位

3. EP 系列 ARM 单片机

Cirrus Logic 公司带 ARM 核的 EP 系列芯片主要应用于手持计算、个人数字音频播放器和 Internet 电气设备等领域，其主要产品有 EP7211/7212、EP7312、EP7309 和 CL – PS7500FE 等。

EP7211 为高性能、超低功耗应用设计，有 208 条引脚的 LQFP 封装，具体应用有 PDA、双通道寻呼机、智能蜂窝电话和工业手持信息电器等。器件围绕 ARM720T 处理器核设置，有 8 KB 的 4 组相连的统一 Cache 和写缓冲，含增强型存储器控制单元(MMU)，支持微软公司的 Windows CE；2.5 V 下动态可编程时钟速率为 18 MHz、36 MHz、49 MHz 和 74 MHz；ARM720T 处理器核，性能可与基于 100 MHz 的 Intel 奔腾 CPU 相媲美；插座和寄存器与 cal-PS7111 兼容；超低功耗，LCD 控制器和 DRAM 控制器；ROM/SRAM/Flash 存储器控制；37.5 KB 片上 SRAM，用于快速执行程序或作为帧缓冲；片上 ROM，用于支持制造引导；2 个 UART(16550 型)、4 个同步串行接口、27 个通用 I/O 口和 2 个定时/计数器；SIR(速率高达 115 KB/s)红外编码；PWM 接口，支持 2 个超低功耗 CL – PS6700 PC 卡控制器，支持全 JTAG 边界扫描和嵌入式 ICE。

4. ARM 单片机的选择

由于 ARM 单片机的众多优点，随着它在嵌入式应用领域的逐步发展，ARM 单片机必然会获得广泛的重视和应用。但是，由于 ARM 单片机有多达十几种的内核结构，几十个芯片生产厂家，以及千变万化的内部功能配置组合，给开发人员在选择方案时带来一定的困难，因此选择 ARM 微处理器时要注意以下几个问题：

(1) ARM 微处理器核心的选择。如果希望使用 WinCE 或标准 Linux 等操作系统，以减少软件开发时间，就需要选择 ARM720T 以上带有 MMU(Memory Management Unit)功能的 ARM 芯片，ARM720T、ARM920T、ARM922T、ARM946T、Strong-ARM 都带有 MMU 功能。而 ARM7TDMI 则没有 MMU，不支持 Windows CE 和标准 Linux，但目前有 uCLinux 等不需要 MMU 支持的操作系统可运行于 ARM7TDMI 硬件平台之上。

(2) 系统的工作频率。系统的工作频率在很大程度上决定了 ARM 单片机的处理能力。ARM7 系列单片机的典型处理速度为 0.9 MIPS/MHz，常见的 ARM7 芯片系统主时钟为 20~133 MHz，ARM9 系列单片机的典型处理速度为 1.1 MIPS/MHz，常见的 ARM9 的系统主时钟频率为 100~233 MHz，ARM10 最高可以达到 700 MHz。不同芯片对时钟的处理不同，有的芯片只需要一个主时钟频率，有的芯片内部时钟控制器可以分别为 ARM 核、USB、UART、DSP、音频等功能部件提供不同频率的时钟。

(3) 芯片内存储器的容量。大多数的 ARM 微处理器片内存储器的容量都不太大，需要用户在设计系统时外扩存储器，但也有部分芯片具有相对较大的片内存储空间，如 Atmel 的 AT91F40162 就具有高达 2 MB 的片内程序存储空间，用户在设计时可考虑选用这种类型，以简化系统的设计。

(4) 片内外围电路的选择。除 ARM 微处理器核以外，几乎所有的 ARM 芯片均根据各自不同的应用领域，扩展了相关功能模块，并集成在芯片之中，称之为片内外围电路，如 USB 接口、LCD 控制器、键盘接口、RTC、ADC 和 DAC、DSP 协处理器等，设计者应分析系统的需求，尽可能采用片内外围电路完成所需的功能，这样既可简化系统的设计，同时又可提高系统的可靠性。

5. ARM 单片机的应用

不同版本的 ARM 体系结构由数字来标识。ARM7 是一款冯·诺依曼体系结构的机器，而 ARM9 使用的是哈佛体系结构。这些差异除了性能方面的差异外，其它差异对汇编语言程序员是不可见的。ARM 处理器当前有 ARM7、ARM9、ARM9E、ARM10 和其它系列芯片内核，它们是为特定的目的而设计的，这些系列芯片内核的具体功能和特点如下：

（1）ARM7 系列为低功耗 32 位核，最适合对价位和功耗敏感的消费者应用。ARM7 系列具有嵌入式在线仿真器调试逻辑以及非常低的功耗，能提供 0.9 MIPS/MHz 的 3 级流水线和冯·诺依曼结构。它的主要应用领域有因特网设备、网络和调制解调器设备以及移动电话等多种多媒体和嵌入式应用。

（2）ARM9 系列是高性能和低功耗特性方面最佳的硬宏单元。它具有 5 级流水线，提供 1.1 MIPS/MHz 的哈佛结构。它主要应用于先进的引擎管理、仪器仪表、安全系统、机顶盒、高端打印机、PDA、网络电脑和智能电话等。

（3）ARM9E 系列为综合处理器。它带有 DSP 扩充、嵌入式在线仿真器调试逻辑，提供 1.1 MIPS/MHz 的 5 级流水线和哈佛结构。它的紧耦合存储器接口可使存储器以最高的处理器速度运转，可直接连接到内核上，非常适用于必须有确定性能和快速访问时间的代码。

ARM9E-S 系列广泛应用于硬盘驱动器和 DVD 播放器等海量存储设备、语音编码器、调制解调器和软调制解调器、PDA、店面终端、智能电话、MPEG MP3 音频译码器、语音识别及合成，以及免提连接、巡航控制和反锁刹车等自动控制解决方案。

（4）ARM10 系列为硬宏单元，带有 DSP 扩展、嵌入式在线仿真器调试逻辑、全性能的存储器管理单元、Cache、6 级流水线以及内部 64 位数据通路等。

ARM10 系列专为数字机顶盒、管理器和智能电话等高效手提设备而设计，并为复杂的视频游戏机和高性能打印机提供高级的整数和浮点数运算能力。

6.3　DSP 的结构及应用

数字信号处理（Digital Signal Processing，DSP）是一门涉及许多学科并广泛应用于许多领域的新兴学科。世界上第一个单片 DSP 芯片应当是 1978 年 AMI 公司发布的 S2811，这种芯片内部没有现代 DSP 芯片所必须有的单周期乘法器。1980 年，日本 NEC 公司推出的 μPD7720 是第一个具有乘法器的商用 DSP 芯片。在这之后，最成功的 DSP 芯片当数美国德州仪器公司（Texas Instruments，TI）的一系列产品。TI 公司在 1982 年成功推出其第一代 DSP 芯片 TMS32010 及其系列产品 TMS32011、TMS320C10/C14/C15/C16/C17 等，之后相继推出了第二代 DSP 芯片 TMS32020、TMS320C25/C26/C28，第三代 DSP 芯片 TMS320C30/C31/C32，第四代 DSP 芯片 TMS320C40/C44，第五代 DSP 芯片 TMS320C5X/C54X，第二代 DSP 芯片的改进型 TMS320C2XX，集多片 DSP 芯片于一体的高性能 DSP 芯片 TMS320C8X，第六代 DSP 芯片 TMS320C62X/C67X 等。TI 将常用的 DSP 芯片归纳为三大系列，即 TMS320C2000 系列（包括 TMS320C2X/C2XX）、TMS320C5000 系列（包括 TMS320C5X/C54X/C55X）和 TMS320C6000 系列（包括

TMS320C62X/C67X)。如今，TI 公司的一系列 DSP 产品已经成为当今世界上最有影响的 DSP 芯片。TI 公司也成为世界上最大的 DSP 芯片供应商，其 DSP 市场份额约占全世界份额的 50%。

6.3.1 DSP 的主要结构

　　TI 公司早期的 TMS32010 也含外部 16 位、内部 32 位、高速流水线化的单片微处理器，指令周期为 200 ns，速度为 8086 的 100 倍，片内含 16×16 大容量阵列乘法器，8 个输入端口和 8 个输出端口，可以很容易地进行数字滤波、相关分析、FFT、语音处理和频谱分析。

　　TI 公司推出的 TMS320C6000 系列 DSP，基于 TMS320C6000 平台的 32 位浮点 DSP 处理器。它包含 3 个系列，即用于定点计算的 TMS320C62X 系列、TMS320C64X 系列和用于浮点计算的 TMS320C67X 系列。时钟频率最高可达到 1.1 GHz。该系列 DSP 包含两个通用的寄存器组 A 和 B，每组有 16 个 32 位的寄存器。芯片内含 8 个运算功能单元，2 个乘法器(M1 和 M2)，6 个算术逻辑单元(L1、L2、S1、S2、D1、D2)。所有单元都能独立并行操作。

6.3.2 DSP 的选择和应用

1. DSP 的选择

　　一般来说，选择 DSP 芯片时应考虑以下几方面的因素：

　　(1) DSP 芯片的运算速度。运算速度是 DSP 芯片的一个最重要的性能指标，也是选择 DSP 芯片时所需要考虑的一个主要因素。DSP 芯片的运算速度可以用以下几种性能指标来衡量：

　　① 指令周期：即执行一条指令所需的时间，通常以 ns（纳秒）为单位。如 TMS320LC549-80 在主频为 80 MHz 时的指令周期为 12.5 ns。

　　② MAC 时间：即一次乘法加上一次加法的时间。大部分 DSP 芯片可在一个指令周期内完成一次乘法和加法操作，如 TMS320LC549-80 的 MAC 时间就是 12.5 ns。

　　③ FFT 执行时间：即运行一个 N 点 FFT 程序所需的时间。由于 FFT 运算涉及的运算在数字信号处理中很有代表性，因此 FFT 运算时间常作为衡量 DSP 芯片运算能力的一个指标。

　　④ MIPS：即每秒执行百万条指令。如 TMS320LC549-80 的处理能力为 80 MIPS，即每秒可执行八千万条指令。

　　⑤ MOPS：即每秒执行百万次操作。如 TMS320C40 的运算能力为 275 MOPS。

　　⑥ MFLOPS：即每秒执行百万次浮点操作。如 TMS320C31 在主频为 40 MHz 时的处理能力为 40 MFLOPS。

　　⑦ BOPS：即每秒执行十亿次操作。如 TMS320C80 的处理能力为 2 BOPS。

　　(2) DSP 芯片的价格。DSP 芯片的价格也是选择 DSP 芯片所需考虑的一个重要因素。如果采用价格昂贵的 DSP 芯片，即使性能再高，其应用范围也会受到一定的限制，尤其是对成本敏感的民用产品。因此根据实际系统的应用情况，需确定一个价格适中的 DSP 芯片。当然，由于 DSP 芯片发展迅速，DSP 芯片的价格往往下降较快，因此在开发阶段选用某种价格稍贵的 DSP 芯片，等到系统开发完毕，其价格可能已经下降了很多。

（3）DSP 芯片的硬件资源。不同的 DSP 芯片所提供的硬件资源是不相同的，如片内 RAM、ROM 的数量，外部可扩展的程序和数据空间，总线接口，I/O 接口等。即使是同一系列的 DSP 芯片（如 TI 的 TMS320C54X 系列），系列中不同 DSP 芯片也具有不同的内部硬件资源，可以适应不同的需要。

（4）DSP 芯片的运算精度。一般的定点 DSP 芯片的字长为 16 位，如 TMS320 系列。但有的公司的定点芯片为 24 位，如 Motorola 公司的 MC56001 等。浮点芯片的字长一般为 32 位，累加器为 40 位。

（5）DSP 芯片的开发工具。在 DSP 系统的开发过程中，开发工具是必不可少的。如果没有开发工具的支持，要想开发一个复杂的 DSP 系统几乎是不可能的。如果有功能强大的开发工具的支持，如 C 语言支持，则开发的时间就会大大缩短。所以，在选择 DSP 芯片的同时，必须注意其开发工具的支持情况，包括软件和硬件的开发工具。

（6）DSP 芯片的功耗。在某些 DSP 应用场合，功耗也是一个需要特别注意的问题。如便携式的 DSP 设备、手持设备、野外应用的 DSP 设备等都对功耗有特殊的要求。目前，3.3 V 供电的低功耗高速 DSP 芯片已大量使用。

（7）其它因素。除了上述因素外，选择 DSP 芯片还应考虑到封装的形式、质量标准、供货情况、生命周期等。有的 DSP 芯片可能有 DIP、PGA、PLCC、PQFP 等多种封装形式。有些 DSP 系统可能最终要求的是工业级或军用级标准，在选择时就需要注意到所选的芯片是否有工业级或军用级的同类产品。如果所设计的 DSP 系统不仅仅是一个实验系统，而且是需要批量生产并可能有几年甚至十几年的生命周期，那么需要考虑所选的 DSP 芯片供货情况如何，是否也有同样长甚至更长的生命周期等。

2. DSP 技术的应用

DSP 芯片的高速发展，一方面得益于集成电路技术的发展，另一方面也得益于巨大的市场需求的拉动。在近二三十年的时间里，DSP 芯片已经在信号处理、通信、雷达等许多领域得到广泛的应用。目前，DSP 芯片的价格越来越低，性能价格比日益提高，具有巨大的应用潜力。DSP 芯片的应用主要有：

（1）信号处理：如数字滤波、自适应滤波、快速傅立叶变换、相关运算、谱分析、卷积、模式匹配、加窗、波形产生等；

（2）通信：如调制解调器、自适应均衡、数据加密、数据压缩、回波抵消、多路复用、传真、扩频通信、纠错编码、可视电话等；

（3）语音处理：如语音编码、语音合成、语音识别、语音增强、说话者辨认、说话者确认、语音邮件、语音存储等；

（4）图形/图像处理：如二维和三维图形处理、图像压缩与传输、图像增强、动画、机器人视觉等；

（5）军事应用：如保密通信、雷达处理、声纳处理、导航、导弹制导等；

（6）仪器仪表：如频谱分析、函数发生、锁相环、地震处理等；

（7）自动控制：如引擎控制、声控、自动驾驶、机器人控制、磁盘控制等；

（8）医疗应用：如助听、超声设备、诊断工具、病人监护等；

（9）家用电器：如高保真音响、音乐合成、音调控制、玩具与游戏、数字电话/电视等。

　　随着 DSP 芯片性能价格比的不断提高，可以预见，DSP 芯片将会在更多的领域内得到更为广泛的应用。

6.4　多微处理器系统

　　随着微处理器相关技术的发展，以及现实测控应用对智能仪器的功能和指标要求的不断提高，智能仪器逐步形成了多微处理器系统结构。

6.4.1　多微处理器系统概述

　　多微处理器系统指多微处理器互联通信，分工协作完成总体任务的系统。在多微处理器系统构成的智能仪器中，各微处理器有统一的目标和各自的分工任务，有各自的应用程序和时钟、复位电路，带有独立的存储器和 I/O 接口。多微处理器系统包括根据特定用途将多个单片机设计安装在单块电路板（或多板）上的形式，也包括在通用微机（如 PC 机）上安置带微处理器的接插件的形式。

　　多微处理器系统与单微处理器系统相比有下列几方面的优点：

　　（1）具有较高的工作速度。单微处理器系统只能分时进行工作，无法满足快速实时测量、实时处理的要求，无法执行有较强并行性的任务。多微处理器系统由于任务分散，各微处理器能并行地进行数据采集、加工处理、测量与控制计算、外设管理等若干工作，因此大大提高了工作效率。

　　（2）便于设计和维修。由于任务功能分散，多微处理器系统大都采用模块化结构，根据要求的变化，可以增、减模块，很容易重构新系统。这种模块化结构，使得硬软件的设计都能独立调试，方便维护，具有良好的适应性和扩展性。

　　（3）性能价格比高。随着微电子技术的发展，微处理器芯片价格不断下降，与选用复杂的高速外围电路芯片相比，多微处理器系统具有性能价格比高的优点。

　　下面以在智能仪器中较常见的多单片机系统为例，简要介绍多微处理器系统的结构和通信。

6.4.2　多单片机系统的结构

　　在多单片机系统中，各单片机必须进行有效通信，才能为了一个统一的目标发挥各自的能力，形成整体的优势。多单片机互联形式多种多样，通信协议一般不对外开放，通信形式与互联形式又密切联系。下面介绍几种常见的互联与通信形式。

1.　串行口直接连接式

　　现在的单片机一般都有一个以上的串行通信口。将两个单片机的串行通信口按图 6.2 所示直接连接，可实现 TTL 电平的串行通信。这种方式一次只能实现两个单片机的连接，实现单片机之间一对一的通信。通信协议可按照设计者的意图自行编制。

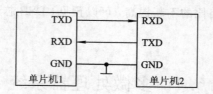

图 6.2　两单片机串行通信口直接连接

2. SPI 总线连接式

SPI 是一种串行外设接口总线和软件协议。如图 6.3 所示，通过 SPI 口线的恰当对接，可将两个单片机连接，并通过 SPI 协议进行一对一的通信。这种方式一次也只能实现两个单片机的通信。显然，在这种一对一的通信中，一个单片机将扮演主机的角色，另一个单片机则扮演外设的角色。

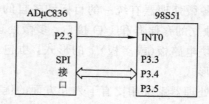

图 6.3　两单片机以 SPI 总线连接

3. 多端口存储器连接式

如图 6.4 所示，各单片机通过一个多端口存储器连接进行通信的结构，称为多端口存储器连接式结构。在这种结构中，多端口负责解决访问冲突，并采用周期安排方式进行访问。访问快、吞吐量大、可靠性高是这种结构的优点。但当系统的单片机数量达到 3 个或更多个时，存储器端口的增加会有困难。

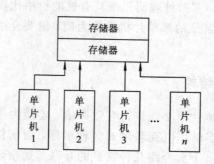

图 6.4　多端口存储器连接

图 6.5 所示为两个单片机通过双端口 RAM7132 互联通信的应用实例。RAM7132 是容量为 8 KB×8、读写速度为 100 ns 的静态 RAM，可同时从两面分别进行读写。在图 6.5 中，一个单片机负责数据采集，简称采集单片机；另一个单片机负责数据处理计算，简称计算单片机。系统工作时，采集单片机启动 A/D 转换器进行数据采集，采集结果存入共享存储器的一个缓冲区内。当接到计算单片机发出的请求后，便交出这一个缓冲区，同时发

出相应信号。计算单片机收到相应回答后，回复信号，提示可用新的(原数据已被使用)数据缓冲区，让采集单片机重新启动 A/D 转换器进行数据采集，并存入新的区域。计算单片机则读取内存缓冲区的原数据进行数据处理和计算。采集单片机只对共享存储器写数据，而计算单片机每次访问共享存储器都只读取数据。

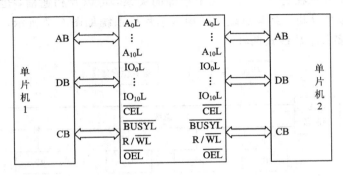

图 6.5 双端口 RAM7132 连接实例

4. 并口扩展连接式

图 6.6 所示为一种多单片机系统并口连接通信方式。单片机 1 和单片机 2 之间，通过 8255A(1)直接进行并行通信。8255A(1)PC 口的 5 条控制线完成双向并行通信的控制逻辑。单片机 2 接收数据时，通过判别自己的 P1.7 端口状态，可判定单片机 1 的输出缓冲器 (8255A DB 口)是否存在有效数据送入；单片机 2 发送数据时，通过判别自身 P1.6 端口的状态，可判定单片机 1 输入缓冲器(8255A 的 PA 口)是否为空。单片机 2 的读、写控制逻辑信号与地址译码信号组合，作为它响应单片机 1 和向单片机 1 发送信息的控制信号。单片机 1 用中断方式控制通信，单片机 2 用查询状态方式控制通信，软件设计相互独立，互不干扰，使用起来方便。

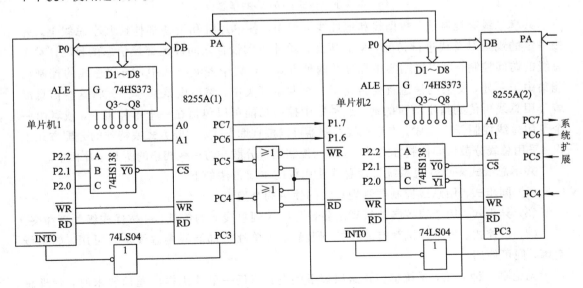

图 6.6 多单片机系统并口连接通信方式

5. 共享总线式

把各单片机和外部设备通过公用总线连起来，便形成所谓的共享总线式结构系统。共享总线式是一种并行式结构，与分级式不同，并行式结构系统中的各单片机完全没有固定的主从关系，各单片机在定义之前是完全平等的关系，可以互相通信，也可以不联系，可以作主机，也可以作从机。共享总线式结构多单片机系统如图 6.7 所示，这种结构又分为单共享总线式和多共享总线式两种。

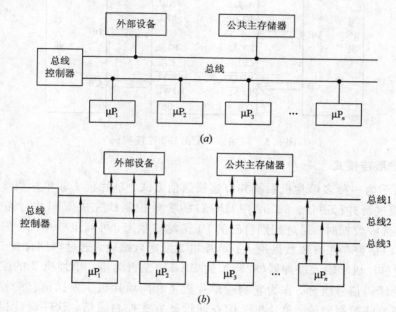

图 6.7　共享总线式结构多单片机系统
（a）单共享总线式；（b）多共享总线式

共享总线有控制线、数据线和地址线若干条，各单片机和设备都挂在共享总线上，并按一定的规则对总线进行访问，从而达到各单片机和设备之间彼此交换信息的目的。对于总线的访问控制，可以采用集中和分散两种方式。在集中控制方式中，访问总线的控制功能集中于一处，交换的信息首先传送至一个共享开关中，然后由该共享开关将这些信息沿着公用总线再传到指定的目的地。这种集中控制功能可以包括在一个单片机中，或者由一个专用总线控制器来完成。专用总线控制器可以按查询方式、中断方式或特殊的分配方式工作。采用总线分散访问控制方式时，总线的控制逻辑分散在与总线相连的所有单片机中。

共享总线式多单片机系统管理总线使用权的主要方法如下：

（1）同步式。用总线控制器管理总线的使用和交换。

（2）异步式。用总线控制器管理由各单片机送到总线上的信息，并按优先级处理冲突。

（3）自控式。各单片机都有总线控制装置。各单片机都能检测总线是否可用，如总线空闲，便可使用。

无论哪一种方法，系统都应该解决以下问题：当任一单片机提出通信要求时，管理总线的控制器应尽可能为该单片机提供通信线路；若系统中有几个不同的单片机同时提出通信要求，则总线控制器能妥善解决各单片机间的竞争，将总线使用权交给优先级最高的单片机使用；当两个单片机正在进行通信时，总线控制器应禁止其它单片机使用总线，并让有通信要求的单片机进行排队，直到正在进行的通信完成后再进行处理。

共享总线式系统的通信数据是通过公共存储器（CRAM）进行投递和分发的。这里的共享存储器（公共存储器）与多端口共享存储器的结构是有区别的。通过总线控制与切换，各单片机可以分时访问 CRAM 投递给其它单片机的信息，取走其它单片机发给自己的信息。共享总线式系统的性能主要取决于总线的宽度、系统设备的数目和访问控制规则等因素。共享总线式系统结构的主要优点是结构简单，设备的挂接或摘除比较方便，成本较低。

如图 6.8 所示为某流量计单片机系统结构框图。此流量计是三单片机共享总线结构，单片机 1 负责数据采集工作，单片机 2 负责计算和补偿工作，单片机 3 负责管理外部设备，进行数据输出。系统中局部总线与公用总线并用，结构上仍属于公用总线共享存储器形式，两种总线的连接由总线控制管理。当不访问 CRAM，或某单片机访问但互不竞争时，三单片机的作用是并行的。

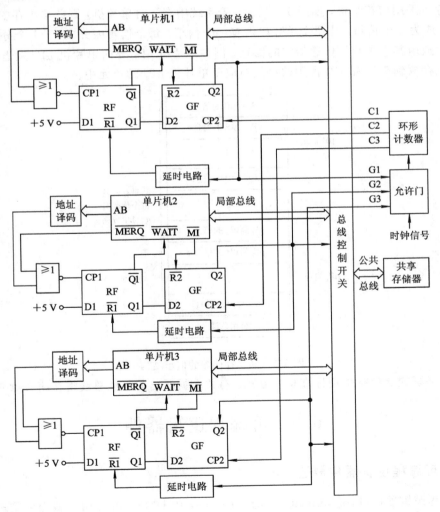

图 6.8 某流量计单片机系统结构框图

该三单片机系统的总线控制器由循环逻辑电路和控制逻辑电路部分组成。系统只设一个循环逻辑电路,它产生动态循环扫描信号 C1、C2、C3,分别来调度单片机 1、2、3 对 CRAM 的访问,被扫描到的单片机可以访问 CRAM,其它单片机则被禁止。系统中每个单片机都配置一个控制逻辑电路,由请求触发器(RF)、允许触发器(GF)和延时电路组成,利用单片机产生的 $\overline{MERQ}$、$\overline{WAIT}$ 和 $\overline{MI}$ 信号实现排队等待,在扫描到该单片机(已无其它微处理器访问)时,访问 CRAM 信箱,实现多单片机之间的通信。

该系统的扫描允许电路没有优先权片选能力,因此当几个单片机同时需要访问 CRAM 时,必然使得某些单片机需做一定时间的等待。这时,单片机程序将自动插入等待周期 T_w,实现等待状态。

在有公共存储器 CRAM 的多单片机系统中,开辟一部分公共内存区域作为各单片机之间进行信息交换的中转区,用于存放各单片机向其它单片机发送的信息,供其它单片机查收,就可以实现各单片机之间的通信。这一部分内存区由单片机共享,称为共享内存。共享内存可采用信箱结构,如图 6.9 所示。若系统中有 n 台单片机,则共享内存中应设置 n 个区域,成为 n 个信箱。让每个单片机占有一个信箱,每个信箱内分成 $n-1$ 个分格,每个分格内存放由其它单片机传送给它的信息。例如单片机 μP_1 要向单片机 μP_2 发送信息,就将此信息存放到单片机 μP_2 占用的信箱对应于单片机 μP_1 的单元中。

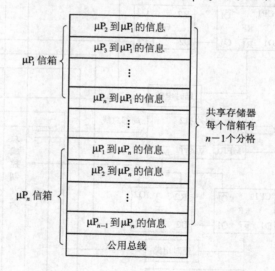

图 6.9 共享存储器的信箱结构

总线共享式还包括采用标准总线方式。有关数据通信的标准总线将在第 9 章介绍。

6.5 可编程逻辑器件

6.5.1 可编程逻辑器件概述

可编程逻辑器件(Programmable Logic Device,PLD)是一种由用户编程后实现特定逻辑功能的器件。可编程逻辑器件从 20 世纪 70 年代诞生以来,便随着集成电路技术和计算机技术的发展而迅速发展,经历了从 PLA、PAL、GAL 到高密度 CPLD、FPGA 的发展历程，PLD 的分类如图 6.10 所示。PLD 的出现，使得实现数字电路的方法除了使用中小规模通用型集成电路和大规模专用集成电路外，又有了另一种选择。与中小规模通用型集成逻辑电路相比，用 PLD 实现数字系统，有集成度高、速度快、功耗小、可靠性高等优点；与大规模专用集成电路相比，用 PLD 实现数字系统，有研制周期短、先期投资少、无风险、修改逻辑设计方便、小批量生产成本低等优势。

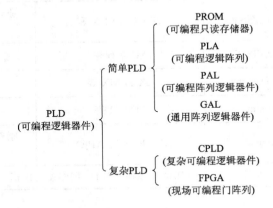

图 6.10　PLD 的分类

传统仪器功能简单结构固定，而智能仪器的智能化和柔性化越来越明显，综合性与适应性越来越强，功能越来越丰富，结构越来越复杂。因此，智能仪器的设计需要有极为灵活的硬件和软件平台。各种可编程逻辑器件和在线编程技术(In System Programmability, ISP)的发展为这种需要提供了强大的支持，使得智能仪器的硬件系统不再是固定结构，而具有了与软件类似的灵活性，可在调试和应用过程中通过更改软件来更改其硬件结构。这种软件硬件的全新设计概念，使仪器仪表系统及其调试具有极强的灵活性和适应性，使仪器仪表系统的设计有了革命性的变化。

目前的 FPGA 和 CPLD 芯片具有如下特点：

(1) 随着超大规模集成电路工艺的不断提高，单一芯片内部可以容纳上百万个晶体管，这样的芯片实际上就是一个子系统部件，它所能实现的功能也越来越强。

(2) 由于此类芯片出厂前经过严格的测试，可靠性很高，设计人员不需要承担投片的风险和费用，只需通过软硬件环境来完成芯片的功能指定，因此可节省研发费用。

(3) 由于该类芯片有各种输入工具、版图设计工具、仿真工具和编程工具的支持，因此智能仪器开发人员可以在很短的时间内完成电路的设计调试。同时由于可以反复编程，在可编程门阵列芯片及其外围电路保持不变的情况下，换一块 EPROM 或重新下载编程程序，就能实现新的功能，因此能缩短开发周期，以最快的速度占领市场。

(4) 此类器件易学易用，不需要具备很多专门的 IC 深层次知识，可以使智能仪器设计人员集中精力进行电路功能和指标的设计。

(5) FPGA/CPLD 适合于正向设计，即从电路原理图到芯片级设计，对知识产权保护很有利。

表 6.12 所示为常见 PLD 的生产厂商、可供选用的器件系列、开发软件系统及其支持的输入方式。

表 6.12 常见的 PLD 器件情况表

厂 商	软件系统名称	使用器件系列	输入方式
AMD Lattice	synario	MACHGAL、ispLSI、PLSI 等	原理图、ABEL、VHDL 文本等
Lattice	EXPERT	ispLSI、PLSI 等	原理图、VHDL 文本等
Altera	MAX+PLUS II	MAX、FLEX 等	原理图、波形图、VHDL、AHDL 文本等
XILINX	FOUNDATION	XC 系列等	原理图、VHDL 文本等
ACTEL	ACTEL Designer	SX 和 MX 等	原理图、VHDL 等
AMD	Microsim	MACH 等	原理图
Altera	Ouartus	MAX、FLEX、APEX 等	原理图、波形图、VHDL、Verilog AHDL 等
XILINX	ALLIANCE	XILINX 各种 CPLD、FPGA	图形、VHDL 等多种 HDI 文本

6.5.2 CPLD 简介

CPLD(Complex Programmable Logic Device)即复杂可编程逻辑器件,是从 EPLD 改进而来的,采用 E^2PROM 工艺制造,是当前主流的 PLD 器件之一。当提出了在系统编程的技术后,相继出现了一系列具备 ISP 功能的 CPLD 器件,其中尤以 Altera 公司的 CPLD 器件最具有代表性。

基于 PLD 器件的数字系统实现方式如下:设计者可利用硬件描述语言来描述自己的设计细节,然后利用 EDA 工具进行综合和仿真,最后变为某种目标文件,再用 ASIC 来具体实现。硬件描述语言(Hardware Description Language,HDL)是一种用文本形式描述和设计电路的语言。HDL 的发展至今不过 20 年左右的历史,但已成功应用于系统开发的设计、综合、仿真、验证等各个阶段。目前,硬件描述语言已标准化、集成化,其中 VHDL 和 Verilog HDL 先后被称为 IEEE 标准。

Verilog HDL 语言于 1995 年被称为 IEEE 标准,称为 IEEE Standard 1364 - 1995。Verilog HDL 语言易学易用,功能强大,可满足各个层次设计人员的需要,从高层的系统描述到低层的板图设计,都能很好地支持。

下面以 Altera 公司的 CPLD EPM7160STC100 为例来说明 PLD 器件和 Verilog HDL 硬件描述语言在智能仪器中的应用。

EPM7160STC100 为 Altera 公司 MAX7000S 系列器件,工作电压为+5 V,支持在系统编程(ISP);端子到端子之间的延时为 6 ns,工作频率可达 151.5 MHz;在可编程功率节省模式下工作,每个宏单元的功耗可降到原来的 50% 或更低;高性能的可编程连线阵列(PIA)提供了一个高速的、延时可预测的互连线资源;每个宏单元中的可编程扩展乘积项(P-Terms)可达 32 个;具有可编程加密位,可对芯片内的设计加密。

CPLD 包括可编程逻辑线阵列(PIA)、逻辑块阵列(LAB)、I/O 控制等模块,其结构示意图如图 6.11 所示。

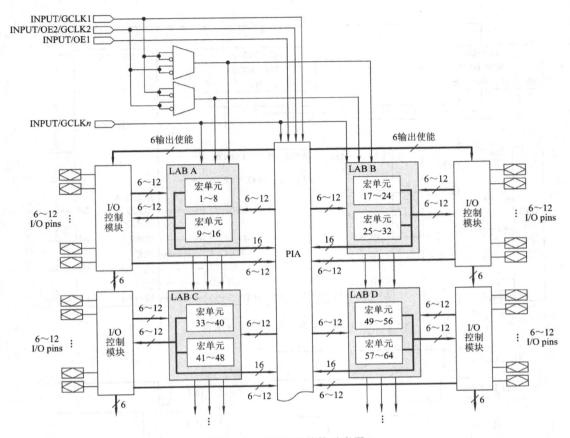

图 6.11 CPLD 的结构示意图

SPD(Surge Protection Device，电涌保护器，俗称避雷器)是防雷技术中的一种等电位连接器。当雷击发生时，由于所有的设备和人员都处于同一电位，因此此电位即使高达上百万伏也不会造成损失。这里就以 SPD 检测仪表的数据采集系统为例来说明 CPLD 的设计。

根据检测精度、数据传输和处理要求，该数据采集系统应达到双通道差分同时采样、三路双通道可选、高速(不低于 300 kHz 采样)和高灵敏度的要求。实际的数据采集系统主要包括高速 6 通道双 12 位 A/D 转换器、CPLD 逻辑控制器、128 K×16 b 的 SRAM 存储系统和 USB 通信接口，整体结构如图 6.12 所示。该数据采集系统的控制核心——Altera公司的 CPLD 芯片 EPM7160STC100-10 为主构成。它无论实现什么样的逻辑功能，或采用什么样的布线方式，端子到端子间的信号延时几乎固定不变，与逻辑设计无关，这种特性使得设计调试比较简单，容易消除毛刺现象，而且可以控制 A/D 转换器实现精确的"等时间间隔采样"。

CPLD 内部逻辑设计完全基于 Verilog HDL 语言实现。内部逻辑主要包括读 CH371命令模块、CH371 命令处理模块、A/D 转换控制及写 SRAM 状态机模块、读 SRAM 及写CH371 状态机模块，还包括其它简单逻辑，如全局时钟 CLK(24 MHz)三分频供 A/D 转换器时钟输入、SRAM 地址溢出判断、采样通道切换等。其中最主要的内部逻辑就是两个状态机模块，其转换时序如图 6.13 所示。

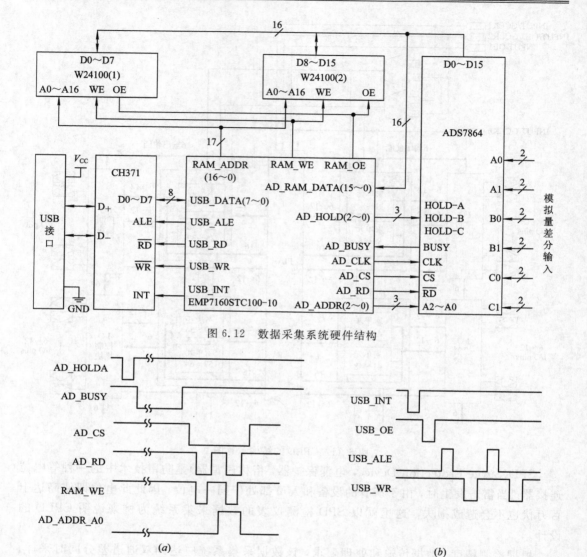

图 6.12 数据采集系统硬件结构

图 6.13 两个状态机模块转换时序图

图 6.13(a)为 AD 转换控制及写 SRAM 的状态机时序。该状态机是整个数据采集系统的核心。负脉冲 AD_HOLDA 触发 A/D 转换器的 A0 和 A1 两路开始转换，等待 16 个 A/D 转换时钟周期后，数据采集系统读取 A/D 转换结果并写入 SRAM。数据采集系统从接收到上位机发送的采样命令之后即开始工作，直到写满 SRAM 为止，正好使 17 位的 RAM 地址线从 0X00000 递增到 0X1FFFF。当使用 24 MHz 系统时钟，即采样周期为 400 kHz 时，约 0.3 s 可以写满 SRAM，一个状态周期进行一次 A/D 转换，CPLD 正好控制 A/D 转换器按 16 位数据输出并写入 SRAM，SRAM 地址加 1 两次，存放两个通道各一次 A/D 转换结果。图 6.13(b)为读 SRAM 及写 CH371 的状态机时序。数据传输采用类似 DAM 的方式，当触发数据上传时，CPLD 先读取一次 SRAM 的 16 位数据，然后转换成两个 8 位数据写入 CH371，每写满一帧(8 byte)，即可读取一次。

在 MAXPLUS Ⅱ 环境下进行编译、仿真，得到数据采集和传输的时序仿真图，在系统测试中利用信号发生器产生两路 30°相位差的 50 Hz 信号，通过该数据采集系统进行数据采集与处理。

此例中采用单片机加 CPLD 方案，省去了单片机控制 A/D 转换器所要开销的资源，可使得信号采集、处理和传输高效工作。若采用更高转换速度的 A/D 转换芯片及更高频率的系统时钟，还可以进一步提高系统的数据采集速度。

6.5.3 FPGA 简介

FPGA(Field Programmable Gate Array)是 20 世纪 80 年代中期发展起来的可编程器件，与 GAL 可编程器件相比，FPGA 既不受"与-或"阵列结构上的限制，也不受触发器和 I/O 数量上的限制，可以靠内部逻辑单元以及它们的连接构成复杂的逻辑电路，更适合实现多级逻辑功能，并且具有更高的密度和更大的灵活性。

1. FPGA 的编程原理

为了说明 FPGA 的编程原理，这里看一个简单的例子。现有 6 个 NMOS 开关管，如图 6.14 所示，通过对静态存储器 M1、M0 的编程，可实现 3 选 1 的逻辑关系，如表 6.13 所示。

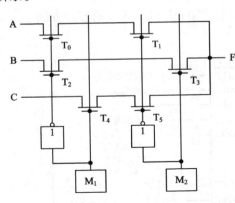

图 6.14 FPGA 编程原理示意图

表 6.13 编程原理逻辑关系

M1	M0	导通的门	F
0	0	T_0, T_2; T_1, T_5	A
0	1	T_0, T_2; T_3	B
1	0	T_4, T_1, T_5	C
1	1	T_4, T_3	三态

由此可看出，FPGA 中实现各种组合逻辑功能的原理是：通过对各存储单元的编程，来控制门阵列中门的通断，从而实现不同的逻辑功能。编程过程实际上是对各存储单元写入数据的过程。

在上述门阵列的基础上增加触发器，便可构成既能实现组合逻辑功能又能实现时序逻辑功能的基本逻辑单元电路。FPGA 中有很多类似这样的基本逻辑单元，所以能完成很复杂的逻辑功能。FPGA 的编程就是对静态存储器 SRAM 的写入，基于 SRAM 技术的 FPGA 可以进行无限次的编程。

2. FPGA 的特点

SRAM 可以无限次编程，但它属于易失性元件，每次使用时都要进行配载。FPGA 的内连线分布在 CLB 周围，而且编程的种类和编程点很多，使得布线相当灵活。由于 FPGA 的 CLB 规模小，可分为两个独立的电路，又有丰富的连线，因此系统综合时可进行充分的优化，以达到逻辑最高的利用。高密度可编程逻辑器件 HDPLD 的功耗一般在 0.5～2.5 W

之间，而 FPGA 芯片的功耗在 0.25～5 mW 之间，静态时几乎没有功耗，所以有时称 FPGA 为零功耗器件。

3. FPGA 的应用

目前，虽然生产现场可编程门阵列器件的厂家很多，产品种类也很多，但它们的基本组成大致相同，这里以 XILINX 公司 Spartan 系列的 XCSIO 结构为例，介绍其基本组成。

可编程逻辑模块 CLB 是实现各种逻辑功能的基本单元，其中包括组合逻辑、时序逻辑、静态 RAM 及各种运算功能，XCS10 共有 196 个 CLB，以 14×14 阵列排列。

可编程的输入输出模块 IOB 是芯片外部引脚与内部进行数据交换的接口电路，通过编程可将 I/O 引脚设置成输入、输出和双向等不同功能，XCS10 共有 112 个 IOB，分布在芯片四周。

可编程连线资源包括金属导线、可编程开关点等，分布在 CLB 之间的空隙处。金属导线以栅格结构分布在两个层面，纵横交错，有关的交叉点上连着可编程开关，通过编程可实现 CLB 与 CLB 之间、CLB 与 IOB 之间的连接。

XCS10 共有 10 000 个门电路、616 个触发器和 95 008 个可编程位（bit）。除了可实现一般的组合电路和时序电路外，它的可编程静态存储器还可作为 RAM 使用。图 6.15 所示为用 XCS10 产生计数器、锁存器、分频器和译码器，以便测量频率和时段，并产生标准频率输出的接口电路，图中同时给出它与 CPU 和可编程 PROM XC17S10 的连接方法。

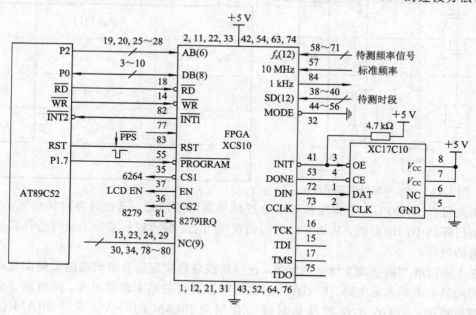

图 6.15　XCS10 接口电路

XCS10 共有 84 个引脚，按功能可分为三类：

（1）电源引脚 16 个：V_{CC}、GND 各 8 个，接 +5 V 直流电源和地。

（2）编程引脚 10 个：PROGRAM 为编程控制引脚，编程时输入低脉冲，先清除内部编程位。MODE 为编程模式引脚，XCS10 规定为主串工作模式，所以 MODE 接低电平，即编程时只能以串行方式给 SRAM 输入数据，并且串行时钟由 XCS10 提供。其余 8 个引脚分两组,一组包括 DIN、CCLK、INIT 和 DONE,在编程时使用,另一组包括 TCK、TDI、TMS 和 TDO,在调试时使用。

(3) 其它引脚:其余 58 个引脚可编程为一般输入、输出或双向引脚。其中,24 个引脚接被校表的基频和时段信号,19 个引脚与主控连接,另有 3 个引脚连接 6264、键盘控制器 8279 及 LCD 显示器片选信号 $\overline{CS}$ (低电平有效) 和使能信号 EN (高电平有效)。其余引脚信号如图所示,有 9 个引脚没用 。

由于 FPGA 是基于易失性 SRAM 的编程,因此工作时必须配置一个 PROM (或 EPROM) 芯片,存放编程数据,在工作现场将 PROM 里面的编程数据装入 SRAM。所以编程需分两步进行:

(1) 将编程数据写入 PROM。采用 XILINX 公司提供的开发软件,根据功能要求 (可用逻辑图、状态图或编程语言表示),开发系统能自动将设计输入转换成网表文件,并自动对逻辑电路进行划分、布局和布线,然后按 PROM 格式产生编程数据流,并将编程数据存入 PROM 中。XC17S10 是与 XCS10 配套的串行 PROM。它有 8 个引脚,DAT 为数据串行输出,CLK 为串行时钟,OE 输出使能信号,CE 输出片选信号。

(2) 现场编程。假设已将编程数据写入 XC17S10,整个应用系统开机时能自动将 PROM 的编程数据装入到 FPGA 中,装入过程大致如下:

XCS10 只有主串一种工作模式 (MODE 接地),装入时 PROGRAM 为低脉冲,在 CCLK 驱动下,将 PROM 数据 DATA 装入 FPGA。DONE 变高时,表示装入结束。INIT 为双向,输入低电平,表示初始化,输出高电平,表示装入出错。

习　　题

1. 智能仪器设计时如何选用微处理器?

2. 智能仪器中常用的微处理器有哪些?

3. MCS-51 单片机的结构有何特点?

4. MCS-296 系列单片机的结构有何特点?

5. MSP430 单片机的结构有何主要特点?

6. ARM 单片机有何特点?有哪些厂家生产 ARM 系列单片机?

7. 简述 DSP 数字处理器的主要结构和特点。

8. 智能仪表为何要用多单片机的结构形式 ?

9. 简述多单片机系统的结构。智能仪表常用哪几种结构的多单片机系统?各采用什么方式进行通信?

10. 多端口共享存储器与共享总线式系统中的共享存储器 (公共存储器) 的结构有何区别?

11. 简述在有公共存储器 CRAM 的多单片机系统中,共享内存可采用信箱结构的工作原理。

12. 简述 CPLD 的结构特点。

13. 简述 FPGA 的结构特点。

第 7 章　智能仪器的软件设计

本章主要介绍智能仪器软件系统、软件开发环境和编程语言、结构化程序设计和软件系统结构分析、软件系统的规划和设计步骤以及常用数据处理算法，通过软件设计实例，说明智能仪器软件设计的方法与基本过程。

7.1　软件设计概述

随着计算机技术的发展，人们对软件的认识不断加深。在计算机的不同发展阶段，软件有着不同的含义。在计算机发展的早期，软件是从属于硬件的，处于附属地位。软件的生产方式是个体手工方式，程序的质量完全取决于个人的编程技巧。后来，人们逐渐认识到软件的重要性，于是在系统总体设计时，就把软件和硬件放在同等地位考虑，注重软件与硬件的协调工作。同时，一些大型软件系统被研发出来，软件的生产需要采用手工方式，多人互助合作共同完成。由于软件复杂，使用时需要配合使用说明书，所以人们认为软件就是程序加说明书。再后来，社会对计算机性能提出了更高的要求，有的大型系统的设计和生产的工作量达到几千人年，指令数达到几千万条，如美国研制的宇航飞船的软件系统有 4000 万条语句。软件在计算机系统中占的比重越来越大，而且还在增长。

软件是智能仪器的灵魂，是智能仪器功能实现的关键。软件的质量对智能仪器的功能、性能指标及操作有很大的影响。国外某公司在宣传自己的产品时提出"软件就是仪器"（The Software is the Instrument），这种说法虽然有些偏颇，但是充分说明了软件在智能仪器中的重要性。研制一台复杂的智能仪器，其软件编制工作量往往大于硬件。随着智能仪器功能越来越多，结构越来越复杂，对程序质量的要求也越来越高。因此，智能仪器的设计人员必须很好地掌握程序设计方法，提高编程技巧。

7.2　软件开发环境与编程语言

7.2.1　软件开发环境

同样是软件开发，在不同的场合下，设计者所面对的对象和编程基础是不同的。编写操作系统源代码和依靠操作系统编写应用程序，所面对的硬件对象和编程基础是有很大差别的。根据智能仪器软件系统设计的基础不同，开发环境可分为以下两种：

（1）裸机环境：如图 7.1(a) 所示，在基于裸机的编程环境下，开发者面临的是一个完全空白的单片机芯片及其相关的周边硬件电路，系统运行的所有程序都必须由开发者来设计。

（2）操作系统环境：如图 7.1(*b*) 所示，在基于操作系统的编程环境下，开发者面临的是一个具有"实时多任务操作系统"内核的单片机。在操作系统的基础上进行应用程序设计时，只需完成系统各项任务的程序设计，而任务的管理和调度等基本操作则由操作系统内核来完成。

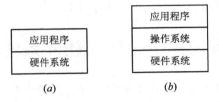

(a)　　　　　　　　(b)

图 7.1　软件开发环境

显然，基于操作系统的编程环境可以高效率地进行软件开发，但这需要付出一定的代价，例如操作系统内核一般要花钱购买，并占有系统资源。采用操作系统内核的最佳场合是实时性要求高、任务比较多（控制对象多，检测对象多，系统比较复杂）的系统。在这种系统中，采用的单片机档次比较高，系统资源比较充足，一般开发成本的预算也较高。采用基于操作系统的开发环境，有利于在较短的时间内完成系统开发任务，所得到的软件系统的可靠性也有保障，故在设计高档电子仪器和电子产品时，基本上都是基于操作系统的编程环境。狭义的嵌入式系统是指既嵌入了微处理器，又嵌入了操作系统内核的系统。

在低中档电子产品中，系统资源较为紧张，成本要求苛刻，通常不采用操作系统内核。很多采用廉价单片机开发的小型电子产品功能单纯，程序量不大，完全没有采用操作系统的必要。

7.2.2　编程语言

目前单片机软件的开发主要采用汇编语言和 C 语言，或者采用汇编语言与 C 语言混合编程。采用汇编语言编程必须对单片机的内部资源和外围电路非常熟悉，尤其是对单片机指令系统的使用必须非常熟练，故对程序开发者的要求是比较高的。用汇编语言开发软件是比较辛苦的，这是因为程序量通常比较大，方方面面均需要考虑，一切问题都需要由程序设计者安排。在微处理器芯片确定后，系统工作的实时性和可靠性完全取决于程序设计人员的水平。采用汇编语言编程主要适用于功能比较简单的中小型应用系统。

采用 C 语言编程时，只需对单片机的内部结构基本了解，对外围电路比较熟悉，而对指令系统则不必非常熟悉。用 C 语言开发软件相对比较轻松，很多细节问题无须考虑，编译软件会替设计者安排好。因此 C 语言在单片机软件开发的应用越来越广，使用者越来越多。当开发环境为基于操作系统编程时，编程语言通常采用 C 语言等高级语言。

有些时候，单纯采用 C 语言编程也有不足之处。在一些对时序要求非常苛刻或对运行效率要求非常高的场合，只有汇编语言才是首选。因此在很多情况下，采用 C 语言和汇编语言混合编程往往是最佳选择。

从编程难度来看，汇编语言比 C 语言要难得多，但作为初学者，应先熟练掌握汇编语言程序设计方法。在熟练掌握汇编语言编程方法之后，学习 C 语言编程将是一件比较轻松的事情，并且能够将 C 语言和汇编语言非常恰当地融合在一起，以最短的时间和最低的代价，开发出高质量的软件。

高级程序设计语言曾经因为低效而限制了它在嵌入式微处理器系统中的应用，然而，随着编译程序的发展、编译结构的优化、微处理器运行速度的提高以及内存空间的扩展，高级程序设计语言（包括 C51、PL/M 等单片机高级汇编语言）越来越通用。当然，如果编译程序的编译结果不理想，部分程序段仍可采用汇编语言编写。但即使用汇编语言编程，用高级语言形式设计程序的功能结构，通常也有帮助。

7.3　结构化程序设计和软件系统结构分析

人们将一个应用系统的全部软件称为软件系统。在进行软件系统设计前，必须对软件系统的一般结构有充分的了解，然后根据具体仪器的要求，对软件系统的结构进行合理规划，才能有条理地完成软件系统的设计。

7.3.1　层次结构

一个完整的软件系统是由若干个程序模块组成的，这些程序模块根据运行层次可分为以下两类。

（1）主动执行的程序模块（上层模块）：这类程序模块包括主程序和各类中断子程序。主程序在系统上电时自动执行，最后必定进入一个无限循环。各类中断子程序在满足中断条件时自动执行，最后必定执行中断返回指令。中断的发生是随机的，其返回地址是被中断打断的地方，通常不是固定的地址。

（2）被动执行的程序模块（下层模块）：这类程序模块包括各类普通子程序，它们均不能主动执行，只能在被其它程序调用时执行，最后必定执行返回指令。由于子程序调用是显性的，故其返回地址也是明确的。因为某个子程序可能需要调用其它子程序，故其嵌套调用的层次可以较多，最多调用层次受到堆栈资源的限制。

从层次结构来看，软件系统的上层由主程序和若干个中断子程序组成，体现了软件系统的逻辑结构；下层由若干个子程序组成，只是为上层服务的工具。因此，整个软件系统的设计过程主要是主程序和若干个中断子程序的设计过程。

7.3.2　功能结构

在嵌入式系统中，软件设计的内容主要有功能性设计、可靠性设计和运行管理设计。完成功能性设计后，系统就可以实现预定的功能；完成可靠性设计后，系统就能够可靠地运行。在某些系统中还需要进行运行管理设计，以便实现系统的电源管理和程序在线升级等特殊功能。功能性设计和运行管理设计通过各种不同的程序模块来实现，可靠性设计渗透到各个模块的设计中。因此，整个软件系统也可以看成是由若干个功能模块组成的，常用的功能模块如下：

（1）自检模块：完成对硬件系统的检查，发现存在的故障，避免系统"带病运行"。该模块通常包括数据存储器（RAM）自检、程序存储器（ROM）自检、输入通道自检、输出通道自检和外部设备自检等。在进行自检的过程中，如果检测到智能仪器的某一部分存在故障，智能仪器将以某种特殊的显示方式提醒操作人员注意，并显示当前的故障状态或故障代码，从而使仪器的故障定位更加方便。

（2）初始化模块：完成系统硬件的初始设置和软件系统中各个变量默认值的设置。该模块通常包括外围芯片初始化（如液晶显示模块 LCM 和微型打印机等的初始化）、片内特殊功能寄存器的初始化（如定时器和中断控制寄存器等）、堆栈指针初始化、全局变量初始化、全局标志初始化、系统时钟初始化和数据缓冲区初始化等。该模块为系统建立一个稳定的和可预知的初始状态，系统在进入工作状态之前都必须执行该模块。

（3）时钟模块：完成时钟系统的设置和运行，为系统其它模块提供时间数据。系统时钟的实现方法有两种，一种是采用时钟芯片来实现（硬件时钟），另一种是采用定时器来实现（软件时钟）。时钟系统的主要指标是最小时间分辨率和最大计时范围，其指标必须满足系统实时控制的需要。

（4）监控模块：通过对键盘信息的获取、解释和执行，完成操作者对系统的控制。该模块实现了系统的可操作性。

（5）信息采集模块：采集系统运行所需要的外部信息，通常包括采集各种传感器输出的模拟信号和各种开关量输出的数字信号。该模块执行的实时性体现了系统对外部信息变化的敏感程度。

（6）数据处理模块：按预定的算法将采集到的信息进行加工处理，得到所需的结果。该模块设计的核心问题是数据类型的选择和算法的选择，合理的数据类型和算法的选择将大大提高数据处理的效率。

（7）控制决策模块：根据数据处理的结果和系统的状态，决定系统应该采取的运行策略。该模块的设计与控制决策算法有关，可以包含人工智能算法。

（8）显示打印模块：系统将各种信息通过显示设备或打印设备输出，供操作者使用。该模块设计中常常需要处理数据格式转换和排版格式问题。本模块和监控模块等一起为仪器的操作者提供人机接口。这部分软件模块在后续章节有详细叙述。

（9）信号输出模块：根据控制决策模块的结论，输出对应的模拟信号和数字信号，对控制对象进行操作，使其按预定要求运行或达到预定状态，其中模拟信息的输出由 D/A 转换来完成。

（10）通信模块：完成不同智能设备之间的信息传输和交换，该模块设计中的核心问题是通信协议的制定。

（11）其它模块：完成某个特定系统所特有的功能，如电源管理和程序升级管理等。

从功能结构来看，应用系统的软件设计过程也就是完成各个功能模块设计的过程。

7.3.3　进程结构

1. 顺序结构

顺序结构是一种线性结构，在这种结构中，程序是按顺序被连续执行的。如图 7.2(a) 所示，计算机先执行 P1，然后执行 P2，最后执行 P3。这里 P1、P2、P3 可为一条指令，也可以是一段程序。

2. 分支结构

分支结构如图 7.2(b) 所示。在这种结构中，先进行条件判断，若满足条件，则执行过程 A；否则，执行过程 B。

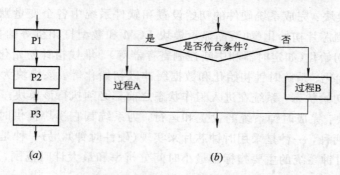

图 7.2　顺序结构和分支结构

3. 循环结构

　　循环结构分为两种形式：一种是先执行过程，然后进行条件判断，如图 7.3(a)所示；另一种是先进行条件判断，然后执行过程，如图 7.3(b)所示。前者过程至少被执行一次，而后者过程可能连一次也不执行。两种结构所取的循环参数也不同。例如要进行 N 次循环，循环参数往下减 1 更新。循环参数更新到零为循环体的结束条件。这两种结构的循环参数初值不同，在图 7.3(a)所示的结构中，循环参数初值取 N；而在图 7.3(b)所示的结构中，循环参数初值取 $N+1$。

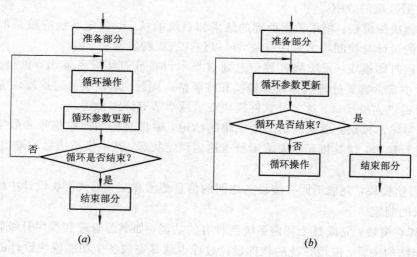

图 7.3　循环结构

7.4　软件系统的规划和设计步骤

7.4.1　软件系统的规划

　　结构化程序设计是程序设计中经常采用的方法，这种方法在总体设计中采用"自顶而下"（Top-Down）的方法，采用模块化编程（Modular Programming）。

　　自顶而下的设计方法就是先考虑软件的整体目标，明确软件的整体任务，然后把整体任务分成一个个子任务，子任务再分成子任务，这样逐层细分，同时分析各层次间及同一层次各任务间的关系，最后拟订各任务的细节。这样，无论整个智能仪器的功能多么复杂，都可以分解成有限多个易解决的模块。对每个程序模块都要规定它的功能，明确输入和输出。将这些程序模块连接起来，就构成了整体的程序流程图。

编程时采用模块化的编程方法，每个模块是一个结构完整、相对独立的程序段。例如，智能仪器中系统初始化的程序、数据采集及信号调理程序、数据处理程序、显示程序等。这些程序可以任意调用和修改，这样可使整个程序结构清晰，组合灵活，维护调试方便。

软件系统的规划就是将各个功能模块合理地组织到主程序和各个中断子程序中去。因为每个功能模块的实现都在一定程度上与硬件电路有关，因此，某个功能模块的安排方式一般不是唯一的，对应不同的硬件设计可以有不同的安排。

（1）自检模块：通常安排在系统上电时首先执行，即在主程序的前端调用一次自检模块，以确认系统启动时是否处于正常状态。为了发现系统运行中出现的故障，可以在时钟模块的配合下进行定时自检，即每相隔规定时间调用一次自检模块。为了消除操作者对系统状态的疑虑，也可以通过操作按键（根据情况可设计为隐含按键或复合按键，以避免误操作）临时调用一次自检模块，这可以在监控模块的配合下实现。

（2）初始化模块：安排在上电自检之后执行，即主程序进入无限循环之前执行。也可以根据需要在无限循环中进行初始化。

（3）时钟模块：当采用硬件时钟时，如果时钟芯片可以输出时钟脉冲，触发外部中断，则时钟模块安排在这个外部中断子程序里；如果时钟芯片不输出时钟脉冲，则应用软件需要时间信息时直接从时钟芯片中读取。当采用软件时钟时，时钟模块安排在定时中断子程序中。

（4）监控模块：监控模块的安排取决于键盘信息的获取方式。当采用查询方式读取键盘信息时，监控模块安排在主程序的无限循环中；当采用键盘中断方式读取键盘信息时，监控模块安排在键盘中断子程序中；当采用定时查询方式读取键盘信息时，监控模块安排在定时中断子程序中。

（5）信息采集模块：该模块的安排与信息采集的方式有关。对于某些突发事件的采集，系统处于被动状态，一般通过事件中断（外部中断或计数中断）来采集。对于常规信息的采集，系统处于主动状态，一般按规定的时间间隔（采样周期）来采集。这时，信息采集模块可安排在时钟模块之后，根据时钟信息来启动信息采集模块。

（6）数据处理模块：一般安排在信息采集模块之后。如果该模块较复杂，消耗 CPU 的时间较长，则可安排在主程序中运行，信息采集模块可通过软件标志通知数据处理模块。

（7）控制决策模块：一般安排在数据处理模块之后。

（8）显示打印模块：一般安排在监控模块之后，以便及时反映系统信息与操作结果。

（9）信号输出模块：一般安排在显示打印模块和控制决策模块之后。

（10）通信模块：通信模块一般包含接收程序和发送程序两部分。由于接收程序处于被动工作方式，故一般安排在通信中断子程序中。发送程序包含启动部分（初始化通信部件和发送第一个字节）和发送工作部分（发送剩余字节）。启动部分的安排与启动方式有关，当采用人工启动时，发送程序的启动部分安排在监控模块中，根据键盘操作信息启动；当采用自动启动方式时（如数据处理结束，被传送数据根据通信协议准备好后自动发送数据），发送程序的启动部分安排在相应的模块之后（如数据处理模块和通信数据准备之后）。发送程序的工作部分与通信方式有关，当采用查询方式时，发送程序的工作部分直接安排在发送程序的启动部分之后；当采用中断方式时，发送程序的工作部分安排在通信中断子程序中。为提高 CPU 的效率，可以将发送程序的工作部分安排在通信中断子程序中。

软件系统的规划结果应整理为数据流图和程序流程图，供编写程序代码时参考。

一般的程序设计应先设计规划整个程序流程图，再设计其中各个子程序的流程图，然后设计其中基本块的数据流图，最后编写程序代码。

程序流程图是描述程序结构的人性化模型。程序流程图与程序的对应性更强。将一个数据流图作为一个节点，通过判断节点能够绘制出程序流程图。

例如下面一段程序(C语言)：

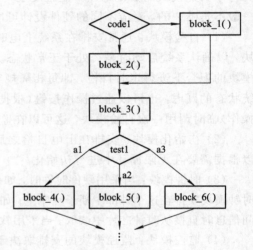

图 7.4　某段程序的程序流程图

```
if(code1)
    block_1();
else
    block_2();
    block_3();
switch(test1){
case a1:block_4();break;
case a2:block_5();break;
case a3:block_6();break;
}
```

其程序流程图如图 7.4 所示。

数据流图是一种无条件的、描述程序数据变化过程的程序模型。复杂的计算子程序或操作子程序应先规划数据流图，再编写相应的程序。在高级编程语言中，只有一个入口和出口的代码段称做基本块。当 C 代码被执行时，将从开始处进入基本块，并执行所有语句。

例如，有一段基本块欲实现如下计算：

$$w=a+b$$
$$x=a-c$$
$$y=x+d$$
$$x=a+c$$
$$z=y+e$$

为方便画出数据流图，应将上面的计算式左边修改为单赋值形式，即等号的左边没有重复的变量。修改后的计算关系如下：

$$w=a+b$$
$$x1=a-c$$
$$y=x1+d$$
$$x2=a+c$$
$$z=y+e$$

画数据流图时用圆形节点代表运算符，用方形节点代表数值。数值节点可以是基本块的输入常量，例如 a 和 b，或是块内变量，例如 w 和 x1。用有向线段表示数值计算时的传递。上述计算的扩展数据流图如图 7.5 所示。

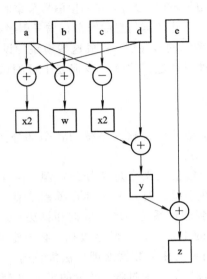

图 7.5　基本块扩展数据流图

标准数据流图可以省略数值节点，仅将数值或变量标在有向线段的引出点。上述扩展数据流图的标准数据流图如图 7.6 所示。

数据流图定义了基本块中的操作顺序，必须保证一个变量在被使用前计算出当前结果。可以用数据流图来确定操作的可行排序，从而优化程序，减少进程和寄存器冲突，使得程序的操作执行顺序更加清楚。数据流图的具体结构形式并非唯一。

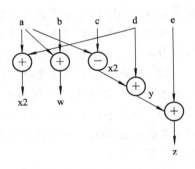

图 7.6　基本块标准数据流图

7.4.2　软件系统的设计步骤

为了提高软件系统的设计效率，建议采用"下、上、中"的设计顺序，即首先设计下层程序（硬件接口程序），然后设计上层程序（软件系统框架），最后设计中层程序（各种功能模块）。

程序设计采用自上向下的方法，而在具体编程时最好采用自下向上的方法，即从最底层的模块开始编程，调试通过后再编制上一层模块的程序，直至完成整个程序设计。这样，每编完一层，便可调试，待到最顶层的模块编好并调试完成后，整个程序设计也完成了。实践证明，这种方法可以大大减少反复调试的次数，提高程序调试的效率。进行模块化编程时必须注意以下两点：

（1）每个程序块只允许有一个入口和一个出口；

（2）程序块只允许采用几种固定的结构形式，尽量不采用无条件转移结构。

下面具体介绍软件系统的设计步骤。

1. 设计调试硬件

在进行软件设计之前，应该基本确定硬件系统设计方案，并制作出调试用的电路板。

为了避免后续设计过程中出现大量反复，最好在软件设计的前期首先进行硬件接口模块的设计，尤其是一些对硬件敏感的程序的设计，如模拟信号采集的 A/D 转换子程序、输出模拟控制信号的 D/A 转换子程序、采集按键信息的键盘扫描子程序和显示部件的驱动子程序等。

硬件接口模块处于软件系统的最底层，完成这些模块的设计就为后续软件设计过程打下了坚实的基础，使后续软件设计过程的每一步都处于可测试、可观察状态，从而加快软件设计的进度。

2. 建立软件系统框架

所建立的软件系统框架，应该包含软件系统的各个部分。一个完整的软件系统(汇编语言格式)通常包含以下几部分。

(1) 定义部分：定义部分包括定义变量和分配资源。在开始进行软件系统设计之前，必须进行系统的信息分析。在系统运行过程中存在哪些信息？它们是如何流动和变换的？信息的流动和变换过程反映到软件系统中就是数据和算法。为了得到和输出数据，必须定义相关的输入输出硬件设备的地址。为了保存数据，必须定义具有适当类型的变量或数组。为了完成数据变换，还需要为相关数据处理算法配置若干个标志(位变量)。变量定义的过程也就是系统资源(存储器)的分配过程。变量的定义如 MCS-51 单片机用 DATA 伪指令来定义和分配储存单元；位变量用 BIT 伪指令来定义和分配储存单元；地址常量和其它常量用 EQU 伪指令来定义；数据用 EQU 伪指令来定义。

在建立软件系统框架时，先定义好外部部件的地址、主要的变量和数据块首址，并留有充分的余地，随着程序设计的深入，通常需要补充新的变量和标志。

(2) 向量部分：程序储存器的起始部分为向量区，用来存放若干个引导指令(LJMP)，指向主程序和各个中断子程序的入口标号。

(3) 主程序：至少包含自检模块、初始化模块和无限循环 3 部分，在无限循环中可以调用某些功能模块。可以将无限循环设计为休眠循环，将各种功能模块合理地分配到各个中断子程序中。

(4) 若干个中断子程序：中断子程序的数量根据系统的需要来决定。根据软件系统规划的结果，每个中断子程序包含若干功能模块。在建立软件系统框架时，中断子程序的内容尚未编写，故中断子程序还是空的，它由一个标号(中断子程序名)和一个中断返回指令组成，如串行中断子程序：

　　SCOM：RETI

(5) 若干个功能模块：完成各种功能的子程序。若某个功能模块比较简单，且只在一个地方被调用，则可以直接嵌入调用处，不必编写成子程序(如初始化模块通常直接写入主程序中)；否则，尽可能以子程序的形式来编写功能模块，使软件系统具有"模块化"的风格，便于调试和移植。在建立软件系统的框架时，对于尚未设计的模块，均以空子程序表示，它由一个标号(子程序名)和一个返回指令组成，如显示模块：

　　DISP：RET

(6) 若干个硬件接口软件模块：硬件接口软件模块完成信息采集、键盘扫描、显示驱动和控制输出等功能。

(7) 其它低级子程序：完成某些基本变换和运算的子程序，通常可以在标准子程序库中选取，如数制转换和数学运算子程序等。

（8）常量表格：如数码管的显示码表、系统参数表等。表格由标号（表格名称）和 DB 伪指令来构建。

软件系统框架建立后，必须能够通过编译器的编译；否则，就要修改和补充，直到通过编译为止。在本章后面的实例中，可以看到一个软件系统框架的样本。

3. 设计调试功能模块

软件系统框架建立后，依次完成各空模块的设计和调试，直到每个模块的预定功能完全实现。各个模块的设计顺序应该遵循"先易后难"和"先简后繁"的原则，通常先设计时钟模块、显示模块和监控模块，使系统处于可操作、可观察的状态，为其它模块的设计创造一个基本运行环境。

在设计和调试各种功能模块阶段，通常需要给系统提供仿真环境。例如用一个可调电压信号取代温度传感器部件，仿真从室温到上千度的高温环境；用发光二极管取代执行机构，仿真执行机构的启/停状态。

4. 整机测试

全部软件均设计和调试通过之后，就可以进行整机测试了。在开始阶段，用仿真器进行全速运行，然后进行各种实际操作和测试，通常会出现各种故障和问题。分析故障现象，推测产生故障的原因，再在程序中设置若干个断点，通过分析断点的数据，找出故障的真正原因，再通过修改程序来消除该故障。

在实验室的整机测试基本结束后，就可以装配一台样机了。除了外观简陋之外，样机应该和最终产品具有同样的功能和技术指标。在样机中，软件系统已经以代码形式写入程序存储器中。样机测试必须在实际工作环境中进行，检测的对象必须是真实的物理量，输出的信号必须控制真实的执行机构。

在样机测试阶段，可以发现不少实验室测试中没有发现的问题。这类问题基本上是可靠性问题，必须通过修改软、硬件设计来解决。

7.5　数据处理算法

7.5.1　数据处理算法概述

近年来，随着 VLSI 技术的发展，出现了一批高速的专用单片数字信号处理器芯片，特别适合在智能仪表中使用。以 DSP 芯片为中心的仪表平台，配以专用的分析软件，在过程测控、振动分析、故障诊断、医疗诊断等方面获得了更广泛的应用，因此数据处理技术及其软件已成为智能仪表的关键技术。

智能仪表数据处理的功能可以根据其应用分类，也可以按照所采用的算法分类。所谓算法，是指对输入的信息进行必要的分析处理，以及进行显示与控制的整个操作过程，它可以用数字模型或操作流程表示。除了功能外，一般对数据处理的主要要求在于精度和速度方面，即无论何种功能的数据处理均应有高的精度和快的速度，才能满足仪表在线实时处理的需要。

数据处理是含义较广泛的术语，可指信号变换处理，也可指由表及里、求真求实的数据处理。数字信号处理技术已有几十年的发展史，已建立起一套较成熟的基础理论。

智能仪表的数据处理首先是指对测量数据做一些基本的处理，目的是从测量数据中找到问题的正确答案，减小仪表的误差和局限性，防止仪表自身可能出现的故障；其次是指频谱分析、相关计算、统计与评估等复杂的分析计算。

智能仪器多功能的特点，主要是通过微处理器的数据存储和快速计算进行间接测量实现的。根据不同的应用实际，智能仪器中的数据处理算法多种多样，下面介绍一些智能仪器中常用的、基本的数据处理算法（包括标度变换、线性化等）。

7.5.2　常用的数据处理算法

在现代测量中，数据处理必然包括数值计算，因此，智能仪表常常采用逻辑运算和算术运算乃至分析运算的方法进行必要的数据处理。

1. 极值判断、分段测量

逻辑运算是简单而又十分有用的一种数据处理手段，智能仪表常用它进行极值判别与报警、测量范围分段、根据测量结果对物体进行分选控制等工作。例如进行极值判别时，仪表先对数据采集的结果进行适当处理，然后将处理结果与预先设定的上、下限极值（极大值和极小值）进行比较，如果测量结果超过预定的极值，微机将转而执行报警处理程序，使仪表产生声、光报警和保护措施。下面为一段极值判断程序（8051 指令）。

```
                COS EQU 40H        ;测量结果存放寄存器
                DZERO EQU 41H      ;设定极限值存放单元地址
                DFULL EQU 42H      ;设定极限值存放单元地址
ALATM：         MOV A, DZERO       ;取设定的下限值
                CLR C
                SUBB A, CONS       ;比较测量结果与设定下限
                J(N)C CLOW         ;小则转下限报警程序
                MOV A, DFULL
                CLR C
                SUBB A, CONS
                J(N)C CHIGH        ;大则转下限报警序
```

采取量程分段和自动量程处理技术时，各量程分段的上、下限值的确定值得设计者注意。确定各量程段上、下限值的原则是能提高数据采集的分辨率，保证测量的应有精度。如某多功能测量仪（又称多用表）有 0.4 V、4 V、40、400 V 四种量程，则 4 V 量程的下限值为下一量程的 120%，即 0.48 V，上限为本量程的 120%，即 4.80 V。在这一量程内，当数据采集结果小于 0.48 V 时，仪表应自动转入 0.4 V 量程挡。当数据采集结果大于 4.80 V 时，仪表应自动转入 40 V 量程挡。这样就可保证各量程测量较小量的分辨率接近 A/D 转换分辨率的 1/10，各量程均使用电路性能最好的一段（1/11～10/11）进行测量，保证测量有一定的精度，还可避免分挡误差引起自动量程切换中的不确定性。

当对测量范围采取分段测量措施时，一般的信号放大任务由可编程增益放大器来完成。这样，仪表取得数据采集结果后必须进行上述极值判别，以便选择放大器的增益，最后获得正确的量程。量程自动切换程序流程图如图 7.7 所示。

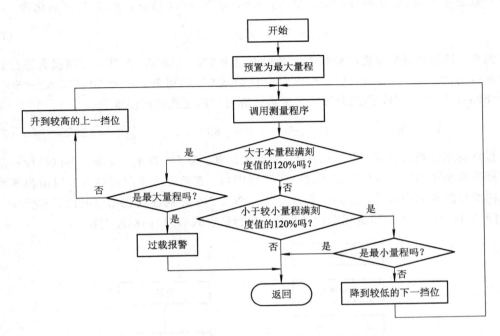

图 7.7　量程自动切换程序流程图

进行生产加工测量和标定工作时，常常要先判断工件和被标定设备是否到位，到位后再进行数据采集。工位测量可由光电开关完成，仪表根据光电开关输出的信号，即可判别工件是否到位。多个工位的光电开关输出信号将组成一个多位二进制的位置判别信号，智能仪器通过测位指令或者比较指令，即可确定位置情况，从而转入相应的处理程序。

2. 标度变换

工业过程的各种测量不仅量纲不同，其数值变化范围往往也相差很大。为了采集数据，不管用何种传感器，测量何种被测量所得的信号，都要处理成与 A/D 转换器输入特性相匹配的电压信号（如 0～5 V），然后经过 A/D 转换（例如 8 位）后才能成为数字量（例如 00～0FFH）进入智能仪器的微处理器。要使仪表的显示、记录、打印等结果能反映被测量的实际数值，就必须对 A/D 转换后的数字信号进行变换。这种测量结果的数字变化就是标度变换。

1）线性仪器的标度变换

对于具有线性特性的仪器，其标度变换可用如下公式表示，即

$$A_{\mathrm{x}} = A_0 + (A_{\mathrm{m}} - A_0) \frac{N_{\mathrm{x}} - N_0}{N_{\mathrm{m}} - N_0} \tag{7.1}$$

式中：A_{x} 为实际测量值；A_{m} 为测量上限；A_0 为测量下限；N_{x} 为实际测量值所对应的数字量；N_{m} 为测量上限所对应的数字量；N_0 为测量下限所对应的数字量。

可以说，A_0 为线性方程式的截距，$(A_{\mathrm{m}} - A_0)$ 为其斜率，$x' = \dfrac{N_{\mathrm{x}} - N_0}{N_{\mathrm{m}} - N_0}$ 为变量，A_{x} 为函数。通常，变量的变化范围为 $0(N_{\mathrm{x}} = N_0) \sim 1(N_{\mathrm{x}} = N_{\mathrm{m}})$，那么，不同的测量就有不同的常数 A_0、A_{m}，变化后将得到不同的显示数值。

一般测量下限 A_0 所对应的数字量 N_0 为 0，即 $N_0 = 0$，这样，式(7.1)可简化为

$$A_x = A_0 + (A_m - A_0) \frac{N_x}{N_m} \tag{7.2}$$

例如，某热处理炉温度测量仪表的量程设定为 $200 \sim 800\,^\circ\!C$，在某一时刻仪表进行数据采集所得的结果为 CDH(8 位)。按标度变换公式(7.2)可知，$A_0 = 200\,^\circ\!C$，$A_m = 800\,^\circ\!C$，$N_m = \mathrm{FFH}$，$N_x = \mathrm{CDH}$，因此通过标定变换计算可以确定此时的温度为

$$A_x = A_0 + (A_m - A_0) \frac{N_x}{N_m} = 200 + (800 - 200) \times \frac{205}{255} = 682\,^\circ\!C \tag{7.3}$$

显然标度变换需要进行加、减、乘、除算术运算。为了实现上述运算，可以设计一个专用的标度变换子程序，需要时调用这一子程序即可。变换运算中所需的常数可由程序到存储器内约定的单元中提取。例如约定 A_0、A_m、N_0、N_m 分别存放在相应的内存单元中，则可用图 7.8(a) 所示的程序流程图设计程序，进行适合式(7.1)的标度变换。

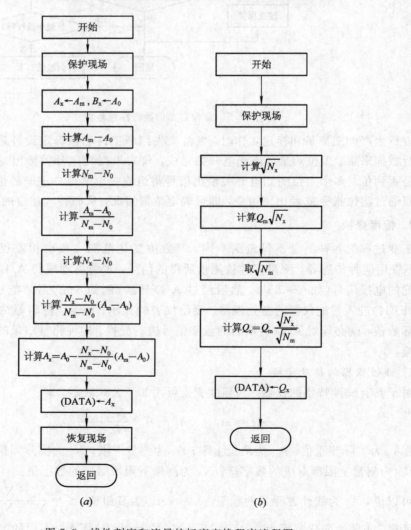

(a) (b)

图 7.8 线性刻度和流量的标度变换程序流程图

2) 非线性测量的标度变换

当测量传感器的特性为非线性时，仪表进行标度变换就不能再用式(7.1)或式(7.2)了，而必须根据具体情况确定标度变换公式。例如流量与差压的关系为

$$Q = k\sqrt{\Delta p} \tag{7.4}$$

其中：Q 表示流量；Δp 表示差压；k 为常数。那么，根据差压变送器的信号进行数据采集的结果与差压呈线性关系，与流量就不是线性关系，因此，不能用线性标度变换公式计算流量。由于差压变送器的输出信号与差压间有线性关系 $N_x = C\Delta p$（C 为常数），因此，用数据采集的结果（数字量）代表差压时，可将系数 $\dfrac{1}{C}$ $\left(\Delta p = \dfrac{1}{C}N_x\right)$ 移出与 k 合并为 K。这样，将 Δp 作为一个复变量，利用两点式方程建立方法，有

$$\frac{Q_x - Q_0}{Q_m - Q_0} = \frac{K\sqrt{N_x} - K\sqrt{N_0}}{K\sqrt{N_m} - K\sqrt{N_0}} \tag{7.5}$$

可得差压式流量测量时的标度变换公式为

$$Q_x = Q_0 + (Q_m - Q_0)\frac{\sqrt{N_x} - \sqrt{N_0}}{\sqrt{N_m} - \sqrt{N_0}} \tag{7.6}$$

式中：Q_x 为实测流量值；N_x 为实际测量值所对应的数字量；Q_m 为测量上限；N_m 为与上限对应的数字量；Q_0 为测量下限；N_0 为与下限对应的数字量。

如果下限取 0，即 $Q_0 = 0$，$N_0 = 0$，则式(7.6)变为

$$Q_x = Q_m\frac{\sqrt{N_x}}{\sqrt{N_m}} \tag{7.7}$$

根据式(7.7)可绘出流量标度变换的程序流程图，如图 7.8(b)所示。需要说明的是，非线性测量的标度变换也是一种线性化措施。只要有确定的输入、输出非线性特性模型，通过变换计算，就能获得正确的被测量，这相当于进行了线性化处理。

3. 数字线性化

设计智能仪器时，总希望得到线性的输入输出关系，这样不仅可以使显示、记录的刻度均匀，读数清楚方便，而且能使仪器在整个测量范围内的灵敏度一致。

实际上，很多变量与测量转换所得的电信号都呈非线性关系（往往因传感器的特性是非线性的）。例如热电偶在测温中产生的毫伏信号与温度之间为非线性关系，纸浆浓度变送器在测量中输出的电流信号与纸浆浓度之间是非线性关系等。为了最后获得输入输出之间的线性关系，模拟式仪器仪表不得不采用校正结构或线性化电路，对测量特性进行补偿校正。这些硬件补偿措施的效果不可能很好，且增加了成本，降低了可靠性。智能仪器充分利用微处理器的运算能力，通过测量算法进行非线性校正，而不需要任何硬件补偿装置，与硬件补偿方法比较，既可大大提高精度，又能降低成本，提高可靠性。

线性化算法的关键是找到一个合适的校正函数。根据对传感器特性的标定情况，线性化方法可有连续函数拟合、插值、查表以及上面讲到的非线性标度变换等多种方法，非线性标度变换法仅适用于非线性关系可用数学公式确切描述的情况。

1) 连续函数拟合法

连续函数拟合法的目标是用一个确定的解析函数来拟合所得的标定曲线（校准曲线），

包括确定该函数的类型、具体结构形式及其一切必要的参数，然后通过函数的数值计算求得精确的测量结果。

如对图 7.9 所示的校准曲线，可用如下线性方程进行拟合，即

$$y = y_0 + \frac{y_1 - y_0}{E}x \tag{7.8}$$

例如铁-康铜热电偶，它是一种价格较低的热电偶，具有较高的灵敏度，但其分度特性只在 400℃ 范围以内表现为线性（符合精度等级要求），在 0～800℃ 这样较宽的测量范围内就呈现非线性特性。其分度特性可用曲线表示，如图 7.10 所示。

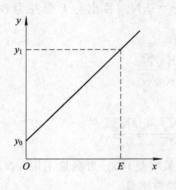
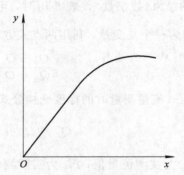

图 7.9　校准曲线　　　　　　图 7.10　铁-康铜热电偶分度特性曲线

为了方便在 0～800℃ 的宽测量范围内进行分析处理，希望能用一个连续的数学表达式来近似铁-康铜热电偶输出信号（电压/mV）与被测变量（温度/℃）之间的关系，即要回归出一个经验公式拟合标定曲线。根据分度特性曲线和有关表格中的数据可以看出，在测量范围较宽的情况下，铁-康铜热电偶的分度特性为非线性，这时回归分析工作包括两个主要内容：① 确定非线性函数的类型；② 求解相关函数中的未知参数。

用最小二乘法直接求解非线性回归方程的参数是非常复杂的。可以通过变量代换，先将非线性函数转换成线性方程，然后再用线性回归的方法求解参数。但是，变量代换又多了一步工作，代换关系的确定也只能用曲线上几个点的对应值求解，并不能保证精度，转换处理的意义不大。因此，一元非线性回归往往直接用曲线上几个点的值来求解方程参数和进行精度检验。所选择的几个点应相距较远并具有代表性。对铁-康铜热电偶特性曲线进行一元非线性回归时，设数学关系式的形式为二次多项式，即

$$y = a_0 + a_1 x + a_2 x^2 \tag{7.9}$$

式中：x 表示热电偶输出；y 表示被测温度。显然，多项式中 $a_0 = 0$。选择一些具有代表性的点的数据代入，即可得到回归方程。

为了保证数学关系式的精度，还需要选取另外一些有代表性的点的数据代入式(7.9)进行检验，判定关系式是否符合精度要求。若不符合，则要重新确定参数或者选择其它的多项式形式。

不管铁-康铜分度特性曲线形状如何，都可以进行一元线性回归。设其数学关系式的形式为一次多项式，即线性形式。根据最小二乘原理，充分利用分度特性表的数据求解系数，可得到回归方程

$$y = 11.8792 + 17.5322x \tag{7.10}$$

即

$$a_0 = 11.8792 \ ℃/mV$$

$$a_1 = 17.5322 \ ℃/mV^2$$

2）插值法（分段拟合法）

插值法又称为分段拟合法，它是把标准曲线的整个区间划分为若干段，每段用一个多项式拟合，根据输入量所在的区段，即可按该段的拟合多项式计算出准确的测量结果。

插值法通常有线性插值和抛物线插值两种形式。线性插值法是将两相邻分段点用直线相连，以代替相应的曲线段。抛物线插值法是经校准曲线上 3 个点做一条抛物线，用以代替原曲线。线性插值法适用于曲线变换平缓的情况，抛物线插值法适用于曲线较为弯曲的情况。

3）查表法

无论是连续函数拟合法还是插值法线性化，都需要智能仪器在线工作中做大量的、甚至是复杂的计算。计算必然使得程序变得冗长，处理速度降低。若计算中处理不当（如字节数不够等），还可能造成计算误差。查表法可以避开处理计算，以预先确定的精度和速度进行线性化处理。

查表法要求事先用表格形式确定采样结果与被测量之间的关系，并将表格按一定的方法（例如从大到小的顺序等）存入内存中。处理过程中先取得测量结果，然后查表得到被测量的数值。

4. 零点漂移与增益误差的处理技术

智能仪器的系统误差主要存在于模拟通道中。造成这种系统误差的主要原因是它的传感器、放大器、滤波器、A/D 转换器、D/A 转换器和内部基准源等部件的电路状态和参数偏离了标准值，而且一般会随着温度和时间的变化产生漂移。这种偏离和漂移，集中反映在零点漂移和增益变化上。零点漂移是指部件的输入信号为零时，输出不为零，而且会随着时间和温度的变化而变化。增益变化是指部件的输入与输出之比偏离了额定位，而且也会随着时间和温度的变化而变化。在仪器的模拟量输入通道中，这种漂移和变化所引起的系统误差直接影响了仪器的测量准确度。

要设法消除零点漂移和增益变化，可采用自校准方法。智能仪器测量系统的自校准是依靠仪器内部微处理器和内附标准源自动完成的。它是根据系统误差的变化规律，使用一定的测量方法或计算方法来扣除系统误差。

在智能仪器中，常见如图 7.11 所示的误差模型。

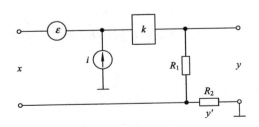

图 7.11　误差模型电路

图中，x 为被测量，y 是带有误差的测量结果，y' 为 R_2 两端的电压，ε 是影响量（如零点漂移或干扰），i 是偏置量（如直流放大器的偏置电流），k 是影响特性（如放大器的增益变化倍数）。从输出端 A 引一反馈量到输入端，以改善系统的稳定性。在无误差的理想情况下，$\varepsilon=0$，$i=0$，$k=1$，于是有

$$y = x\,\frac{R_1 + R_2}{R_1} \tag{7.11}$$

当有误差时，则有

$$\begin{cases} y = k(x + \varepsilon + y') \\ \dfrac{y - y'}{R_1} + i = \dfrac{y'}{R_2} \end{cases} \tag{7.12}$$

解得

$$x = y\left(\frac{1}{k} - \frac{i}{1/R_1 + 1/R_2}\right) - \frac{R_1 R_2}{R_1 + R_2}i - \varepsilon$$

令 $\dfrac{1}{k} - \dfrac{R_2}{1/R_1 + 1/R_2} = b_1$，$-\dfrac{R_1 R_2}{R_1 + R_2}i - \varepsilon = b_0$，则

$$x = b_1 y + b_0 \tag{7.13}$$

如果能求出误差因子 b_0 和 b_1 的值，即可根据上式校准系统误差。设计如图 7.12 所示的电路进行系统自校准，通过两次测量，代入式(7.13)中联立方程组，求解即可得到误差因子。

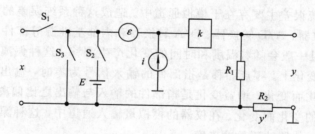

图 7.12　校准电路示意图

按如图 7.12 所示的方法进行校准，在零输入时闭合开关 S_1，其它开关断开，此时有 $x=0$，测量一次得到输出 y_0；然后闭合开关 S_2，其它开关断开，输入一个标准值 E，测量得到 y_1，于是有

$$\begin{cases} 0 = b_1 y_0 + b_0 \\ E = b_1 y_1 + b_0 \end{cases}$$

可求得

$$\begin{cases} b_1 = \dfrac{E}{y_1 - y_0} \\ b_0 = \dfrac{E}{1 - y_1/y_0} \end{cases} \tag{7.14}$$

最后，闭合 S_3，断开其它开关，进入正常测量，测得 y 值，即可求出被测量为

$$x = b_1 y + b_0 = E \frac{y - y_0}{y_1 - y_0} \tag{7.15}$$

这样就在一定程度补偿了零点漂移和温度漂移。

7.6　软件设计实例

7.6.1　系统功能

下面以一个配料控制仪为例，说明软件系统的规划方法。该仪器控制一个配料系统，将 3 种原料按配方要求的比例进行混合。为了提高效率，3 个电子秤(压力传感器)同时进行工作，如图 7.13 所示。3 种原料分别装入 3 个原料仓，原料仓的下端有电磁阀门，可控制原料的加料过程。3 个电子秤分别测量 3 个料斗中原料的质量，当达到配方要求的比例时即停止加料。3 个料斗的下端也有电磁阀门，阀门打开后即可将原料排入混合容器中，完成一次配料过程。该系统的功能有：可以输入 3 种原料的配方和配料次数等工作参数；可以人工控制配料过程，也可以启动自动配料功能；3 个电子秤可以同时工作，且控制精度满足要求；能够实时显示系统的各种数据；能够与计算机通信，接收计算机的控制指令和上传配料过程的相关信息。

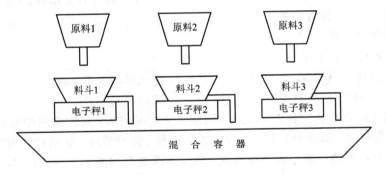

图 7.13　配料装置示意图

7.6.2　硬件电路

为了实现预定功能，系统硬件结构如图 7.14 所示。本系统需要处理的数据比较少，CPU 采用最普通的 89C51 即可，也不需要外挂 RAM。键盘部件用来输入操作者的控制命令和技术参数，显示部件用来显示 3 个电子秤的数据和其它数据。3 个传感器和 A/D 转换部件(包含信号调理电路)完成配料过程中的质量信号采集。输出锁存、光电隔离、功率驱动和电磁阀组成输出控制部件，完成配料过程的各种动作。通信部件完成单片机与上位机通信的信号电气转换。如果单机运行，也可以不要通信部件，可增加一片 E^2PROM，或采用片内集成有 E^2PROM 的单片机，用来保存配方数据和其它配料技术参数。

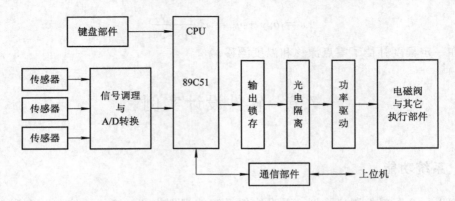

图 7.14　配料控制仪硬件系统框图

7.6.3　软件系统规划

软件系统规划的前提是实现系统所有预定功能。自检模块、初始化模块和时钟模块是必须使用的模块。为了对系统进行操作，需要监控模块和显示模块；为了完成配料过程，需要信息采集模块、数据处理模块、控制决策模块和信号输出模块；为了和上位机进行通信，需要通信模块。

为了提高系统的可靠性和运行效率，主程序在完成自检和初始化后就进入休眠状态，系统所有工作均在各种中断子程序中完成。这时的主程序具有如下形式：

```
MAIN:       ;设置堆栈
            ;调用自检模块
            ;对系统进行初始化
LOOP: ORL PCON,♯01H          ;进入休眠状态
      LJMP LOOP              ;无限循环
```

本系统用定时器作为时钟源，以采样周期作为定时间隔，每次定时中断依次调用时钟模块、信息采集模块、数据处理模块、控制决策模块、监控模块、显示打印模块和信号输出模块。通信模块在通信中断子程序中实现。软件系统规划如图 7.15 所示。为了在一个定时间隔内执行完众多的模块，在各模块中均不能包含延时子程序和查询等待环节。

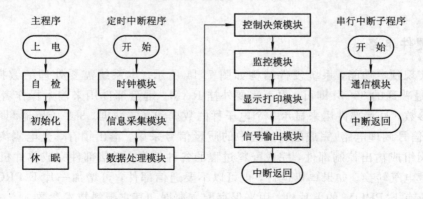

图 7.15　配料控制仪软件系统规划

7.6.4　软件系统框架

根据软件系统规划的结果，软件系统框架如下(为减少篇幅，省略很多内容)：

```
;地址常量定义：
ADCH        EQU 0EDFFH      ;读取 A/D 转换结果高字节的地址
ADCL        EQU 0EEFFH      ;读取 A/D 转换结果低字节的地址
OUTBUF      EQU 0BFFFH      ;输出锁存器的地址
⋮
;变量定义与资源分配：
ZLH         DATA 18H        ;当前的采样质量(双字节十六进制)
ZLL         DATA 19H
⋮
;标志定义与资源分配：
FLAG        DATA 20H        ;标志位存放字节
WORK        BIT FLAG，0     ;工作标志(1 为工作循环；0 为准备期)
KEYOK       BIT FLAG，1     ;键盘响应标志(1 为已响应；0 为未响应)
⋮
;向量区：
            ORG 0000H
            LJMP MAIN       ;至主程序
            ORG 000BH
            LJMP DINS       ;至定时中断子程序
            ORG 0023H
            LJMP SSS        ;至串行中断子程序
;主程序：
            ORG 0030H
MAIN：      CLR EA          ;关中断
            MOV SP，#67H    ;设置系统堆栈
            LCALL TEST      ;自检
;在此插入初始化模块
            SETB EA         ;开中断
LOOP：      ORL PCON，#1    ;进入休眠状态
            LJMP LOOP       ;无限循环
;定时中断子程序：
DINS：      MOV TH0，#86H   ;重装初始化时间常数
;在此插入时钟模块
LCALL       ZLXX            ;信息采集模块
LCALL       SJCL            ;数据处理模块
LCALL       KZJC            ;控制决策模块
```

```
        LCALL       JKMK                    ;监控模块
        LCALL       DISP                    ;显示模块
        ;在此插入信号输出模块
        RETI                                ;定时中断结束
        ;串行中断子程序：
SSS：               RETI                    ;实现通信功能
        ;若干功能模块：
TEST：              RET                     ;自检子程序
ZLXX：              RET                     ;信息采集子程序
SJCL：              RET                     ;数据处理子程序
KZJC：              RET                     ;控制决策子程序
JKMK：              RET                     ;监控子程序
DISP：              RET                     ;显示子程序
        ;若干个已经调试成功的硬件接口子程序：
ADC：               RET                     ;A/D 转换子程序
KEYIN：             RET                     ;键盘子程序
LED：               RET                     ;显示部件驱动子程序
        ;若干辅助子程序：
CHGH：              RET                     ;十进制数按量程转换为对应的采样值
BCDH2：             RET                     ;十进制整数转换为十六进制整数
HB2：               RET                     ;十六进制整数转换为十进制整数
        ;表格：
LIST：              DB 12H，0D7H，31H，91H       ;笔型码表
                    DB 0D4H，98H，18H，0D3H
                    DB 10H，90H，0FDH，0FFH
                    DB 3EH
        END
```

习 题

1. 简述两种开发环境的特点和应用场合。

2. 简述汇编语言和 C 语言各自的特点和应用场合。

3. 智能仪器软件系统有哪些层次结构？各有什么特点？

4. 智能仪器软件系统有哪些功能结构？各有什么特点？

5. 简述智能仪器软件系统的设计步骤。

6. 有一种室内环境控制仪，能够自动调节室内环境的温度和湿度。该仪器需要检测室内 4 个不同部位的温度和湿度数据，并控制一台空调机(具有制冷、制热和除湿功能)和一台加湿器。试设计其硬件系统框图，并进行软件系统规划。

第 8 章　人机界面设计

本章介绍人机界面可用性设计原则、人因工程学及其在人机界面设计中的应用、人机界面硬件设计方法以及常用的人机界面监控程序的设计方法。

8.1　人 机 界 面

8.1.1　人机界面设计概述

智能仪器系统是由仪器硬件、软件和人共同构成的系统。人与硬件、软件的交叉部分即构成人机界面(Human-Computer Interface，HCI)，又称人机接口或用户界面。

用户使用智能仪器一般可完成以下几方面的工作：

(1) 系统运行形成人机界面。该界面向用户提供视觉形象(显示)和交互操作机制。

(2) 用户应用知识、经验和人所固有的感知、思维、判断来获取人机界面信息，并决定所进行的操作。

(3) 智能仪器处理接收到的用户命令、数据等，并向用户反馈响应信息或运行结果。

考查智能仪器系统的工作可知，人机界面是人与智能仪器之间传递、交换信息的媒介，是用户使用智能仪器系统的综合操作环境。通过人机界面，用户向智能仪器提供命令、参数等输入信息。智能仪器又通过人机界面把测量结果、运行和控制状态以及产生的输出信息反馈给用户。

很长一段时间，评价智能仪器质量高低的标准，仅仅看它是否具有强大的功能和较高的精度指标，人机界面设计一直不为开发人员所重视。随着企业间产品竞争的加剧，随着智能仪器技术尤其是高性能微处理器、操作系统技术和现代显示技术等在智能仪器中的应用，在可操作性以及操作的舒适性等方面，智能仪器有了满足用户更高要求的可能。用户除期望所用的智能仪器拥有强大的功能外，更期望智能仪器能尽可能地为他们提供一个轻松、愉快、感觉良好的操作环境。友好的人机界面设计已经成为智能仪器开发的一个重要组成部分，以致评价一个系统更多地考虑的是其人机界面，而不仅仅是它的功能和指标。

8.1.2　可用性设计

多年来，人机通信一直局限于文本方式，这严重限制了人本来所具有的通信技能，降低了通信效率。近年来多媒体技术的出现从技术上为在人机交互中全面采用人本身具有的通信技能提供了可能性，为建造高效友好的人机界面带来了希望。但多媒体信息、多模式通信的复杂性也对人机交互、人机界面设计提出了许多新的挑战性的课题。其设计不仅要考虑到用户及任务本身，更多地是要考虑在什么情况下采用什么样的媒体及其集成，以提供最优组合交互处理手段，并优化显示质量。

开发人机界面需要计算机科学、认知心理学、人因工程学、语言学等多学科的知识。只有综合考虑人的认知及行为特性等因素，合理组织分配智能仪器系统所完成的工作任务，充分发挥其硬件、软件资源的潜力，才能开发出一个功能性和实用性俱优的智能仪器系统。

人机界面设计的核心是在智能仪器产品的整个生命周期进行仪器的可用性分析、设计和评估。ISO9241标准中定义可用性是指特定的用户在特定环境下使用产品并达到特定目标的效力、效率和满意度。

一个可用性过程，从了解谁将会使用产品开始，理解他们的目标和需要，选择正确的技术，并始终在过程中围绕着产品可用性进行设计和开发。可用性意味着人们使用产品的目的是创造价值，使用产品的人能够快速而方便地完成任务。可用性是以用户为中心的，产品是否易用是由用户来判定的。可用性并不仅仅与用户界面相关，而是蕴含着更广泛的内涵，可以从有效性、效率、吸引力、容错能力、易学性等五个方面理解可用性。增强产品可用性可以带来以下好处：提高生产率；增加销售和利润；降低培训和产品支持的成本；减少开发时间和开发成本；减少维护成本；增加用户的满意度。

只有遵循系统的可用性设计方法，才可能实现智能仪器的可用性。遵循系统可用性设计方法的过程可使用可用性工程的概念来概括。所谓可用性工程，是指改善系统可用性的迭代过程，是贯穿于产品设计前的准备、设计实现、一直到产品投入使用的整个过程。其目的是保证最终产品具有完善的用户界面。可用性工程包括以下几个阶段：

（1）了解用户，分析任务，分析竞争产品，确定可用性指标：在工作环境中观察、了解现有智能仪器用户的使用情况，调查用户对智能仪器的期望，了解用户的所有目标任务，以及用户为达到目标通常使用的方法，从中抽象出用户的任务模型；了解用户的个体特征，按照用户的使用经验、受教育程度、年龄、先前接受过的相关培训等对用户进行分类。根据用户的经验、能力和要求的不同，可以将其分为偶然型用户、生疏型用户、熟练型用户和专家型用户等类型。

分析竞争对手的产品，分析其人机交互界面，了解其系统的优缺点，针对其缺点进行改进，针对其合理的、巧妙的思想进行借鉴。预先确定可用性指标，例如，一个熟练型用户使用当前系统时平均每天发生 4 次错误，则新系统的目标就可以设定为同等条件下平均每天发生的错误少于 3 次。设定可用性指标时，应综合考虑技术水平和经济性。

（2）让用户参与设计：进行智能仪器人机界面迭代设计。所谓迭代设计，就是"设计、测试、再设计"，持续不断地改进设计。让用户参与到设计过程中来，可以使设计者搜集到一些自己很难想到的用户需求。

（3）产品发布后继续收集可用性数据：可用性数据的收集，一方面可以进一步改善产品的可用性，另一方面也可为后续产品的开发做准备。

8.2 人机界面的设计原则

设计人机界面一般应遵循以下几方面的设计原则。

1. 用户针对性和可定制性

用户针对性原则指的是在明确用户类型的前提下有针对性地设计人机界面。系统应对不同的用户提供不同的交互方式。对于偶然型用户和生疏型用户，要求系统能提供联机帮助、演示示例等功能，帮助信息的详细程度应适合用户的要求；而对于熟练型用户，特别是专家型用户，要求系统有更高的运行效率，使用更灵活，而提示或帮助可以减少。系统必须适应用户在应用领域的知识变化，应该提供动态的自适应用户的系统设计。良好的人机界面对用户在相关领域的知识、经验不应该有太高的要求；相反，应该对用户在这两个领域的知识、经验变化提供适应性。

可定制性是指用户或系统修改界面的能力。系统应能根据对用户交互信息的积累，适应用户的特定交互习惯而做出自动改变。系统应能区分不同类型的用户并适应他们。很多系统的菜单可以根据用户使用具体功能的频繁程度来调整菜单项的排列顺序，或将一些暂时不用的菜单项隐藏起来，这也体现了系统对交互的适应性。让用户灵活地使用系统，而不必以严格受限的方式使用系统。为了完成人机间的灵活对话，要求系统提供对多种交互介质的支持，提供多种界面方式，用户可以根据任务需要及自己的特性，自由选择交互方式。

2. 主动性和快速性

人机界面越完美、形象、易用，用户就能以越少的脑力及体能完成所应完成的工作。系统设计必须考虑到人使用智能仪器时的身体、心理要求，以使用户能在没有精神压力的情况下使用智能仪器完成他们的工作。应该让系统去适应用户，对用户使用系统不提出特殊的身体、动作方面的要求。常用操作应提供快捷方式，应该减少操作序列的长度。用户界面应能尽量减少击键次数，缩短鼠标移动距离，避免使用户产生无所适从的感觉。

主动性还包括控制权问题，即任务的执行可以在系统控制和用户控制间进行转移。有可能的情况是一会儿由用户控制，一会儿由系统控制。在安全性要求特别严格的应用中，交互的控制权传递可以降低事故发生的概率。例如，飞机飞行中的状态检查单靠人来执行太过繁琐，所以一般采用自动飞行控制，如一旦出现紧急情况，还得由飞行员凭经验去处理。飞机在着陆时，如果飞机翼襟未能同步展开，自动飞行系统应该禁止着陆，以避免发生机毁人亡的事故。

响应时间一般定义为系统对状态改变做出反应的延迟时间。一般而言，延迟较短或立即响应最好，这意味着用户可以立即观察到系统的反应。即使由于延迟较长，一时间还没有响应，系统也应该通知用户请求已经收到，系统正在处理中。对用户操作响应的良好设计将有助于提高用户使用系统的耐心和信心。

3. 可预见性和同步性

智能仪器系统的行为及其效果对用户应尽可能透明，即满足可预见性。在给定状态下，某种操作只会产生一种可能的状态。如果用户能够了解系统的操作与操作结果之间的必然性，就能够预见交互操作的可能结果。用户利用对前面交互过程的了解就足以确定后面交互的结果。对前面的交互过程的了解仅限于用户当前可观察到的信息，用户不必记忆当前界面之外的信息。用户在操作智能仪器时，总需要一定量的存于大脑中的知识和经验，即记忆的提取。一个界面良好的系统应该尽量减少对用户的记忆要求。对话、多窗口显示、帮助等形式都可减少对用户的记忆要求。操作可预见性还涉及到下一步可被执行的操作是否显示给用户，即提供操作向导。

同步性是指用户能否依据界面当前的状态评估过去的操作造成影响的能力，即用户能否同步地了解交互操作的结果。如果一个操作改变了系统的内部状态，用户能否看到这种改变非常重要。最好的情况是内部状态改变时可以立刻让用户了解到，而不需要额外的操作。在最差的情况下，也应该在用户发出请求后显示内部状态的改变。如果用户不能立即看到交互过程，则用户必须了解什么情况下需要查看能产生严重后果的状态改变。

4. 通用性和一致性

人机交互系统的通用性是在交互中尽可能地提供一些通用的，或能够从现有功能类推出来的功能。在一个应用内有意识地利用通用性原则，可以使设计达到最大优化。系统的新用户在现实生活中或使用其它系统时，会有一些交互过程的宝贵经验，可能这些经验与新系统的应用领域不同，但对新用户来说，如果新系统和过去使用的类似系统有一定的相关性，那么使用起来就比较方便。

一致性是指在类似的环境下或执行相似的任务时，一般会执行相似的操作。人机界面的一致性主要是指输入和输出方面的一致性，具体是指在界面的不同部分，或在不同界面之间，要具有相似的界面外观和布局，具有相似的人机交互方式及相似的信息显示格式等。例如系统所用术语、对话框、所有菜单选择、命令输入、数据显示和其它功能应保持风格的一致性。风格一致的人机界面给人一种简洁、和谐的美感。一致性原则有助于用户学习和掌握系统操作。当然，也不见得一定要与过去的系统保持一致，如早期的打字机键盘的字母是顺序排列的，这与当时人们对字母的认识是一致的，但后来人们发现这种安排不但效率较低而且打字员容易疲劳，后来的键盘就突破了这种一致性的键盘布局。

5. 多线程和可替换性

多线程的人机交互系统同时支持多个交互任务。并发的多线程允许各自独立的交互任务中的多个交互任务同步进行。交替地执行多对话线程，允许各自独立的交互任务暂时重叠。窗口系统是很自然地支持多线程对话的，每个窗口表示一个不同的任务。多通道的人机交互允许并发多线程，例如，用户正在输入参数，可启动提示音提示新测量值的输出。

可替换性要求等量的数值可以彼此更换。例如尺寸的单位可以是英寸也可以是毫米等。这种替换性提供了用户选择适当方式的灵活性，并且通过选择适当的方式避免无谓的换算，可以减少错误的发生。可替换性也体现在输出上，即对状态信息的不同描述方式。表示的多样性说明了对状态表达信息进行渲染时的灵活性，例如，物体一段时间的温度可以表示为数字温度计（如果比较关心具体的温度数值），也可以表示为图表（以清晰反映温度变化的趋势）。有时可能需要同时提供这两种表示方法，以备用户适应不同任务的需要。

6. 可观察性和可恢复性

可观察性允许用户通过观察交互界面的表现了解系统的内部状态，即允许用户根据当前观察到的现象与要完成的任务进行比较，如果用户认为系统没有达到预定的目标，可能会去修正后面的交互动作。可观察性涉及五个方面的原则：可浏览性、默认值的提供、可达性、持久性和操作可见性。对操作人员的重要操作要有信息反馈，对不常用的操作和至关重要的操作，系统应该提供详细的信息反馈。

可恢复性是用户意识到发生了错误并进行更正的能力。更正可以向前进行，也可以向后恢复。向前意味着接受当前状态并向目标状态前进，这一般用于前面交互造成的影响不可挽回的情况。向后恢复是撤销前面交互造成的影响，并回到前面一个状态。恢复可由系统启动，也可以由用户启动。操作应该是可逆的，这对于不具备专业知识的操作人员相当有用。可逆的动作可以是单个操作，也可以是一个相对独立的操作序列。对于大多数动作应允许恢复，对用户出错采取比较宽容的态度。

系统应该能够对可能出现的错误进行检测和处理。出错信息包含出错位置、出错原因及修改出错建议等方面的内容，出错信息应清楚、易理解。良好的系统还应能预防错误的发生，例如，应该具备保护功能，防止因用户的误操作而破坏系统的运行状态和信息存储。错误出现后系统的状态不发生变化，或者系统要提供纠正错误的指导。对所有可能造成损害的动作，坚持要求用户确认操作。

7. 熟悉性和使用图形

某些心理学家认为熟悉性是一种内在特性，是人与生俱来的，任何能够看到的客体都会给人一些如何操作它们的提示。例如门把手的形状会暗示应该去拧还是去推拉，在设计图形用户界面时，一个按钮暗示它可以被按下。有效利用这些内在的暗示可以增强用户对系统的熟悉性。

图形具有直观、形象、信息量大等优点，使用图形作为人机界面可使用户操作及信息反馈可视、逼真。

上述原则都是进行人机界面设计应遵循的一般性原则，也是最基本的原则。上述原则相互之间具有一定的重叠，例如熟悉性可以看做与过去现实世界经验的一致性，通用性可以看做与同一平台同一系统中的一致性等。

8.3　人因工程学及其应用

8.3.1　人因工程学

人因工程学(Human Factors Engineering)又叫人机工程学，在美国被称为人类工程学(Human Engineering)，在欧洲又被称为人类工效学(Ergonomics)。它是一门综合性很强的边沿学科。人因工程学是研究"人-机-环境"系统中人、机、环境三大要素之间的关系，为解决系统中人的效能、健康问题提供理论与方法的学科。图 8.1 所示为典型的人机系统结构示意图。

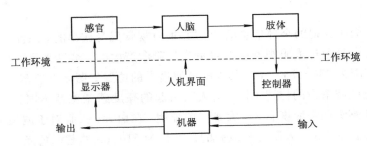

图 8.1　典型的人机系统结构示意图

　　人因工程学研究的问题包括：人与机器的分工与配合；机器如何能更适合人的操作和使用；人机系统的工作环境对操作者的影响，以改善工作环境；人机之间的界面，信息传递以及控制器和显示器的设计等。

　　人因工程学的研究目的是根据人类的各种特性，对与人类直接相关的各种机器进行设计与改进，使人机系统以最优方式协调运行，达到最佳的效率和总体功能。首先应对人与机器的特性进行比较。人机特性比较如表 8.1 所示。

表 8.1　人机特性比较

比较项目	机 器 的 特 性	人 的 特 性
物理功率	能输出极大、极小的功率，但不能像人手那样进行精细调整	10 s 内能输出 1.5 kW，以 0.15 kW 的输出能连续工作一天，并能做精细的调整
检测	物理量检测范围宽，可正确检测像电磁波这样在日常生活中不易检测的物理量	具有高级检测能力，缺少标准，易出偏差，具有味觉、嗅觉、触觉等
操作	在速度、精度、力度、耐久性等方面比人优越，能处理各种形态的物体	空间自由度高，协调性好，可在三维空间进行多种运动
信息处理能力	在事先编程情况下可进行高级、准确的数据处理，记忆准确、持久，调出快速	具有特征抽取、综合、归纳、模式识别、联想、创造等高级思维能力及丰富的经验
耐久性、持续性、可维护性	由成本决定，需维护保养，可进行单调的重复作用，不会疲劳	易疲劳，需要适当休息、保健，很难长时间紧张，不宜从事单调乏味的作业
可靠性	由成本决定，对事先设计的作业有高度可靠性，对预料之外的事件无能为力，一个零件失效可导致整机失灵	容易出差错，如果有时间和精力，可以处理意外事件，自我维护能力强
通道	能够进行多通道的复杂动作	单通道
效率	需外加功率，简单作业速度快、准确，新机械从设计、制造到运转需要时间	耗费能源少，需进食、休息、教育和培训，必须采取绝对的安全措施
图形识别	图形识别能力差	图形识别能力强
成本	需购置、运行、保养，机器不使用仅失去机器本身价值	需要人工费用，如发生意外，会危及生命

8.3.2　视觉

　　据统计，人们所获得的全部信息的 80% 是通过视觉感受获得的，因此视觉是传递信息的主要通道。视觉是通过人眼视网膜对可见光的刺激产生的。可见光是一定波长范围的电磁波，其波长范围为 380～780 nm，其在电磁波谱中的位置如图 8.2 所示。

　　可见光在电磁波谱中的位置不同，对人眼引起的亮度感觉也就不同。另外，可见光对人眼引起的亮度感觉还与照度有关。大量实验证明：在白天，人眼对于波长为 550 nm 的黄绿光最敏感；在暗环境中，人眼感觉最亮的是波长为 510 nm 的蓝绿色光。

　　人眼辨认物体细节的能力称为视锐度。人眼能辨认或区分的物体细节的尺寸越小，则

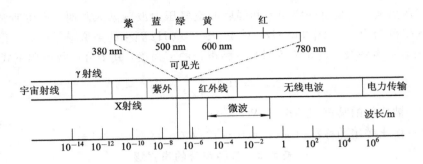

图 8.2　可见光在电磁波谱中的位置

视锐度越高；反之，则视锐度越低。视锐度用视角的倒数表示。影响视锐度的因素有以下几个方面：

（1）视角：被视物体的尺寸对人眼形成的张角 α 称为视角（如图 8.3 所示），且有

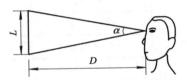

图 8.3　视角示意图

$$\alpha = 2 \arctan \frac{L}{2D} \qquad (8.1)$$

式中：L 表示物体的尺寸；D 表示眼睛到物体的距离。

正常人的眼睛能够分辨相距 $1'$ 视角的两点。工程上为便于操作者观察，一般要求最小的被视目标大于 $1.2'$。

（2）视线方向：视线方向是指被视物体与视线的相对位置。如果被视物体放在视线的正前方，物体在视网膜上的成像清晰，则物体容易被看清楚。人眼的视野范围（头和眼球都不动）在水平方向上约为 $140°\sim160°$，在垂直方向上约为视线以上 $50°$，视线以下 $80°$。在工程上，一般将主要显示项目设置在最清晰的视区，在水平方向上为 $8°$，在垂直方向上为 $6°$。

（3）暴露时间：人眼在观察物体时，物体在人眼前停留的时间称为暴露时间。暴露时间越长，越容易看清物体的细部特征。

（4）对比度：对比度是指在视野中的目标与背景亮度之比。对比度 C 由下式表示：

$$C = \frac{B_1 - B_2}{B_2} \times 100\% \qquad (8.2)$$

式中：B_1 表示目标的亮度；B_2 表示背景的亮度。

（5）照度：照度指物体被照亮的程度，采用单位面积上所接收的光通量来表示。照度越大，视锐度越高。

人从亮处进入暗处需经过 $5\sim10$ min 才能看到物体。人眼在视野范围内直接或间接受到光源的刺激会影响正常的视觉，即为眩光效应。眩光和振动能引起视觉疲劳。

8.3.3　听觉

当操作人员经常走动，而且需要及时处理事件和紧急信息时，视觉系统负担过重，设置视觉显示器的部位太亮或有暗适应要求时，常常使用声音、语言等听觉信号。常用的听觉信号器件有蜂鸣器、铃、声笛、报警器等，它们发出的声音强度由小到大，可根据不同的噪声环境和使用要求选用。

听觉的重要性仅次于视觉。声音是物体围绕其平衡位置振动时所发出的波，波通过空

气形成空气压力波。当具有一定频率和强度的空气压力波刺激人耳时,产生听觉。人能听到的声音频率范围为 20~20 000 Hz,对 500~4000 Hz 频率的声音最敏感。工程上常用分贝(dB)数来表示声强级。表 8.2 所列为各种声音的声强级,其中分贝数可用下式表示:

$$N_{dB} = 10 \lg \frac{I_1}{I_0} \quad (dB) \tag{8.3}$$

式中:I_1——被比较的某声波的声强(W/m^2);

　　　I_0——作比较用的标准声强($I_0 = 10 \sim 12$ W/m^2)。

表 8.2　各种声音的声强级

声　　音	声强级/dB	声　　音	声强级/dB
痛苦的极限(痛阈)	130	正常会话	60
强雷电	120	安静的办公室	40
地铁火车	100	耳语	25
普通汽车	70	安静环境能听到的最低声(耳阈)	0

通常把语音、音乐以外的其它没有节奏的声音或干扰人的活动的声音称为噪声。环境噪声标准一般建议控制在 35~55 dB。国际标准组织对不同声强级的工作环境规定了允许的暴露时间(如表 8.3 所列),以保证操作人员的健康。

表 8.3　人在噪声环境中允许的暴露时间

每天职业性噪声暴露时间/h	8	4	2	1	0.5
安全限度(等效连续 A 声级)/dB	85~90	88~93	91~96	94~99	97~102

8.3.4　触觉

触觉信息通常是通过外来信号(力、热、电)对皮肤的刺激所获得的信息。人们每天感受的触觉信息很多,但从触觉获得的是较为简单的信息,因而只是在特定场合中才使用。

旋钮通常包括三种类型:多倍旋转旋钮,控制范围大于 360°;部分旋转旋钮,控制范围小于 360°;定位指示旋钮,用于有固定挡位的控制。对于不同用途的控制器,应设计成不同类型和形状的旋钮,并使其形状与控制功能相联系。这样设计的控制器,仅靠触觉就可辨认。控制器的控制力不可超过 90 N,操作速度和准确性不可超过人体能承受的最低限。为节省空间和缩短操作时间,可将功能相近的控制器设计为组合控制器。应使显示和控制运动相对应,控制显示比(C/D,控制元件运动速度与指示或显示元件运动速度的比值)应合理。

8.3.5　多感觉

根据实际工作需要,有时会碰到同时采用多种感觉进行信息交流的场合。当强度相同的两个听觉信号同时输入时,听者对所要听的一个信号的察觉能力下降 50%,如果两个强度相同的声音信号稍有先后输入,则听者很可能辨别出先到的信号;当两个声音信号强度不同时，不论出现的先后，听者将辨认出强度大的信号。两个视觉信号同时出现时，人倾向于注意其中一个，而忽视另一个；当视觉和听觉信号同时出现时，听觉对视觉的影响大，视觉对听觉的影响小；同样的信息通过视觉和听觉同时输出，更易被操作者接收到。

人对不同的感觉信号反应时间不同。表 8.4 为人对中等强度各种单一刺激的反应时间。

表 8.4　人对中等强度各种单一刺激的反应时间

刺激类型	视觉	听觉	触觉	痛觉	冷	热	味觉
反应时间/ms	180	140	140	900	150	180	300~1000

8.3.6　人体尺寸及肢体的能力

产品和工作场所的设计，应为使用者创造最有利的使用条件。在进行设计时，必须考虑人体的尺寸和人的最小能力。

GB10000—88 是 1989 年 7 月开始实施的我国有关成年人人体尺寸的国家标准。该标准是根据人因工程学的要求提供的我国成年人人体尺寸的基础数据，适用于工业产品设计，建筑设计，军事工业以及工业的技术改造、设备更新和劳动安全保护。该标准列出了代表从事生产的法定中国成年人的人体尺寸。为方便应用，各类数据表中的各项人体尺寸数值均同时列出其相应的百分数。例如：中国成年男子身高百分位数 95 身高 1775，表示这一年龄组男性中身高等于或小于 1775 mm 者占 95%。设计范围越大，制成的机器和用具的适用度就越高，可以用的人也就越多。

在实际设计时，应考虑人体的动态尺寸。动态尺寸是指人在工作位置上的活动空间尺度。人体动态尺寸是在 GB10000—88 标准的基础上分析、选编了几种主要作业姿势活动空间的人体尺寸。

人在不同的姿势下，向不同的方向用力的最大值不同。手向各个方向上产生的控制力由大到小的顺序是：前、后推拉，转动，上下运动，左右运动。以人操作时最适宜的用力大小来选择操纵器的尺寸和形式、决定操作空间和安装的尺度方法，是合理设计操纵装置的一个重要方面。

8.3.7　人体对环境的要求

人体感到舒适的环境温度是 21℃ 左右，在轻度劳动时，不出现不舒服反应的温度范围约在 20~28℃。当有效温度达到 30℃ 以上时，心理状态开始恶化，工作效率明显下降；在 50℃ 高温时，人只能忍受 1 h 左右；在低温时操作的灵活性有明显下降。相对湿度在 30%~70% 时，通常大多数人都感到舒适。气流速度达到 9 m/min 时，可感到空气清新，若速度很小，则产生沉闷的感觉。

当人体承受全身振动时，将受到较大的伤害。人体对 4~8 Hz 和 10~12 Hz 频率的振动敏感，成为人体的共振峰。各器官的共振频率分别为：头部为 2~10 Hz 和 500~1000 Hz；胸腹脏器官为 4~5 Hz；心脏为 5 Hz；眼睛为 18~20 Hz；神经系统为 250 Hz 等。国际标准组织（ISO）制定了关于人全身暴露于振动中的评定标准（ISO2631—1978E）。

适量的微波辐射到人体时产生的热效应，可治疗人体的某些疾病，而过量的微波辐射将伤害人体。实验结果表明，频率为 1~3 GHz 的电磁波对人体组织的伤害最大。一天 8 小时工作在连续辐射的环境中时，接受的辐射强度不应超过 38 μW/cm^2。

8.4　人机界面硬件设计

智能仪器人机界面硬件包括面板、输入设备和输出设备。常见的输入设备包括键盘、触摸屏、手写设备、语音输入设备、扫描仪、摄像设备、鼠标、控制杆等；常见的输出设备包括显示器、打印机、指示灯、声音输出设备等。

8.4.1　面板的构成与布置

面板是人机系统信息传递和交换的桥梁，是监视、调节设备工作状态的主要部位。面板上通常有各种显示器、指示器、键盘、旋钮、开关等器件。

面板布置应满足操作者观察、操作和使用及仪器内部结构布置的要求。在不影响功能指标的前提下，仪器内部布置应服从面板布置，面板上各种器件的选用及布局既要满足使用性要求，又要考虑美观性，符合美学原则。显示器应布置在最佳视区，排列应紧凑，符合视觉运动规律。应根据操作者的操作姿势选定面板的高度和面部与视线的夹角，最好使面板与视线垂直。控制器的排列应符合人因工程学要求。控制器与显示器的布置应有对应关系。

显示器和控制器在面板上的布置可按系统功能、操作顺序、主次等分区排列。如图8.4所示，图 8.4(a) 为某仪器按操作顺序排列的情况；图 8.4(b) 为某仪器按系统功能排列的情况，1 为显示区，2 为 Y 轴调节区，3 为显示调节区，4 为 X 轴调节区，各区用分界线分开；图 8.4(c) 为仪器按主次排列的示意图，将主要控制器和显示器安排在面板显要位置或易操作位置。

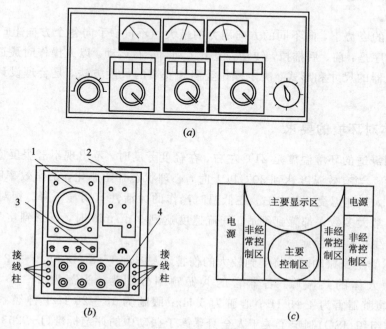

图 8.4　面板分区的形式示意图
（a）按操作顺序排列；（b）按系统功能排列；（c）按主次关系排列

　　面板上常常在显示器和控制器对应位置标识说明用途和运动方向的文字、符号和标记，这些符号应简洁工整，符合有关标准和惯例。根据使用条件，可在面板适当位置设计照明装置。面板的色彩搭配应主次分明，符合美学原则。

　　控制台的形状、尺寸和布置设计，应首先由其允许安装的空间尺寸决定，此外还要考虑到显示和操作的要求以及操作者的人体特性。控制台的最大尺寸决定于视线和手所能达到的范围，按国家标准确定其尺寸和布置。

8.4.2　键盘及其分类

　　随着科学技术的发展，智能仪器的功能日益增强，仪器内部包括的输入、输出设备也日益增多。在智能仪器系统中，键盘是人机对话的主要设备，用于向智能仪器输入数据、参数和操作指令等。

　　键盘根据接口的不同可分为编码键盘、非编码键盘和 CRT 屏幕键盘（触摸屏）。编码键盘本身是一个智能系统，如用在 PC 中的键盘。编码键盘使用编码来表示被按下的开关。当每一次按键时，键盘自动产生被按键的键值，同时产生选通脉冲通知微处理器。这种键盘宜选用现有商品。

　　非编码键盘只简单提供键盘的行与列矩阵，键的识别和键值的产生均靠软件完成。非编码键盘一般是一个开关阵列。

　　CRT 屏幕键盘（触摸屏）是贴在 CRT 玻璃外面的透明软质薄膜。触摸屏的具体构造有不同的形式，包括电阻分压式、电容式、表面声波式和红外式等。

　　电阻分压式触摸屏的主要部分是一块与显示器表面非常配合的电阻薄膜屏，如图 8.5 所示。这是一种多层的复合薄膜，它是由两层内表面涂有导电层的硬塑料平板，中间夹有把两层导电层绝缘隔开的许多细小的（小于 1/1000 英寸）透明隔离点构成的。当手指触摸屏幕时，两层导电层在触摸点的位置上就有了接触，在 x 和 y 方向上各用一个适当的模/数转换器把触点电压传入微处理器译码。这种键盘便于剪裁、挖孔，不怕油污、灰尘和水，使用灵活方便，质量稳定，品质可靠，环境适应性强。

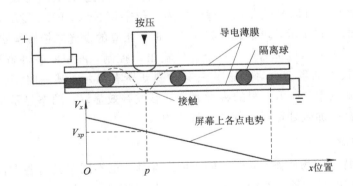

图 8.5　触摸屏界面及其各点电势示意图

　　电容式触摸屏是在 CRT 屏幕上敷上众多相互分离的，并分别引到屏幕边沿处的透明金属膜。当手指触及某一金属面时，将人体电容加到该小片金属本身所形成的电容上。与屏幕周边连接的检测电路查出是哪一片金属上的电容值增大了，并据此给出相应的键码。

这类电容式触摸屏适于条形清单显示键盘使用。由于每一金属小区都必须被引到屏幕边沿去，以致屏幕面分割区域的数目受到相当的限制。因为人体成为线路的一部分，漂移现象比较严重，戴手套不起作用，需经常校准，所以不适用于金属机柜。当外界有强电场或磁场时，触摸屏会失灵。

表面声波式触摸屏是利用对表面声波传播和反射作用的检测来构成屏幕键盘。在手指接触屏幕处，4 MHz 的表面声波产生反射，分别测量出 x 和 y 方向反射波的延时，即可判断出触点的坐标。表面声波式触摸屏分辨力可达 105～4 mm，但对手指这么大的障碍物而言，分辨力选在 12～15 mm 之间为宜。表面声波式触摸屏的特点是：清晰度较高，透光率好，寿命长，抗刮伤性好，一次校正不漂移，反应灵敏。表面声波式触摸屏适合于环境比较清洁的场所，需要经常维护，因为灰尘、油污甚至饮料的液体沾污在屏的表面，会阻塞触摸屏表面的导波槽，使波不能正常发射，或使波形改变而控制器无法正常识别，从而影响触摸屏的正常使用。

红外式触摸屏与表面声波式触摸屏类似。它是用红外发光二极管阵列作为反射器，并用红外光电晶体管阵列作为接收器，检测出被手指遮挡的红外光通路的位置，其分辨力约为 6 mm。

8.4.3 显示器

显示器是智能仪器重要的输出设备，是人机交互的重要工具，其主要功能是接收主机信息，以光的形式将文字和图形显示出来。

1. LED 显示器

LED(Liquid Emitting Diode)显示器由发光二极管组成显示字段，被封装在一个标准外壳中，有"8"字形和"米"字形两种字形显示方式。将发光二极管阴极连接在一起接地，称为共阴极接法，当某个字段的阳极为高电平时，对应的字段就点亮。相反，将发光二极管的阳极连接在一起，并接+5 V上，称为共阳极接法，当某一字段的阴极为低电平时，对应的字段就点亮。字形及字形码与硬件连接方法有关，可由设计者自行设计。

多个 LED 显示器可以共同使用，每个作为一位字符显示。LED 显示有静态和动态两种显示方法。所谓静态显示，就是显示某一字符时，相应的发光二极管恒定地导通或截止，这种方式中，每一个显示位都需要由一个 8 位输出口控制，占用的硬件资源较多，一般仅用于显示器位数较少的场合。动态显示是定时刷新所有显示，某一时刻仅有一位有效显示，通过控制刷新频率，利用人眼的视觉暂留，形成有效显示。动态显示可节省微处理器的接口资源，但会增加微处理器软件的运行负担。

2. 液晶显示器

液晶是一种特殊的物质态，它既不同于固态晶体，也不同于具有各向同性和可流动的液体。用液晶制成的显示器称为液晶显示器，简称 LCD(Liquid Crystal Display)。

常用的液晶显示器有两种形式：一种是简单液晶显示器件；另一种是液晶显示模块，包括简单液晶显示器件、与电路板组装好的 LCD 驱动和控制电路及背光源等附件。液晶显示器必须由交变电压驱动，使用直流电压驱动会损坏 LCD。因此，简单液晶显示器件的驱动较为复杂，一般需用专用驱动器件(如 CD4543、ICL7106、ICM7211 等)，或用具有专用

LCD 接口的单片机(如 TI 的 MSP430 等)。相反,液晶模块可以像其它单片机外围器件一样,直接挂在数据总线和地址总线上,接口电路和编程相对来说比较容易。

LCD 有段式的和点阵式的;有字符型的和图型的;有单色的和彩色的。LCD 显示器没有 LED 显示器显示亮度高,但是显示内容可以更加丰富,支持汉字显示,显示更加柔和,功耗更低。

分辨率、色彩、尺寸、功耗及显示响应速度是选用 LCD 时要考虑的重要参数。近年来,有多种液晶显示技术应用于智能仪器中,如超扭曲向列(Super-Twisted Nematic,STN)、薄膜式晶体管(Thin Film Transistor, TFT)等。单色 STN 显示屏采用简单的无源矩阵寻址方案,具有性能可靠、成本低、功耗低的特点。TFT 液晶显示屏的亮度和色彩饱和度好。

3. 指示灯显示

指示灯以亮度或颜色方式显示,常用于常规信息的传送、警告、危险情况的警报或故障的通报等。指示灯与其周围的照明应有适宜的对比度。人眼对不同色光的响应速度由快到慢依次为红、绿、黄、白。如报警信号采用闪光,则建议闪烁频率为 1~10 Hz,灯亮的延续时间大于 0.05 s。指示灯的颜色种类应尽量少,选取容易区别的颜色。用于指示灯的颜色及其对应的习惯含义如表 8.5 所示。

表 8.5　指示灯的颜色及其习惯含义

颜　　色	习　惯　含　义
红	停止;电源断开;危险;紧急;警告;完全故障等
绿	进行中;电源接通;正常;重要程序的最后结果
琥珀色	红绿两者之间的情况;电源处于备用状态;部分设备发生故障但相对影响不大
白	日常操作数据
蓝	备用的第五种颜色

8.4.4　显示设计

1. 显示器选择

常用的显示器有发光二极管显示器(LED)、阴极射线管显示器(CRT)、液晶显示器(LCD)、等离子体显示器(PDP)、电调色显示器(ECD)等。最常见的显示形式包括符号显示和数字显示两种。

符号显示是以编码形式显示信息,其结构简单、紧凑,通常对速度、压力或流量等进行定性或定量显示,常用发光二极管(LED)、液晶显示器(LCD)、场致发光显示器(ELD)作为显示器。例如手机中信号强弱和电池电能的显示等。

数字指示以数字形式显示信息,直接反映被测量值,可用于定量显示。常见的数字指示器有度盘、刻度尺、计数器、LED、LCD 等,其中度盘和刻度尺也可作定性、调整状态和跟踪指示之用。表 8.6 为三种普通数字指示器在不同的使用方法下的相对性能比较表。

表 8.6　三种普遍数字指示器在不同的使用方法下的相对性能比较

使用方法	刻度盘性能		数码管（LED、LCD 等）
	度盘固定，指针转动	指针固定，度盘转动	性　　能
定量显示	中等	较好	好
	动态转动中不易读数	动态转动中不易读数	读数快，误差小
定性显示与检查显示	好	差	差
	容易定性，数据不必读出，容易探测位置的变化	指针点偏离的方向和幅度难以判断	位置的变化不易察觉
调整状态显示	好	中等	好
	指针与旋钮间的对应关系简单直接，指针位置的改变易监视	指示点的运动不易与旋钮的运动建立明确关系	监视数值调整最准确，但数值变动方向与旋钮间的关系不直接
跟踪显示	好	中等	差
	指针位置易控制和监视，与控制旋钮的运动易对应	无总位置变化，有助于监视与控制，运动关系模糊	无总位置变化
一般应用	好	中等	中等
	要求面板上有最大的暴露和照明区，刻度长度受限，除非使用多个指针	可节省面板空间，只需小部分刻度暴露和照明，有可能使用长刻度标尺	最节省空间和照明，标尺长度受显示区限制

2. 度盘(标尺)指示

度盘(标尺)是显示信息常用的零件。一般在度盘(标尺)上都有单位、符号(数字、字母)和刻度线。度盘上所标的数字叫做标数，两个相邻主刻度线(刻线一般相对较长，并标有数字)之间的差值称为标数间值，两个相邻最小刻度线之间的差值称为分度间值，同一圈(行)上的最小标数到最大标数之间的数值称为标度角(标尺长度)。

应按实际需要选择度盘的分度精度，使得读数简洁精确。精度过低，读数误差大；精度过高，读数费时吃力。图 8.6 所示为三种不同分度精度的度盘。

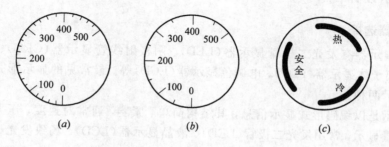

图 8.6　三种不同分度精度的度盘

(a) 高精度；(b) 低精度；(c) 状态分区

度盘提供的读数要直观，标数间值和分度间值要容易计算和理解，一般来说取 10 等分的分度方法优于其它分度方法。在图 8.7 中的不同分度间值的标尺中,(b)为分度相对不好的标尺。

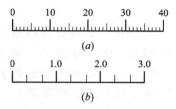

图 8.7　不同分度间值的度盘

度盘上的刻线和符号的尺寸应与使用条件(照明、视线距离等)相适应。准确的数值最好能从标尺上直接读出。不同的度盘形状,会影响人们的读数误差。图 8.8 所示为五种不同形式的度盘及其在相同数量的等距离刻度、相同的指针大小、同样的照明条件以及暴露时间同为 120 s 时的读数误差对比。其中:(Ⅰ)为水平式度盘;(Ⅱ)为垂直式度盘;(Ⅲ)为半圆式度盘;(Ⅳ)为圆形度盘;(Ⅴ)为窗口式度盘。由图可见,度盘(Ⅴ)读数准确率最高,度盘(Ⅱ)读数准确率最低。

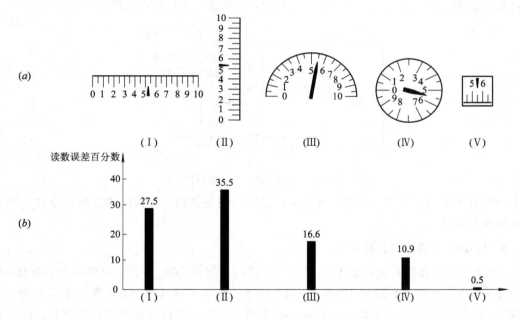

图 8.8　不同度盘形式对读数误差的影响
(a) 度盘形式;(b) 读数误差

度盘上的标数应符合人们的阅读习惯。当指针相对于度盘运动时,顺时针方向、向上或向右应对应增值或正值。在正常照度和视距下,指针宽度约为 0.8～2.4 mm,并小于中刻线的宽度。指针长度应能指到但不遮盖最短刻线,指针形状应尽量简单、明确,不宜装饰。"零位"通常设计在时钟的 12 点或 9 点处,多个显示器排列在一起时,应使每个显示器的零点处于同一方向。

8.4.5 微型打印机

1. 微型打印机概述

作为硬备份的信息输出设备，打印机在各种计算机系统中广泛应用。对于智能仪器，使用最多的是微型打印机（简称微打）。国内外很多公司提供微打产品，例如常用的有 TPμP16、TPμP40、GP16、FD－Mp24/16 等，型号中的数字表示每行打印多少个字符。

微型打印机有热敏式和针式两种，热敏式微打噪音小，但打印品不能长时间保留，针式微打正好相反。微打可以打印报表、工资单，记录各种曲线和数据等。

2. 微打与单片机接口技术

TPμP－T 型微打是国产的系列台式打印机，具有可选择的打印速度、打印宽度、打印字体、打印缓冲存储器以及串行并行接口。

TPμP－T 型微打使用直流 5 V 电源，与单片机的连接方式有串行和并行两种。串行接口与 RS－232 标准兼容，其接口插座与 IBM－PC 的 RS－232C 口相配合，波特率可在 150 ～19200 内选择。并行接口与 CENTRONICS 标准的 D－25 并行接口兼容，接口插座与 PC 机打印口兼容。图 8.9 所示为单片机与 TPμP－T 型微打并行接口电路。

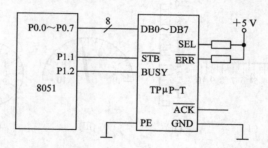

图 8.9　单片机与 TPμP－T 型微打接口

用单片机驱动微打十分方便，根据接口是串行还是并行，将相应的控制命令和打印数据送给微打即可。

3. TPμP－T 型微打打印命令

TPμP－T 型微打采用标准 ESC 控制码，控制打印命令有 36 条，内部驻留字符有 448 种，包括英文、希腊文、德文、法文、俄文、日语片假名和少量汉字，大量的数学符号，通用符号，专用符号以及用于制表和制图的图形符号。每一个打印机制造商都有自己的一套控制码系统。TPμP－T 型微打的控制码是在流行的 IBM 和 EPSON 打印机的基础上设计的，有效代码表是从 00H 到 0FFH，其中 00H～1FH 用于控制代码，20H～0FFH 用于字符码。下面简要介绍 TPμP－T 型微打的控制码和字符码，以十六进制形式说明。

1）控制码

控制码主要包括如下一些命令：

纸进给命令 0AH：打印机向前走一行纸；

换页命令 0CH：走纸到下一页的开始位置；

格式设置命令 1BH 43H n：页长被设置为 n 行字符，n 在 0～255 之间；

初始化打印机命令 1BH 40H：打印机初始化；

数据控制命令 0DH：打印机缓冲区中所有数据被打印，纸向前走一行；

执行垂直造表命令 0BH：设置垂直造表值后，执行该命令；

执行水平造表命令 09H：设置水平造表值后，执行该命令；

字符设置命令 1BH 55H n：字符以正常宽度的 n 倍打印，n＝1，2，3，4；

字符设置命令 1BH 56H n：字符以正常高度的 n 倍打印，n＝1，2，3，4。

2）字符码

字符码 20H～0FFH 详见表 8.7。

表 8.7　TPμP–T 型微打字符集 1（部分）

L\H	0	1	2	3	4	5	6	7	8	9	A	B	C	D	E	F
2		!	"	#	$	%	&	'	(	)	*	+	,	—	.	/
3	0	1	2	3	4	5	6	7	8	9	:	;	<	=	>	?
4	@	A	B	C	D	E	F	G	H	I	J	K	L	M	N	O
5	P	Q	R	S	T	U	V	W	X	Y	Z	[	\	]	↑	←
6	'	a	b	c	d	e	f	g	h	i	j	k	l	m	n	o
7	p	q	r	s	t	u	v	w	x	y	z	{	|	}	~	
8	0	一	二	三	四	五	六	七	八	九	十	元	年	月	日	￥
9	£	§	↓	→	ˉ	±	÷	Φ	≈	…	^{0}	^{1}	^{2}	^{3}	$_2$	$_3$
A	α	β	γ	δ	ε	ζ	η	θ	λ	μ	ν	Ω	ξ	χ	ρ	σ

4. 微型打印机的应用

按图 8.9 所示的硬件接口，打印"MCS–51"的程序清单如下：

```
        MOV     A，＃0
        MOV     R0，＃0
        MOV     R1，＃0
        MOV     DPTR，＃TAB01      ;表头地址
PRT0：  CLR     P1.1              ;STB 信号拉低
        MOV     A，R0             ;表偏移量
PRT1：  MOV     C，P1.2           ;打印机忙吗？
        JC      PRT1
        MOVC    A，@A＋DPTR       ;取出码
        MOV     P0，A             ;送打印机
        INC     R0
        SETB    P1.1             ;微打在 STB 上升沿取走数据
        INC     R1
        CJNE    R1，＃15，PRT0    ;共 15 个码
        RET
```

TAB01：DB 1BH，40H，0AH，1BH，43H，0FFH，1BH，55H，02H　　　;打印设置
TAB02：DB 4DH，43H，53H，0DEH，35H，31H　　　　　　　　　;MCS-51 数据码

8.5　人机界面的软件设计

8.5.1　人机界面软件设计概述

人机界面的核心内容是用户操作方式。它集中体现了智能仪器的输入输出功能，以及用户对系统的各个部件进行操作的控制功能。人机界面设计不但包括硬件设计，还包括软件设计。人机界面软件设计是贯彻人机交互的重要部分。人机界面软件设计主要指监控程序（Monitor）设计。在包括智能仪器在内的计算机系统中，监控程序是人机界面的一个核心组成部分。在简单的单片机系统中，也常把管理机器的整个程序称为监控程序。

监控程序可分为监控主程序和命令处理子程序两个部分。监控主程序的任务是识别按键、解释命令并获得命令处理子程序的入口地址；命令处理子程序的任务是具体执行命令，完成所规定的各项实际动作。命令处理子程序随智能仪器的不同而不同，即使在同一个智能仪器中，命令处理子程序也因命令的不同而不同；但是，监控主程序的结构却在不同的智能仪器中具有共同性，因此本节介绍监控主程序的各种设计方法。

8.5.2　直接编程法

在简单的（如单微处理器智能仪器系统中）一键一意的情况下，一个按键代表一个命令或一个数字，这时可用直接分析法来设计监控程序。所谓直接编程法，就是只需根据当前按键的编码，把程序指针指向相应的处理子程序入口，而与其它按键无关。具体设计时可选用选择结构法，也可选用转移表法。

1. 选择结构法

选择结构法适用于比较简单的应用场合。键盘接口提供了被按键的键值，当有键按下时，可得到被按键的键值，监控主程序根据键值把程序指针指向相应的命令处理子程序的入口地址，图 8.10 是用这种方法设计监控主程序的流程图。

通常，按键有数字键和命令键两大类。微处理器对键盘的管理可采取查询方式，也可采取中断方式。例如某智能仪器中键值 0～9 为数字键，A～F 为命令键，分别对应于命令处理子程序 1，2，…，6，键值暂存于 R7 中。用 MSC-51 单片机汇编语言编制程序如下：

```
            MOV     A，R7
            CLR     C
            SUBB    A，♯0AH
            JC      DIGKEY
            CJNE    A，♯00H，EST1
            AJMP    ADDR1
EST1：      CJNE    A，♯01H，EST2
            AJMP    ADDR2
EST2：
              ⋮
```

```
CJNE    A，＃05H，DIGKEY
AJMP    ADDR6
```
DIGKEY：
　　　　　　　　　⋮

其中，ADDR1，ADDR2，…，ADDR6 分别为各个命令处理子程序入口地址标号。这样转移的范围不超过 2 KB。当然也可以用 LJMP 指令，子程序可在 64 KB 范围内任意安排。

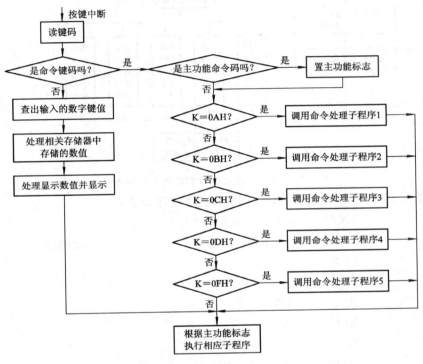

图 8.10　用选择结构法设计的监控主程序流程图

2. 转移表法

转移表法设计应预先建立一张一维的转移表。所谓转移表，就是顺序登记了各个命令处理子程序的入口地址(或是执行各个子程序的转移指令)，如图 8.11 所示。

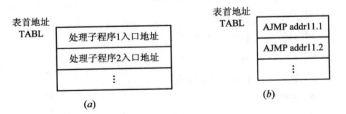

图 8.11　转移表

(a) 用子程序入口地址构成的转移表；(b) 用转移指令构成的转移表

顺序登记子程序入口地址的转移表，设计监控主程序根据当前按键的编码，通过查找转移表，将子程序入口地址存放在 DPTR 寄存器中，然后用"JMP @A＋DPTR"便可把控制转到相应的处理子程序的入口，程序流程如图 8.12 所示。

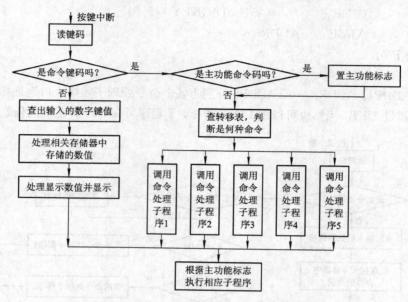

图 8.12　用转移表法设计的监控主程序流程图

对于图 8.11(a)所示的转移表,上例的监控主程序如下:

MOV	DPTR，♯TABLIST	
MOV	A，R7	;取键值
CLR	C	
SUBB	A，♯0AH	
JC	DIGKEY	
RLC	A	
MOV	R3，A	
MOVC	A，@A＋DPTR	
MOV	R2，A	
INC	DPTR	
MOV	A，R3	
MOVC	A，@A＋DPTR	
MOV	DPH，A	
MOV	DPL，R2	
CLR	A	
JMP	@A＋DPTR	
TABLIST：	ADSUB1	
	ADSUB2	
	⋮	
DIGKEY：	⋮	

顺序登记执行各个子程序的转移指令的转移表,设计监控主程序时将转移表首地址存入 DPTR,根据按键编码,产生偏移量并存入 A,然后用"JMP @A＋DPTR"便可把控制转

到相应的处理子程序的入口，程序流程如图 8.12 所示。对于图 8.11(*b*) 所示的转移表，监控主程序如下：

```
            MOV      A，R7
            CLR      C
            SUBB     A，♯0AH
            JC       DIGKEY
            RLC      A
            MOV      DPTR，♯TABLIST
            JMP      @A＋DPTR
TABLIST：   AJMP     ADDR1
            AJMP     ADDR2
              ⋮

DIGKEY：
              ⋮
```

对于功能复杂的智能仪器，若仍采用一键一意，则按键使用过多，不但增加费用，而且使得面板布置过于杂乱，给操作者带来不便。因此，智能仪器常见一键多意（即复用键）的情况，一个按键在不同的状态下，有不同的意义。键盘定义应保证在仪器的任何输入状态下，不能将有可能使用的含义复用在一个键上；还应保证在任意输入状态下的所有输入都有按键对应。

在一键多意的情况下，一个命令不是由一次按键，而是由一个按键序列所组成的，即对一个按键含义的解释，除了取决于本次按键外，还取决于以前按了些什么键。例如 PC 机键盘，当按下"A"时输入大写"A"，屏幕显示大写的"A"；若按下"Caps Lock"键后再次按下"A"，则 PC 机认为是输入小写的"a"，屏幕显示小写的"a"。又如，计算器输入"45"，若当前为弧度输入，则计数器认为是输入弧度"45rad"，若先前按下"角度/弧度"，更改为角度输入，则认为是输入角度"45 度"。

对于一键多意的监控程序，首先要判断按键序列是否已经构成一个合法命令。并非所有的按键序列组合都有意义或被允许操作，无意义或不被允许的按键序列组合为非法命令。若已经构成合法命令，则执行命令，否则等待新按键输入。

一键多意的按键监控程序仍可采用转移表法进行设计，不过这时要用多张转移表。组成一个命令的前几个按键起着引导的作用，把控制引向某张合适的转移表，然后根据最后一个按键的键值，查阅转移表，找到相应的子程序入口。这里用一个简单的例子来说明。

图 8.13 所示为某智能仪器面板部分按键的定义图。此例中仪器开机或复位后，经初始化进入准备输出状态。此时，按下 U 键，仪器按电压幅度寄存器中

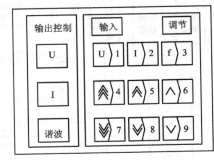

图 8.13 某智能仪器面板部分按键定义图

的幅度值和频率寄存器中的频率值输出交流电压信号；按下 I 键，仪器按电流幅度寄存器中的幅度值和频率寄存器中的频率值输出交流电流信号。按下谐波键，则输出电压电流信号中包含固定设置的谐波信号。按下输入键后进入

电压幅度设置状态，此时按数字键可设置电压输出幅度；再次按下输入键，可结束电压输出幅度设置，进入电流幅度设置；再次按下输入键，可进入频率值设置；再次按下输入键，可结束设置。按调节键后进入输出信号幅度调节状态，此时，按下 U(1) 键可调节电压输出幅度，按下 I(2) 键可调节电流，按下 f(3) 键可调节电压电流的交流频率。选定调节项目后，按下 4 键，可以 10 为步距进行增大调节；按下 5 键，可以 1 为步距进行增大调节；按下 6 键，可以 0.1 为步距进行增大调节；按下 7 键，可以 10 为步距进行减小调节；按下 8 键，可以 1 为步距进行减小调节；按下 9 键，可以 0.1 为步距进行减小调节。

　　为完成这些功能，采用转移表法所设计的监控程序的流程图如图 8.14 所示。程序包含了三张转移表。首次按键查询转移表 1，将控制引向转移表 2 与 3，以区别数字键的不同含义。每执行完一个键盘命令，微处理器将继续扫描键盘，等待新的键盘命令输入。

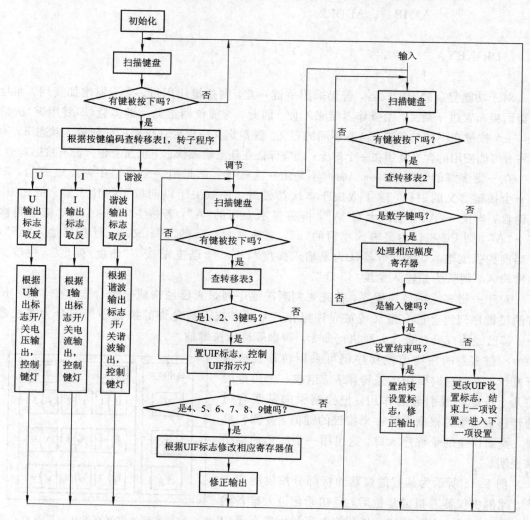

图 8.14　采用转移表法设计的一键多义的监控主程序流程图

　　以查询方式处理人机界面的方法，在智能仪器中使用时有时会遇到困难。例如当响应某个按键后进入某项费时较长的操作时，若此时有新的按键，微处理器就无法及时响应。

解决此问题的方法是采用键盘中断的方式。当有键被按下时，微处理器第一时间响应键盘并解释键盘命令，必要时终止费时较长的操作，转而进行新的操作。对上面所举的例子采用键盘中断方式的程序流程图如图 8.15 所示。

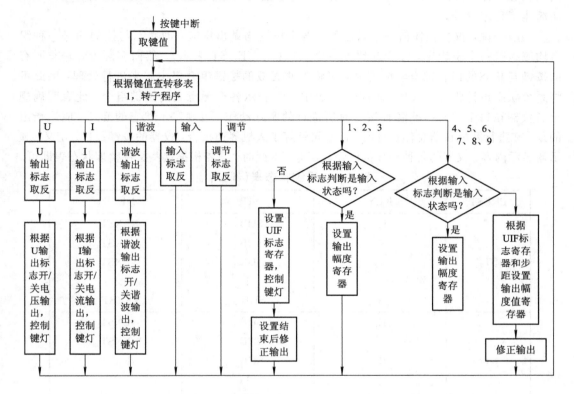

图 8.15　采用键盘中断方式设计的一键多义的监控主程序流程图

8.5.3　状态变量法

1. 状态变量法原理

在系统理论中，状态的一般定义是：一个系统在 $t=t_0$ 时的状态，是该系统所必须具备的最少量的信息，利用这组信息，连同系统模型和在 $t>t_0$ 时的输入激励，就足以唯一地确定 $t>t_0$ 时系统的行为和状态。对于带有储能元件的阻抗网络，在 $t>t_0$ 时的行为状态取决于网络在 $t=t_0$ 时的状态、网络结构及 $t>t_0$ 时的激励。阻抗网络在 t_0 时刻的状态由网络内储能元件所储的能量决定。但对于纯阻网络，由于没有储能元件，因而无状态而言，这种网络在任何时刻的行为，仅取决于网络结构和该时刻的激励。

类似于纯阻网络，一键一意的监控程序在 $t>t_0$ 时刻的行为也仅取决于程序结构及当时的输入按键，而无状态可言。但对于一键多意的监控程序，在 $t>t_0$ 时的行为状态除了取决于程序结构和当前的按键外，还取决于以前的按键序列 K_1，K_2，K_3，…所携带的信息总和。这里用状态 ST 来表示这些信息的总和。显然，

$$ST = f(K_1，K_2，K_3，\cdots)$$

这样，一键多意的监控程序类似于带有储能元件的阻抗网络，它的行为状态由程序结

构、输入按键及状态三者决定。在每个状态中，各按键都有确定的含义；在不同的状态中，同一个按键可具有不同的含义。引入状态的概念后，只需在存储器内开辟一个单元记住当前的状态，而不必记住以前各次按键的情况，就能对当前按键的含义做出正确的解释，因而简化了程序设计。

一般来说，仪器在任何一个状态下对各个按键均做出反应，即状态与按键的每一种组合均应执行一个子程序，并变迁到下一个状态（用 NEXST 表示）。然而实际上，并非所有的按键与状态的组合都有实际意义，可将那些无效的按键组合集中起来进行处理，因此可将系统状态设计为表 8.8 所示的形式。表中"＊"表示各个无意义的按键组合。此表明确规定了仪器在每个状态接受各种按键时所进行的实际动作，也规定了状态的变迁。应当指出的是，在进行智能仪器总体设计时，已经设计好了人机界面报告，仪器的按键数目、定义、显示器显示内容、仪器的各种动作都已经规定好了，此时，只需根据这些文件整理状态表即可。

表 8.8　系统状态表（部分）

PREST	KEY	SUB	NEXST
ST_0	K_1	SUB_{01}	$NEXST_{01}$
	K_2	SUB_{02}	$NEXST_{02}$
	K_4	SUB_{04}	$NEXST_{04}$
	$\vdots$	$\vdots$	$\vdots$
	＊	SUB_{0*}	$NEXST_{0*}$
ST_1	K_1	SUB_{11}	$NEXST_{11}$
	K_2	SUB_{12}	$NEXST_{12}$
	K_5	SUB_{15}	$NEXST_{15}$
	$\vdots$	$\vdots$	$\vdots$
	＊	SUB_{1*}	$NEXST_{1*}$

这样，用状态变量法设计的键盘监控程序就归结为根据当前状态与当前按键两个关键字查阅状态表的问题。

可见，用状态变量法设计监控主程序的实质，是将仪器工作的整个过程划分为若干个状态，在任一状态下，每个按键都有一个确定的含义，即执行某一个子程序，且变迁到某一个状态（次态），把这种状态与按键对应关系的组合列成一张表——状态表存入存储器中。仪器现在所处的状态（现态），专门用一个存储单元存储。监控主程序根据现态和当前按键这两个关键字查阅状态表，便可确定按键的确切含义。

2. 状态变量法设计

系统运行的过程实质上是状态不断变化的过程，因此应仔细分析系统所有可能存在的状态，初始时按系统功能分成几个大的状态，然后再细分下去。对于图 8.13 所示的实例，初始状态分为 3 种：输出状态、设置状态和调节状态。设置状态又分为设置电压状态、设置电流状态和设置频率状态。同样，调节状态又分为调节电压、电流和频率三种状态。这三种状态又分别分为粗调、中调和细调三种状态。由于粗调和中调的初次调节与一般调节操作不同，例如初次粗调要将输出值调节为距当前值最近的、稍大的 10 的整数倍，而除初次调节外的调节是一般调节，仅将输出值加 10 即可，因此粗调和中调又分别可分为初次调节和一般调节。根据上述分析可画出系统状态分析图，如图 8.16 所示。状态分析图为树状结构，最末端的个数即为系统的状态个数。此例中系统共有 19 个状态。

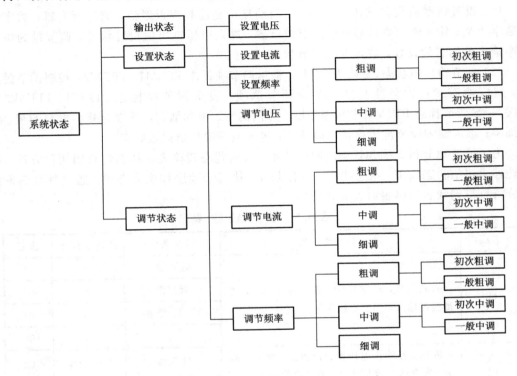

图 8.16　系统状态分析图

　　系统在任一时刻必定处于某一个特定的状态，如果还有某些状态没有包括在内，则说明系统状态分析还不完全。当系统受到一个因素的激励后，就会从当前状态转移到一个新的状态（次态），这种因果关系应是唯一的；否则，说明状态分析不彻底。

　　能使系统状态发生转移的因素可分为两类，即内因和外因。外因主要指键盘操作命令、上位机发送来的命令和其它触发信号。内因是指定时信号和各种数据处理结果满足某一条件时产生的判断信号。

　　根据分析可知，图 8.16 所示的状态中有不少状态非常相似，可以结合软件标志的运用进行化简。经过分析，可使用三个软件标志（PRIM：初次调节/一般调节；ITEM1，ITEM2：01——调节电压，10——调节电流，11——调节频率）进行化简，化简后，系统状态简化为以下 5 种状态：

　　（1）0 状态（编码为 00H）：系统初始化后，进入正常显示，根据次态寄存器值自动跳转到次态。为了避免不必要的两次按键，通常设计一个不稳定的 0 状态，当发现取来的次态为 0 时（例如按了不合法的键），就自动再查一次状态表。

　　（2）设置电压输出值状态（编码为 01H）：闪动显示当前电压输出设置值，响应所有键；数字键为数字含义；输入键为确认电压输出值的有效设置，进入电流输出值设置状态；调节键为确认电压输出值的有效设置，进入电压调节状态。

　　（3）设置电流输出值状态（编码为 02H）：闪动显示当前电流输出设置值，响应所有键；

数字键为数字含义；输入键为确认电流输出值的有效设置，进入频率值设置状态；调节键为确认电流输出值的有效设置，进入电压调节状态。

（4）设置频率值状态（编码为03H）：闪动显示当前频率设置值，响应所有键；数字键为数字含义；输入键为确认频率值的有效设置，进入电压输出值设置状态；调节键为确认频率输出值的有效设置，进入电压调节状态。

（5）调节输出值状态（编码为04H）：根据调节项标志 ITEM1、ITEM2，控制调节键灯亮，响应所有键；数字键上排三个为调节选项，设置调节项标志 ITEM1、ITEM2 和首次/一般调节标志 PRIM，中间排为增大方向的粗、中和细调，下排为减小方向的粗、中和细调；输入键和调节键为确认当前调节，进入电压输出值设置状态。

为了清楚地分析系统各状态之间的关系，采用状态转移表和状态转移图两种方法。状态转移表包括状态编码、状态特征、转移条件、执行子程序和次态等项。通过对本例系统的分析可得到状态转移表如表 8.9 所列。

表 8.9　状 态 转 移 表

状态编码	状　态　特　征	转移条件	执行子程序	次态
00	初始化后，正常显示，各项显示为 0，等待键盘输入，不响应数字键	输入键	1#	01
		调节键	7#	04
		U、I、谐波	2#	04
		*	0#	00
01	闪动显示当前电压输出设置值，响应所有键，数字键为数字含义，输出启停键 U、I、f 为输出启停	输入键	2#，3#	02
		调节键	2#，5#	00
02	闪动显示当前电流输出设置值，响应所有键，数字键为数字含义，输出启停键 U、I、f 为输出启停	输入键	2#，4#	03
		调节键	2#，5#	00
03	闪动显示当前频率设置值，响应所有键，数字键为数字含义，输出启停键 U、I、f 为输出启停	输入键	2#，1#	01
		调节键	2#，5#	00
04	控制调节电压键灯亮，闪动显示当前电压设置值，输出启停键 U、I、f 为输出启停	输入键和调节键	2#，1#	01
		I(2)键	2#，6#	04
		f(3)键	2#，7#	04
		*	0#	00

各子程序功能如下：

0#：误操作提示。

1#：闪动显示电压幅度设置寄存器值。根据输入的数字，判断是否为有效电压输入（电压的有效输入值是 176～264 V，若首次输入 3 及其以上数字，则为非法按键，蜂鸣器响两声，进行误操作提示），若为有效输入，处理电压输出幅度寄存器的值，修改显示值。输出启停键 U、I、f 为输出启停控制。

2♯：保存电压、电流和频率的设置，若输出处于开状态，按新设置的输出值重新输出。

3♯：根据输入的数字，判断是否为有效电流输入，若为有效输入，处理电流输出幅度寄存器的值，修改显示值。输出启停键 U、I、f 为输出启停控制。

4♯：根据输入的数字，判断是否为有效频率输入，若为有效输入，处理频率寄存器的值，修改显示值。输出启停键 U、I、f 为输出启停控制。

5♯：设置调节项目标志 ITEM1、ITEM2；设置初次/一般调节标志 PRIM；控制调节电压键灯亮，根据输入的调节步距调节输出。数字键中间排为增大方向的粗、中和细调，下排为减小方向的粗、中和细调，若粗调和中调为初次调节，进行输出值归整，一般调节按步距及方向调节。输出启停键 U、I、f 为输出启停控制。

6♯：设置调节项目标志 ITEM1、ITEM2；设置初次/一般调节标志 PRIM；控制调节电流键灯亮，根据输入的调节步距调节输出。数字键中间排为增大方向的粗、中和细调，下排为减小方向的粗、中和细调，若粗调和中调为初次调节，则进行输出值归整，一般调节按步距及方向调节。输出启停键 U、I、f 为输出启停控制。

7♯：设置调节项目标志 ITEM1、ITEM2；设置初次/一般调节标志 PRIM；控制调节频率键灯亮，根据输入的调节步距调节输出。数字键中间排为增大方向的粗、中和细调，下排为减小方向的粗、中和细调，若粗调和中调为初次调节，则进行输出值归整，一般调节按步距及方向调节。输出启停键 U、I、f 为输出启停控制。

状态转移表各状态之间的关系不直观。为此，可用另一种形式来表达系统各状态之间的转移关系，这就是状态转移图。在状态转移图中，将每个状态画成一个方框，有因果关系的状态之间用带箭头的线段连接起来，箭头由起始状态指向后续状态（次态），箭头旁边注明引起转移的条件。尽可能在状态框内注明各状态的特征。可用实线表示键盘操作，用虚线表示内部因素。图 8.17 所示为根据表 8.9 画出的状态转移图。因为 0 态是不稳定的，所以在图中 0 态用虚线框表示。图中符号"DIG"表示数字键（包括小数点键），"＊"表示在该状态内未被指明的所有键。

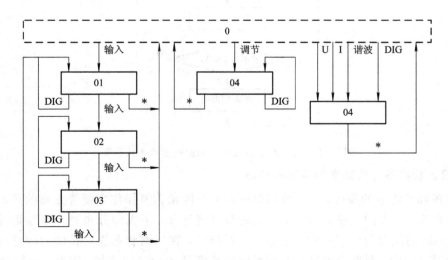

图 8.17　状态转移图

状态图与状态表是一一对应的，但前者更直观明了。状态图决定了监控程序的质量，因而必须仔细设计，反复推敲。

若输入的是主功能命令键（除了数字输入外的其它输入），则设置相应的标志，并连续执行相关程序。若输入的是非主功能命令键，则回到主程序起点，或恢复原来的功能。状态表中每一栏的最后一行用"＊"表示各无意义按键组合，应该把最后一行的次态和子程序（空操作）入口地址取出来用。

用状态变量法设计的监控程序流程图如图 8.18 所示。其中"查询键值表得到键值"是根据键盘的扫描码（根据接口电路和程序结构生成）查询键值表，得到一个可供后面使用的有一定顺序的键值。由于状态 0 为不稳定状态，因此当状态号为 0 时，需重新查询状态表，得到新的次态号和子程序首地址。子程序 1 包括 0♯ 和 2♯ 子程序，子程序 2 是除数字输入外的功能按键操作响应程序，包括 1♯ 和 3♯～7♯ 子程序。

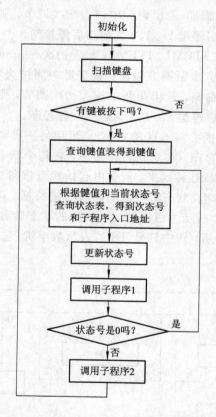

图 8.18　用状态变量法设计的监控主程序流程图

3. 设计状态图和状态表的原则与技巧

状态图和状态表的设计，首先要满足仪器的功能结构及操作方便等方面的要求，应视具体情况而定。状态图呈横向分布时，键的数目将增加，呈纵向分布时，键的复用次数将增加；状态图的流线与状态内的记录是一一对应的，在压缩状态表的长度时应适度。因为不适当地减少流线，可能会使整个监控程序的长度及运行时间增加。因此，应综合分析各种因素后再进行设计，否则可能导致操作不便或机构难以设计等。为提高监控程序的质量，设计状态图时应注意以下几点：

（1）在一个状态中，每个按键只能有一个含义；所有按键中只要有一个按键具有复用含义，就必须设立两个状态加以区别。如图 8.19 所示，在状态 01 与状态 02 中，按键 x 的含义不同，因而状态 01 与状态 02 不能合并。

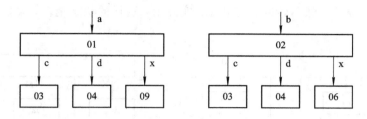

图 8.19　状态 01 和状态 02 不能合并的情况

（2）若在两个状态或两个以上的状态中，所有按键含义都相同，则不论它们由何状态、按何键迁移而来，均可合并。如图 8.20(a)中状态 01 和(b)中状态 02，a、d、x 三键的含义都相同，因而这两个状态可合并成一个状态，合并后如图 8.20(c)所示。

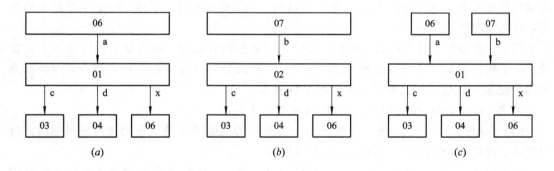

图 8.20　状态 01 和状态 02 合并为状态 1 的情况

（3）状态变量法可与软件标志结合应用。如图 8.19 所示的情况，在 01、02 两种状态中，多数键含义相同，只有 x 键含义不同。这时设立标志来区分 01、02 两种状态中 x 键的不同，然后可将 01、02 两种状态合并。当接收按键 x 时，先测试该标志，以决定状态的迁移及应执行的程序。

一般来说，在两个状态中含义相同的按键越多，含义不同的按键越少，则通过使用标志把它们合并，所收到的效果将越好。

（4）状态变量法可与转移表法结合使用。在状态表内，每个表目包括当前态特征码、次态号和子程序三项，一般要占 2～3 个字节，通常还需一张表以根据子程序号查找其入口，占用内存较多。为此，状态变量法有时可与转移表结合使用，如在图 8.17 所示的状态 04 中，各数字键（DIG）起着命令键的作用，但在状态图内用一根流线来表示，在状态表内把它们列为一项，另用一张转移表根据数字键值进行分支，这样便节省了内存。较为合适的安排是先用状态变量法区分多意键，当键的意义子集确定后，再用转移表法分支到确定的处理子程序。

（5）如前所述，不稳定态 0 状态的设立不仅避免了不必要的两次按键，而且大大精简了状态表。在图 8.21(*a*) 中没有设 0 状态，按 K、M 键后分别进入状态 01 和状态 02。在 01 状态下按 M 键进入 02 状态，在 02 状态下按 K 键进入 01 状态。图 8.21(*b*) 设 0 状态，在 01 状态按 M 键后先进入 0 状态，然后根据标志转移到 02 状态；若按其它键（图中用"＊"表示），则进入 0 状态，然后转向其它状态。实际上，这样的状态越多，设立 0 状态的优点越显著。

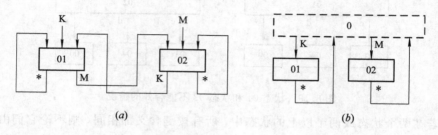

(a)   (b)

图 8.21　0 状态表的设立

（6）状态图必须具有循环性。按键命令通常由一个到几个按键组成，命令的第一个按键使得监控程序脱离 0 态，命令结束后应返回 0 态，构成循环。当然，由于 0 态是不稳定态，因而随即转到其它态。

（7）状态表的安排和查找。状态表的每个记录包括状态号、键值及子程序号三个数据项。由于状态表是按状态号递增的次序排列的，状态号项可隐含在表内不出现，因而状态表每个记录一般包括键值和子程序号两个数据项。

总之，用状态变量法设计监控程序具有下列优点：

（1）应用一张状态表，统一处理任何一组按键-状态组合，使复杂的按键序列的编译过程简洁、直观、容易优化，设计的程序易读易改。

（2）翻译、解释按键序列与执行子程序完全分离，因此键盘监控程序的设计不受其它程序的影响，可单独进行，避免两者纠缠交叉。

（3）若仪器功能发生改变，监控程序结构不用变，仅需改变状态表即可。

（4）设计任务越复杂，按键复用次数越多，此方法的效率越高。对于复杂的仪器仅是状态表规模大些，监控程序的设计方法完全一样。

8.5.4　图形用户界面法

1. 图形用户界面设计概述

在一些智能仪器系统中设计了点击设备（如操纵杆、轨迹球、光笔、触摸屏、鼠标等）供用户操作，用户通过点击系统屏幕上的各种控件来完成系统信息（包括指令和数据）的输入。各种控件是用户与智能仪器通信的接口，这些控件包括命令按钮、单选框、复选框、文本框、列表框、表格和网格、滑动框、树形列表等。通常来说，屏幕上的这些控件都直观地表现为具有一定意义的符号，用户只要点击相应的控件符号，就可以触发相应的事件。由上述多个控件组成的界面称为图形用户界面（Graphic User Interface，GUI）。

图形用户界面设计的常用方法包括桌面隐喻、所见即所得、直接操纵等。

1）桌面隐喻

桌面隐喻是指在用户界面中用人们熟悉的桌面上的图例表示智能仪器可以处理的能力。隐喻可以分为 3 种：一种是隐喻本身就带有操作的对象，称为直接隐喻，如 Word 绘图工具中的图标，每种图标分别代表不同的图形绘制操作；另一种是工具隐喻，如用磁盘图标隐喻存盘操作、用打印机图标隐喻打印操作等，这种隐喻设计简单，形象直观，应用最为普遍；还有一种是过程隐喻，通过描述操作的过程来暗示操作，如 Word 中的撤销和恢复图标等。

2）所见即所得

所见即所得是指显示的用户交互行为与最终产生的结果应是一致的。

3）直接操纵

直接操纵是指可以把操作的对象、属性、关系明显地表示出来，用光笔、鼠标、触摸屏或数据手套等指点设备直接从屏幕上获得形象化的命令与数据的过程。

2. 控件的设计原则

符号控件简称控件，是可视地表示实体信息的简洁抽象的符号。设计控件时应着重考虑视觉冲击力，因为控件设计是方寸艺术，需要在很小的范围内表现出控件的内涵，所以在设计图标时要使用简单的颜色，利用眼睛对色彩和网点的空间混合效果，做出精彩的图标。

设计图形用户界面的控件应遵循以下原则：

（1）图标的图形应该和目标外形相似，尽量避免过于抽象，使用户可以快捷、准确地识别图标。

（2）如果仅使用图形无法清楚明确地表示目标的含义，还可以在图标中附加简要的文本标注，使用户明确图标的含义。

（3）设计图标应尽量简单，符合常规的表达习惯，保持图标含义的前后连贯。同一含义的图标在系统的不同位置应保持一致，并尽可能与系统的风格保持一致。

图 8.22 所示为某款手机的部分控件。图示控件显示的情况近似于真实的图像，容易被理解。

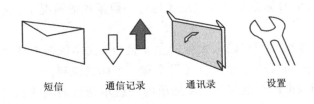

图 8.22　某款手机的部分控件

早期的飞机飞行状态指示器如图 8.23(a) 所示，指示器上代表飞机的指针不动，而代表地平面的水平线发生倾斜，实际使用时经常容易使飞行员产生错觉而造成事故。改进后的设计方案是当飞机倾斜时，所显示的图像与实际情况一致，如图 8.23(b) 所示，降低了飞行员的误判率。

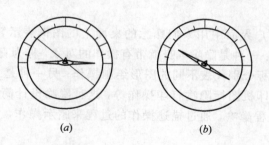

图 8.23 飞机倾斜指示方式对比

3. 控件的布局

下面对图形用户界面设计中常用控件的布局及其注意事项进行说明。

（1）命令按钮：命令按钮是用户操作对话框中常用的控件，用户可通过观察命令按钮对话框中控件的名称和位置，了解下一步将要执行的操作。在设计用户界面时需要注意的是，按钮应按照从左到右、从上到下或底部居中等顺序进行排放。窗口不仅要考虑控件的位置，还要考虑控件的排放格式。垂直排放时按钮应放置在窗口的右上方，水平排放时按钮应放置在窗口的底部。

（2）单选按钮：单选按钮适用于数据条目的多选一操作。如果用户需要从多个数据选项列表中只选出一个，那么使用单选按钮是十分方便的。单选按钮一般垂直排放，数量不宜超过 6 个。

（3）复选框：复选框可以用来从多个待输入数据条目中同时选出多个进行输入，操作方便，能够增强显示效果，操作时只需打勾或去勾（是或否）即可。

设计时需要注意的是，每一个复选框的标签描述必须能非常清楚地表达本数据项，这样用户才能比较容易理解每一个复选框的含义。

复选框一般也垂直排放，而且同一个复选框组中的复选框不宜超过 10 个。复选框可按下述几个标准进行排序：① 按使用频率排放，即使用频率最高的数据项对应的复选框排放在最上方。② 按任务排放，即用一个常用的顺序来表示完成某一任务的部分功能。③ 按合理的逻辑顺序排放，例如一个日期列表就自动隐含着一个按日期排放的顺序。④ 按字母顺序排放。只有在复选框的标签能够有效地表达每一数据项的情况下，才能够使用字母顺序排放复选框。

（4）文本框：文本框是用户输入数据的主要接口，文本框要有明显的边界，这样可以让用户看清自己所输入的数据。文本框还需要有一个标签说明。

（5）列表框：列表框的功能与有较多选项的一组单选按钮列表的功能相同，它能够支持数据条目的多选功能，以保证数据取值的完整性。当一组数据选择项非常多时，列表框非常适合于取代单选按钮列表。列表框中可见的选项应多于 3 项，但不宜超过 8 项。

（6）下拉列表框：如果用户只使用列表中的某一项数据，则可以使用下拉列表框。下拉列表框只给用户显示其中一项数据，如果用户要选择其它的数据项，就必须施动下拉列表框的滚动条。下拉列表框不适合于将所有数据同时展示给用户的情况。

（7）表格和网格：表格和网格允许用户同时输入或浏览大量的信息。如果用户需要比较并选择数据，可以用表格显示数据。网格允许用户同时输入多个数据。另外，表格和网格的每一行和每一列都有相应的标签说明，用于说明数据的特性。

8.6　人机界面设计的评价

怎样评价一个人机界面设计质量的优劣，目前还没有一个统一的标准。一般地，评价可以从以下几个主要方面进行考虑：（1）用户对人机界面的满意程度；（2）人机界面的标准化程度；（3）人机界面的适应性和协调性；（4）人机界面的应用条件；（5）人机界面的性能价格比。

目前人们习惯于用"界面友好性"这一抽象概念来评价一个人机界面的好坏，但"界面友好"与"界面不友好"恐怕无人能定一个确切的界线。

需指出，一个用户界面设计质量的优劣，最终还得由用户来判定，因为软件是供用户使用的，软件的使用者才是最有发言权的人。

习　　题

1. 设计人机界面应遵循哪些设计原则？
2. 何谓人因工程学？简述人因工程学在智能仪器人机界面设计中的应用。
3. 智能仪器前面板分区布置有哪些方法？
4. 简述常见的键盘和显示器的种类、基本工作原理及特点。
5. 度盘设计应注意哪些事项？
6. 显示控件设计应注意哪些事项？
7. 简述用选择结构法设计监控程序的方法，并画出一般程序流程图。
8. 简述用转移表法设计监控程序的方法，并画出一般程序流程图。
9. 某智能仪器可实现手动测量和连续自动测量（若无按键打断，完成一次测量 5 秒后，自动开始下一次测量）功能，每测量一次，系统自动对测量结果编号，测量编号和结果可查询，编号可修改。根据结构限制，只能设计 4 个按键。分析系统功能，设计按键定义，根据状态变量法画出状态转移图和程序流程图。

第9章 智能仪器中的总线技术

本章主要介绍智能仪器数据通信和通信接口总线的基本概念，重点介绍常用的串行标准总线、并行标准总线、现场总线、网络总线的特点和应用。

9.1 数 据 通 信

多单片机智能仪器中各单片机之间的通信都是数据通信，即通过数字传输进行数据（信息）交换；智能仪器的对外通信，属于设备与设备之间的通信，必须尽可能使用标准接口总线，并开放通信协议。

数据通信与所有其它交流一样，必须具备传输的媒介、接收机构、发送机构和控制手段。数据通信系统包括信号层、知识层和物理层。其中，承载信息的声、光、电等物理量是交流的信号，称为信号层；共有的语言和知识是交流的基础，称为知识层；统一的机械、电气特性是交流的保证，称为物理层。无论怎样称谓，智能仪器的数据通信都是通过硬件、软件相结合的方式实现的，通信过程包括信号发送、信号接收、代码转换、校验、同步、查询、中断控制等操作。

9.1.1 数据通信的基本概念

数据通信涉及以下几个基本概念：

（1）单工、半双工、全双工传输方式。根据信息传输方向，信息传输方式可分为单工、半双工、全双工三种工作方式。所谓单工方式，是指信号只能沿一个固定方向传输，而不能进行与此方向相反的传输。半双工方式的信号可以在两个方向上传输，但不能同时进行。如果信息可以同时沿两个方向传输，则称为全双工方式。

（2）基带传输和宽带传输。智能仪器是以二进制形式进行信息交流的。通常这些二进制数据需要借助电脉冲信号来表示。所谓基带传输，是指直接将这些电脉冲信号（或略加处理）进行传输。基带传输方式不适合远距离数据传输。人们常用基带信号对高频载波进行调制，再在适当的线路上进行远距离传输，这样就形成了宽带传输。通常的调制方式有调幅、调频以及调相等。

（3）异步与同步传输。根据信息的发送和接收是否同步，常用的通信方式可分为异步传输与同步传输两种。异步传输时，接收器首先检测到起始位，然后依据通信协议的规定（波特率），同步于发送器（接近发送频率）接收一帧信号。而同步传输则要求整个信息的发送和接收以固定速度进行，在同一个时钟的触发下实现发送和接收。同步传输的速度比异步快，但硬件电路相对复杂。

（4）传输速度。传输速度指信道在单位时间里可以传输的信息量，通常以每秒能够传输的比特数 n 来表示。它是数据通信的一个重要性能指标，常用下式表示：

$$n = \sum_{i=1}^{m} \frac{1}{T_i} \mathrm{lb} n_i \quad (\mathrm{b/s})$$

式中：m 为并行传输通道数；T_i 为第 i 条信道传输符号的最小单位时间；n_i 为第 i 条信道的有效状态数。

例如，对于串行传输而言，信道数为 1，因此有 $m=1$，一个脉冲只表示 0 和 1 两种状态，则 $n_i=2$，可得出传输速度为 $1/T_i$。国际上常用的标准数据传输速度有 50 b/s、100 b/s、200 b/s、2400 b/s、4800 b/s、9600 b/s、48 000 b/s 以及 240 000 b/s。

（5）调制与解调。当进行远距离的数据通信时，应采用调制与解调技术。要完成调制与解调功能，需用到调制器与解调器，它们的复合体称为调制解调器（Modem）。调制后的信号称为已调信号，通过信道传往接收点，例如连接到电话线上进行传送，接收端通过解调器将信号恢复成原状，再传给微处理器（MCU），如图 9.1 所示。

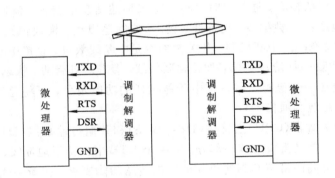

图 9.1　通过调制解调器和电话线的串行通信连接形式

调制的目的之一是为了信道复用。多路信号同时在一个信道上传输的技术称为多路复用技术。它相当于把单个传输通道划分成多个信道，以实现通信信道的共享。常用的多路复用技术主要有频分复用技术和时分复用技术。

9.1.2　接口总线

接口总线是接口和总线的总称，也常简称为总线。其接口包括各种逻辑电路（对信号进行发送、接收、编码转换的电路）和连接器。总线是一组信号线的集合，是系统中各功能部件之间进行信息传输的公共通道。总线不只是一簇无源导线的简单汇集，而是一组各具功能的信号线的集合，其中包括：

（1）数据线和地址线，它决定了数据通道的宽度和可直接寻址的范围；

（2）控制、联络、时序和中断信号，它决定了总线功能的强弱和适应能力；

（3）电源线和地线，它决定电源的种类及地线的分布和用法；

（4）备用线，留给厂家将来使用，有些用户可自定义。

总线是智能仪器的重要组成部分。智能仪器采用总线技术的目的是使系统设计者只需根据总线的规则去设计通信系统，将各测试部件按照总线接口标准与总线连接，而无须单独设计连接，从而简化了系统硬件设计，方便了系统组建，且提高了可靠性，使系统易于扩充和升级。总线的特点在于其公用性和兼容性。总线技术存在于不同的应用领域，在智能仪器中，利用标准总线实现芯片内部、印刷电路板模块之间、机箱内各功能插件板之间、主机与外部器件之间的连接与通信等。

一个总线要成为一种标准总线，就要对这种总线制定详细的总线规范。各生产厂商只要按照总线规范去设计和生产自己的产品，就能挂接在这样的总线上运行，这既方便了厂商的生产，也为用户组装自己的智能仪器带来了灵活性和便利性。无论哪种总线规范，一般都包括以下三方面内容：

（1）机械结构规范。该规范规定总线扩展槽的各种尺寸，规定模块插卡的各种尺寸及边沿连接器的规格和位置。

（2）电气规范。该规范规定信号的高低电平、信号动态转换时间、负载能力及最大额定值等。

（3）功能结构规范。该规范规定总线上每条信号线的名称、功能及相互作用的协议。功能结构规范是总线的核心。通常以时序和状态来描述信息的交换、流向和管理规则。总线功能结构规范包括：① 数据线、地址线、读/写控制逻辑线、模块识别线、时钟同步线、触发线和电源/地线等；② 中断机制，其关键参数是中断线数量、直接中断能力、中断类型等；③ 总线主控仲裁；④ 应用逻辑，如挂钩联络线、复位、自启动、状态维护等。

根据每种总线在一个智能仪器系统中所能担任的功能角色，可将总线分为三种类型，即控制总线、系统总线和通信接口总线。

控制总线由微处理器（CPU）主总线（Host BUS）和数据传输总线（DTB）所组成。控制总线是总线的基础，是最重要的核心部分。在一个 DTB 中包括了地址线、数据线和控制线的数据。为了满足更高的带宽和高速可靠的数据传送功能要求，在新一代总线中引入了局部总线技术。采用局部总线后，一个高性能的 CPU 主总线可以支持很高的数据传输速率。

系统总线又称为内总线，是指模块式仪器机箱内的底板总线，用来实现系统机箱中各个功能模块之间的互联，并构成一个智能仪器系统。系统总线包括计算机局部总线、触发总线、时钟和同步总线、仪器模块公用总线、模块识别总线和模块间的接地总线。选择一个标准化的系统总线，并通过适当地选择各种仪器模块来组建一个符合要求的智能仪器系统，可使得开放型互联模块式仪器在机械、电气、功能上兼容，以保证各种命令和测试数据在智能仪器系统中准确无误地传递。目前，使用较普遍的标准化系统总线有 VXI 总线、Compact PCI 总线和 PXI 总线等。

通信接口总线又称为外总线，是智能仪器系统内部与外部控制器的通信通道。外总线的数据传输方式可以是并行的（如 GPIB 总线），也可以是串行的（如 RS-232、USB 总线）。

并行接口总线采用相同的数据传输方式，有多条数据线、地址线和控制线，因此传输速度快，但并行总线的长度不能过长，要求采用并行总线的系统必须与控制器相邻。串行接口总线采用串行数据传输方式，数据按位的顺序依次传输，因此数据总线的线数较少，总线的地址和控制功能多是通过通信协议软件来实现的。串行外总线虽然传输速度较慢，但可以用在外控制器与智能仪器系统有较远传输距离的应用场合。

总线的主要功能是完成模块间或系统间的通信。因此，总线能否保证通信通畅，是衡量总线性能的关键指标。总线的一个信息传输过程可分为请求总线、总线仲裁、寻址目的地址、信息传送以及错误检测几个阶段。不同的总线在各个阶段所采用的处理方法各异。其中，信息传送是影响总线通信通畅的关键因素。

总线的主要功能及指标有以下几个方面：

(1) 总线宽度：主要是指数据总线的宽度，以位(bit)为单位。如 16 位总线和 32 位总线，分别指总线具有 16 位数据和 32 位数据的传送能力。

(2) 寻址能力：主要是指地址总线的位数及能直接寻址的存储器空间的大小。一般来说，地址总线位数越多，所能寻址的地址空间也就越大。

(3) 总线频率：总线周期是微处理器完成一步完整操作的最小时间单位，而总线频率就是总线周期的倒数，它是总线工作速度的一个重要参数，通常用 MHz 表示，如 33 MHz、66 MHz、100 MHz、133 MHz 等。工作频率越高，传输速度越快。

(4) 总线的定时协议：在总线上进行信息传送，必须遵循定时规则，以使源操作与目的操作同步。定时协议主要有以下几种：

① 同步总线定时：信息传送由公共时钟控制，公共时钟连接到所有模块，所有操作都是在公共时钟的固定时间发生，不依赖于源或目的。

② 异步总线定时：异步总线定时方式是指一个信号出现在总线上的时刻取决于前一个信号的出现，即信号的改变是顺序发生的，且每一操作由源(或目的)的特定跳变所确定。

③ 半同步总线定时：半同步总线定时方式是前两种总线挂接方式的混合。它在操作之间的时间间隔可以改变，但仅能为公共时钟周期的整数倍。半同步总线具有同步总线的速度以及异步总线的通用性。

(5) 负载能力：负载能力是指总线所有能挂接的器件个数。由于总线上只有扩展槽能提供给用户使用，故负载能力一般是指总线上的扩展槽个数，即可连到总线上的扩展电路板的个数。

9.2 串行标准总线

9.2.1 RS-232C 串行接口标准总线

1. RS-232 简介

RS-232 是美国电子工业协会(Electronic Industries Association，EIA)1962 年公布，1969 年最后修订的接口总线标准。RS 是推荐标准(Recommended Standard)的词头缩写，232 是此标准的标识号，C 表示最后一次修订型。通过 RS-232C，微型计算机可以与串行打印机、鼠标、仿真器 ICE、调制解调器及智能仪器等设备连接，并实现数据通信。

2. 接插件

EIA 规定 RS-232C 采用一种 DB-25 型的 25 芯插头插座作为接插件，如图 9.2 所示。25 个端子中，20 个信号线，保留 2 个端子备用，还有 3 个未定义。

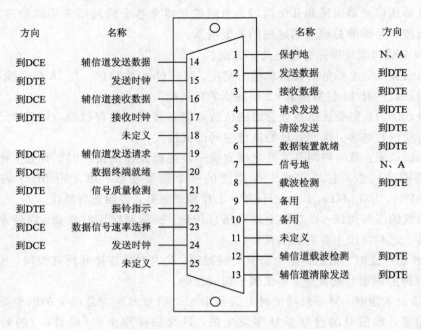

方向	名称			名称	方向
到DCE	辅信道发送数据	14	1	保护地	N、A
到DTE	发送时钟	15	2	发送数据	到DTE
到DCE	辅信道接收数据	16	3	接收数据	到DTE
到DTE	接收时钟	17	4	请求发送	到DTE
	未定义	18	5	清除发送	到DTE
到DCE	辅信道发送请求	19	6	数据装置就绪	到DTE
到DCE	数据终端就绪	20	7	信号地	N、A
到DTE	信号质量检测	21	8	载波检测	到DTE
到DTE	振铃指示	22	9	备用	
到DCE	数据信号速率选择	23	10	备用	
到DCE	发送时钟	24	11	未定义	
	未定义	25	12	辅信道载波检测	到DTE
			13	辅信道清除发送	到DTE

图 9.2　RS-232C 端子定义

3. 信号线的分类与定义

RS-232C 标准所标注的端子信号是针对数据终端设备（DTE）而言的。RS-232C 总线信号的定义和性能分别如图 9.2 和表 9.1 所示。

表 9.1　RS-232C 总线性能概要

项目及芯片	性能及可选芯片型号
连接设备	两台
连线长度	总长不超过 15 m，若使用调制解调器可增大到数千米
数据传送方式	位间串行、单工或双工、同步或异步、应答联络方式
数据传送速度	最大为 20 kb/s，常用波特率为 50 b/s、75 b/s、110 b/s、150 b/s、300 b/s、600 b/s、1200 b/s、2400 b/s、4800 b/s、9600 b/s、19 200 b/s
驱动器、接收电平	负逻辑－5～－15 V 为逻辑 1，＋5～＋15 V 为逻辑 0（噪声容限为 2 V）
串/并转换接口芯片	MC6805，Intel8250、8251、INS8250 等
电平转换接口芯片	MC1488、MC1489、SN75150、SN75152、MAX232 等

RS-232C 2、3 两端子接数据信号线。端子 2 的作用是从微型计算机发送数据到其它设备。当无数据发送时，该端子处于传号状态，即处于停止位的逻辑状态"1"。端子 3 的作用是将其它设备送出的数据接收到微机的适配器上，无数据时也保持在传号状态。这两条端子都连接单向数据线，加起来形成双向联系，使用时应注意设备端子的定义与接法，可

参考图 9.3。另外还要注意，RS－232C 端子 2 和端子 3 使用负逻辑，即＋5～＋15 V 之间的正电压表示逻辑"0"，而－5～－15 V 之间的负电压表示逻辑"1"。RS－232C 标准规定其它端子均使用正逻辑。

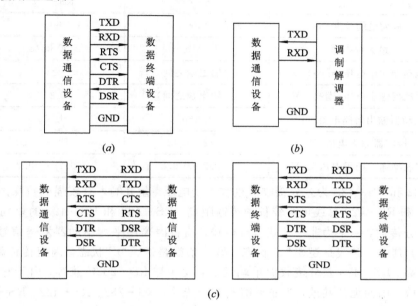

图 9.3 RS－232C 串行通信的几种连接形式

(a) 串行通信直接连接；(b) 串行通信最简连接；(c) 串行通信的两种交叉连接

完整的 RS－232C 接口总线标准定义了 20 个端子，最常用的只有 9 个。当使用的端子数少于 9 个时，可用 DB－9 型接插件。最简单的全双工串行通信往往只用三条导线：一条为发送 TXD，一条为接收 RXD，一条为信号地 GND。对应的接插件可以用三线插座。这时的总线已不是完整的 RS－232C 标准，但收发线和上述端子 2、3 一样，使用负逻辑。

4. RS－232C 总线信号电平转换

为了保证串行通信正确进行，标准要求信号电平必须保持一致。RS－232C 的电平信号不能直接与 TTL 电平的信号连接。而微处理器及其它很多设备都通用 TTL 电平，因此要进行电平转换，即发送前将 TTL 电平转换成 RS－232C 电平，接收后再将 RS－232C 电平转换成 TTL 电平。常用的电平转换芯片有 MCI488、MCI489 和 MAX232 等。

5. RS－232C 串/并转换接口

除了电平转换以外，有时还要完成发送前从并行到串行的转换和接收后从串行到并行的转换，并产生中断。表 9.1 所列的串/并转换接口芯片可供选择。目前流行的单片机已在内部集成了串行功能的接口，可以完成串/并转换和中断控制，并有多种工作方式。

9.2.2 RS－422、RS－423、RS－485 接口标准总线

由于 RS－232C 直接传输的距离短，最大数据传输率也不高，使其应用受到限制，因此，EIA 又公布了适用于远距离传输的 RS－422 和 RS－423 标准。RS－422 和 RS－423 的电气特性如表 9.2 所示。

表 9.2 RS-422、RS-423 电气特性

特性种类	特 性 值	
	RS-422	RS-423
最大电缆长度/m	1200	600
最大数据率	10 Mb/s	300 kb/s
驱动器输出电压(开路)/V	6(输出端之间)	±6
驱动器输出电压(满载)/V	2(输出端之间)	±3.6
驱动器输出短路电流/mA	±150	±150
接收器输入电压/V	−12～+12	−12～+12
接收器输入门限电压值/V	−0.2～+0.2	−0.2～+0.2

RS-422 和 RS-423 为差分接收器接收差动电压。差分输入有较强的抗噪声能力,使得 RS-422 和 RS-423 总线可有较长的传输距离。RS-422 和 RS-423 的差别在于一个为平衡式差分传输,一个为非平衡式差分传输,前者因采用平衡驱动器发送信号,即双端线传输信号,其中一条线是逻辑"1"状态,另一条就是逻辑"0"状态,因而传输距离更远,传输速率更高。RS-423 差分接收而单端发送,发送与 RS-232C 兼容。由于它是单端发送而差分接收,因而无公共地,为非平衡式差分传输。RS-232、RS-422、RS-423 的驱动连接方式如图 9.4 所示。

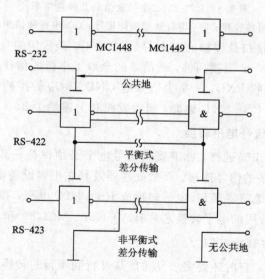

图 9.4 RS-232、RS-422、RS-423 的驱动连接方式比较

通过减少通信信号线,又产生了 RS-485 接口总线标准。它实际上是 RS-422 的变形。RS-422 采用两对平衡差分信号线,实现全双工行通信,RS-485 则只用其中一对,实现半双工通信。RS-485 可以高速远距离传输,抗干扰能力强,又便于多点互联,是目前应用十分广泛的一种智能仪器总线标准,其互相连接及发送接收时序如图 9.5 所示。

目前,市场已有实现 RS-232C 到 RS-485 转换的装置,可以帮助利用已有的 RS-232C 接口,完成 RS-485 标准的远距离通信。

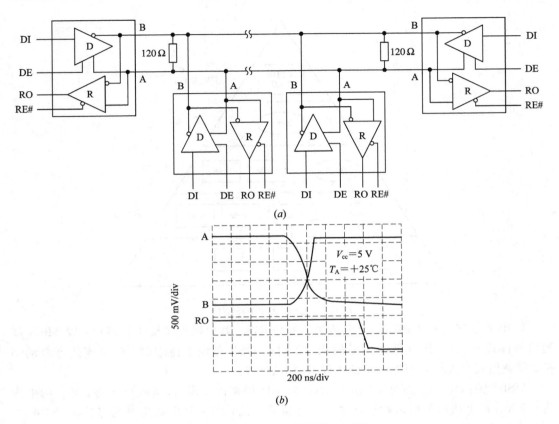

图 9.5　RS - 485 连接图与时序图

(a) 连接图；(b) 时序图

9.2.3　USB 接口总线

USB(Universal Serial Bus)即通用串行总线。它在传统计算机组织的基础上，引用了网络的某些技术。USB 是一种电缆总线，支持主机与各式各样"即插即用"外部设备之间的数据传输。

目前，USB 总线技术应用日益广泛，USB 接口芯片也日益普及。在智能仪器中装备 USB 总线接口主要是为了提高仪器上传(回收)数据的速度，另外还可以方便地连入 USB 系统，从而大大提高了智能仪器的数据通信能力，也可以使智能仪器选用各种 USB 外部设备，增强智能仪器的输出、存储等功能。

1. USB 概述

USB 系统分为 USB 主机、USB 设备和 USB 连接三部分。任何 USB 系统只有一个主机，USB 主机系统的接口称为主机控制器(Host Controller)。USB 设备包括集线器(Hub)和功能部件(Function)两种类型，集线器为 USB 提供了更多的连接点(Node)，功能部件则为系统提供了具体的功能。USB 的物理连接为星形布局，每个集线器处于星形布局的中心，与其它集线器或功能部件点对点连接。根集线器置于主机系统内部，用以提供对外的 USB 连接点。图 9.6 为 USB 总线拓扑结构。

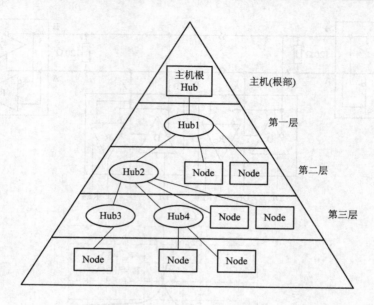

图 9.6　USB 总线拓扑结构

　　USB 系统通过一种四线的电缆传送信号和电源。其数据传输模式有两种：12 Mb/s 高速信号模式和 1.5 Mb/s 低速信号模式。在同一 USB 总线上传输时，两种模式可自动切换。低速模式只支持有限的几个低速设备（如鼠标等）。

　　USB 电缆如图 9.7 所示，V_{BUS}、GND 两条线用来向 USB 设备提供电源，V_{BUS} 的电压为 +5 V。每个端口都可以检测终端是否连接或分离，并区分出高速或低速设备。USB 电源技术包括电源分配和电源管理两方面的内容。电源分配是指 USB 如何分配主计算机所提供的电源，需要主机提供电源的设备称为总线供电设备（如电子盘、键盘、输入笔和鼠标等），自带电源设备称为自供电设备。主机的电源管理系统与 USB 的电源管理系统相互独立，系统软件可以与主机的电源管理系统结合，共同处理各种电源事件，如挂起、唤醒等。

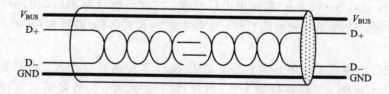

图 9.7　USB 电缆及信号定义

2. USB 总线协议

　　USB 协议反映了 USB 主机与 USB 设备进行通信的语言结构和规则。USB 是一种轮询方式的总线，主机控制器负责初始化所有的数据传送。每次传输开始，主机控制器将发送一个描述传输的操作种类、方向、USB 设备地址和端口号的 USB 数据包，被称为标记包（PID，Packet Identifier）；USB 设备从解码后的数据包的适当位置取出属于自己的数据。传输开始时，由主机控制器通过设置标记包来确定数据的传输方向，然后从发送端发送数据包，接收端则发送一个对应的握手数据包以表明是否传送成功。被传输的数据采用 USB 所定义的数据结构、信道与数据宽带。多数信道在 USB 设备设置完成后才会存在，而默认控制信道在设备一启动即存在，从而为设备的设置、状态查询和输入控制信息提供了方便。

3. USB 数据流

USB 总线上的数据流是 USB 主机与 USB 设备之间的通信数据。这种数据流可分为应用层、USB 逻辑设备层和 USB 总线接口层。USB 共有四种基本的数据传送类型：控制传送、批传送、中断数据以及同步传送。

USB 的宽带可容纳多种不同的数据流，因此可连接大量设备，可容纳从 81 kb/s 到 1.5 Mb/s 速率的通信设备，而且 USB 支持同一时刻的不同设备具有不同的传输速率，并可动态变化。

4. USB 的容错性

USB 提供了多种数据传输机制，如使用差分驱动、接收，以提高抗干扰能力；使用循环冗余码，以保证信息的完整性；进行外设装卸的检测和系统资源的设置，对丢失和损坏的数据包暂停传输，利用协议自我恢复，以建立数据控制信道，从而避免了功能部件之间的相互影响。上述机制的建立，极大地保证了数据的可靠传输。在错误检测方面，协议中对每个数据包中的控制位都提供了循环冗余码校验，并配制了一系列的硬件和软件设施来保证数据的正确性。硬件的错误处理包括汇报错误和重新进行一次传输，传输中若再次遇到错误，由 USB 的主机控制器按照协议重新进行传输，最多可传输三次。若错误依然存在，则对客户端软件报告错误，使之按特定方式处理。

5. USB 设备

USB 设备有集线器和功能部件两类。集线器简化了 USB 互联的复杂性，可使更多不同性质的设备连入 USB 系统中。USB 集线器如图 9.8 所示。集线器各连接点被称为端口，上行端口向主机方向连接（每个集线器只有一个上行端口），下行端口可连接另外的集线器或功能部件。集线器检测每个下行端口设备的安装或拆卸，并为下行端口的设备分配能源，辨别每个下行端口所连接的是高速信号模式还是低速信号模式。主机通过集线控制器所带有的接口寄存器，对集线器的状态参数和控制命令进行设置，并监视和控制其端口。

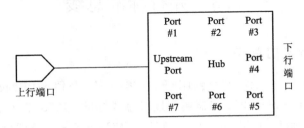

图 9.8　USB 集线器示意图

功能部件是通过总线进行发送、接收数据或控制信息的 USB 设备，由一根电缆连接在集线器某个下行端口上。每个功能部件都含有描述该设备的性能和所需要资源的信息。主机应在功能部件使用前对其进行设置，如分配 USB 带宽等。定位设备（如鼠标、光标）、输入设备（键盘）、输出设备（打印机）等都属于功能部件。

当设备连接并被编号后，占有唯一的 USB 地址。USB 系统就是通过该地址对多个设备进行操作的。每一个 USB 设备通过一条或多条信道与主机通信。USB 的控制信道通过零号端口上一个指定的信道与所有的 USB 设备连接。通过这条控制信道，所有的 USB 设备根据一个共有的准入机制，以获得控制操作的信息。控制信道中的信息应完整地描述 USB 设备，主要包括标准信息类别和 USB 生产商的信息等。

6. USB 系统设置

所有的 USB 设备可随时从 USB 系统的某个端口上带电插上或拔下。集线器有一个状态指示器，可指明 USB 设备的连接状态。主机将所有集线器排成队列，以取回 USB 设备的连接状态信号。在 USB 设备安装后，主机通过设备控制信道来激活该端口，将默认的地址值赋给 USB 设备，并检测新装入的 USB 设备是下一级的集线器还是功能部件。如果安装的是集线器，并有外设连在其端口上，上述工作还要对本集线器上的每个 USB 设备重做一遍；如果属于功能部件，则主机关于该设备的驱动软件等将被激活。当 USB 设备从集线器端口拆除后，集线器关闭该端口，并向主机报告设备已经不存在，USB 系统软件将进行撤销处理。如果拆除的是集线器，则系统软件将对该集线器及连接在其上的所有设备进行撤销处理。

7. 智能仪器中的 USB 接口

在智能仪器中添加 USB 接口，使智能仪器作为 USB 设备，可以增加智能仪器的通信能力，尤其是可以提高仪器与 PC 机通信（向 PC 机传送数据）的速度。设计智能仪器 USB 接口硬件一般可采用两种方法，一种方法是给单片机加 USB 接口芯片，另一种方法是选用具有 USB 接口的单片机。设计智能仪器 USB 接口的软件是整个工作的重点，它包括编制仪器单片机的软件和 PC 机的软件。目前，PC 机的操作系统都支持 USB 接口通信。虽然所支持的 USB 设备中没有数据采集一类，但可将智能仪器定义为某一类 USB 设备，通过相关的软件生成该类 USB 设备的驱动程序。

智能仪器作为 USB 主机，一般应嵌入带 USB 接口的控制 PC 机，并嵌入支持 USB 的操作系统。编制仪器单片机的 USB 接口软件时，可利用芯片商或软件商提供的支持。

9.3　并行标准总线

9.3.1　GPIB 并行接口总线

1975 年美国电子电气工程师学会（IEEE）在美国 HP 公司 HPIB 仪表接口总线的基础上，正式颁布了 IEEE－488/1975 仪器通用接口总线标准，1978 年又加以补充和注释，成为 IEEE－488/1978 标准。1980 年 IEC 又通过了 IEC－625－IB 总线标准，称为 IEC 总线。实际上以上两种总线只是机械接头不同，而实质是一样的，因此又被称为 GPIB，即通用仪器接口总线（General Purpose Interface BUS）。

1. 系统的组成

GPIB 总线的应用如图 9.9 所示，这是 GPIB 总线连接 4 个独立设备的例子。每个设备都应具备下列三个基本功能中的一个或多个。

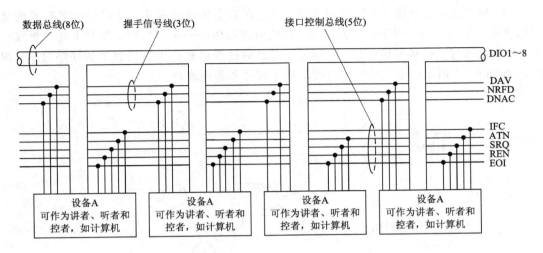

图 9.9 GPIB 总线的应用

（1）听者（收听器）：当总线寻址寻到它时，能够接收总线上的数据。同一时刻可以有多个有效的听者。

（2）讲者（发话器）：当总线寻址寻到它时，能把数据发送到总线上。同一时刻只能有一个有效的讲者。

（3）控者（控制器）：能寻址其它设备，使其成为听者或讲者，能发送接口命令，使其它设备做特定动作。同一时刻只能有一个有效的控者。

连接在总线上的微处理器等设备可以作为讲者，也可作为听者，或者作为控者，也可能具有两种以上的功能，具体由设备用途而定。GPIB 标准规定系统工作时，同一时刻只能有一个控者和一个讲者处于工作状态，其余只能为听者或处于空闲状态。

2. 信号线分类与定义

（1）数据输入/输出线：数据输入/输出线简称 DIO 线，一共 8 条。它被用来传送系统内的一切数据和总线命令信息。DIO 线上传递信息的方式为位并行，字节串行，双向异步。

（2）控制线：命令/数据信号线 ATN 由控者专用，用以指明 DIO 上数据的类型是命令还是数据。系统其它部件必须随时监视此线，以便及时作出相应的反应。ATN＝0，表示 DIO 线上的信息为命令，其它设备只能接收该命令并解释。当 ATN＝1 时，表示 DIO 上的信息为数据，是由受命为讲者的设备发出的，受命为听者的设备必须听，其它设备可以不予理睬。

接口清除信号线 IFC 是控制者用来发送接口清除信息的控制线。当 IFC＝0 时，整个接口恢复到原始状态。服务请求信号线 SRQ 供系统中各设备向控者提出服务请求。当 STQ＝1 时，表示系统中至少有一台设备工作不正常，并已经向控者提出服务请求，遥控允许信号 REN。被控者的控制既允许通过系统接口遥控，也允许用局部控制设备的手控装置开关、按键来控制。当 REN＝0 时，表示设备处于遥控状态，一切操作均受控者控制，各设备面板上的开关、按键失去作用（电源开关除外）。结束与识别信号线 EOI 可被讲者用来指示多字节数据传送的结束，又可被控者用来识别哪个设备提出了服务请求。EOI 必须和 ATN 线联合使用。当 EOI＝0、ATN＝0 时，表示执行后一种功能。

（3）握手线：又叫做字节传送控制线，是指在数据传送过程中，确保每个字节的信息都能准确可靠地传送。握手线一共三条。系统内部每传送一个字节信息都与上述三根线有关，并且是通过三线状态确定的，因而传送信息的过程也被称为三线握手的联络过程。图9.10和图9.11所示的是三线握手过程的握手时序和程序流程。

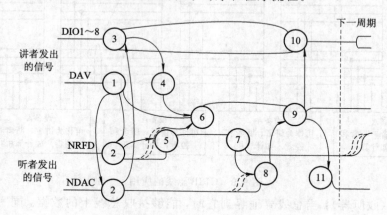

图 9.10　三线握手时序

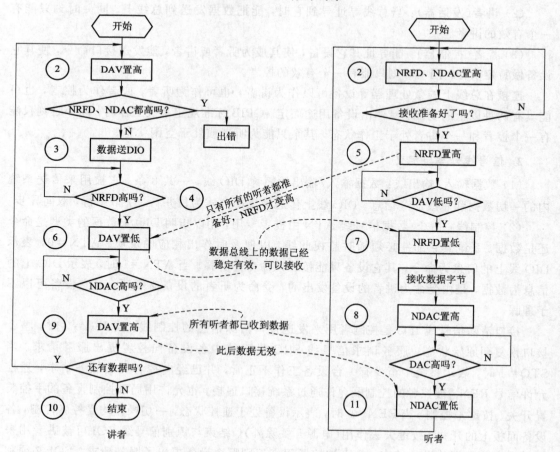

图 9.11　三线握手程序流程图

3. GPIB 接口

GPIB 标准规定接口总线插头插座为 24 芯针状式，子母型。GPIB 共有 16 根线为 TTL 电平信号线，包括 8 条双向数据线、3 条握手线和 5 条控制线，另 8 根为地线和屏蔽线。信号定义如图 9.12 所示。

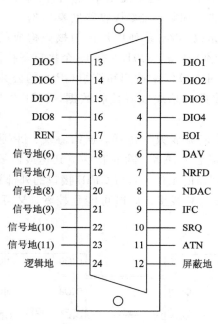

DIO5	13	1	DIO1
DIO6	14	2	DIO2
DIO7	15	3	DIO3
DIO8	16	4	DIO4
REN	17	5	EOI
信号地(6)	18	6	DAV
信号地(7)	19	7	NRFD
信号地(8)	20	8	NDAC
信号地(9)	21	9	IFC
信号地(10)	22	10	SRQ
信号地(11)	23	11	ATN
逻辑地	24	12	屏蔽地

图 9.12　GPIB 标准总线引脚排列及端子定义

GPIB 总线性能如表 9.3 所示。

表 9.3　GPIB 总线性能

项目及芯片	性能及可选芯片型号			
最多连接设备数目	15 台			
连线长度	总长不超过 20 m，单根长度不超过 4 m			
信息传送方式	三线挂钩联络、字节串行、位并行、异步			
信息传送速度	最大为 1 Mb/s，最长总线长度时一般为 250～500 b/s			
寻址空间	听讲可寻址(一次地址)设备 31 个，扩充的可寻址(二次地址)设备 961 个，一台设备讲话最多 14 台设备听			
控制权转移	在多主控设备系统中，正在执行主控的设备可以将控制权转让给其它控者			
驱动器、接收器电平	TTL			
常用总线接口芯片	MC68488	Intel8291	TMS9914	PD721	SM8530B
配用驱动器、接收器	MC3488A	8293，8296，8297	SN75160，75161，75162	PD721	MC3441

4. 接口芯片

为建立微处理器与 GPIB 接口总线连接，必须有专门的接口芯片实现微处理器内总线与 GPIB 总线的电气转换，并产生监视和传送各个 GPIB 总线的控制信号。

各厂家生产的接口芯片结构和功能不完全相同，它们都是生产公司配套自己的微型机使用的，常用的 GPIB 接口芯片和驱动器、接收器见表 9.3。

Intel 公司的产品 8291 是以 8041 系列单片机为核心构成的，其中含有一个小的存储器、8 位微处理器和有限的 I/O 接口，8291 内有 16 个接口寄存器连到芯片内部总线上，可与微处理器连接。单片机通过 I/O 线来检测和控制 GPIB 的公共信号。微处理器通过读/写接口寄存器，就可以传送数据到总线或者接收数据。8291/2 与微处理器接口如图 9.13 所示。

8291 作为接口主芯片，能完成数据传递、挂钩协议、讲/听地址、器件清除、器件触发、服务请求、串行和并行点名等任务。除非有字节到达或者要将字节发送出去，大部分时间里 8291 不会干扰微处理器的工作。当与 GPIB 接口的外部设备是讲者或听者时，其接口只用 8291 芯片。微处理器与总线接口则既可能是控者，又可能是讲者/听者，所以接口要用到 8291 和 8293 芯片。

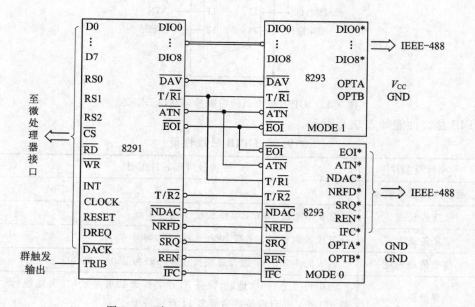

图 9.13　由 8291 和 8293 组成讲者/听者接口逻辑

9.3.2　VXI 总线

1. VXI 总线的机械构造

VXI 总线系统是由一个机箱和一块带有可插槽位的底板(或模块机架)构成的。VXI 总线的机箱深约 160 mm，高度有两种，一种约为 99 mm，另一种约为 233.7 mm，后者为欧洲插件的尺寸。两种尺寸分别冠以 A 和 B 代号，精确尺寸可以参见欧洲插卡标准

(Eurocard Standard)中的规定。总线模块板的槽口深度为 20.32 mm，A 尺寸模块是一个单向 96 引脚的连接器，称为 P1。B 尺寸模块稍大，可以容纳 P1 及其相同尺寸的一个附加连接器，称为 P2。每个连接器包含三列 32 脚的插座。所有的交接、判断及中断支持都在 P1 上进行。P2 的中央一列是用来将系统的地址和数据扩充到 32 位的。靠外面两列暂未定义，可由用户自行安排，通常是作为接口连接或者模块与模块之间的通信用。VXI 总线系统模块连接器的功能定义如图 9.14 所示。

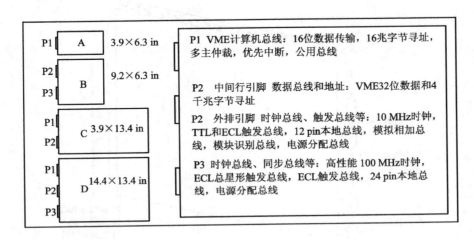

图 9.14　VXI 总线系统模块连接器的功能定义

　　VXI 总线规定最多可容纳 21 个模块，由于需要安装一个 19 英寸(482.6 mm)的支架，实际最多容纳 20 个模块。VXI 根据现代测试仪器的应用需要，在同步、触发、电磁兼容和电源方面扩展了系统功能，并在 VXI 规范中做了相应规定。VXI 总线规范定义了对主机架、底板、模块、电源、机箱以及冷却系统等 VXI 总线兼用部件的技术规定和要求，还为在同一插件板上使用不同制造商的产品提供了说明。

2. VXI 总线模块结构

　　根据仪器标准化和通用化要求，VXI 引入两种新的插件尺寸：一种是 VXI－C 尺寸，深为 340 mm，高为 233.7 mm；另一种是 VXI－D 尺寸，深为 340 mm，高为 365.76 mm。C 尺寸插件可以采用与 B 尺寸插件相同的连接器，但是 P2 上的各引脚都已定义。D 尺寸插件可用一只称为 P3 的附加连接器，P3 可连接高性能仪器所需的许多附加设备。

　　底板上模块之间的空间距离(即插件的厚度)为 30.48 mm，以安装稍大的模块元件，并能增加模块之间的隔离。

　　模块板可以是一块印刷电路板(PCB 板)插件，也可以是一个包含几块 PCB 插件的底板装置。当一个仪器插件要求超过 30.48 mm 时，可以在 VXI 的机架上采用多槽口，多槽口结构的尺寸是 30.48 mm 的整数倍。

　　VXI 总线模块的规范包括：前面板规范、模块屏蔽规范、模块的机械锁键规范、冷却要求(即最大允许温升时的最小空气流)以及最大功率要求，所有模块必须满足严格的 EMC(电磁兼容性)辐射和敏感度标准。

　　所有 VXI 总线仪器模块都必须有一块前面板，即使主机箱内个别槽位没有插入模块，也要在相应前面板的位置插入一个填充(Filler)面板,以满足安全、冷却和电磁兼容的要求。由于所有 VXI 模块的对外引出线都必须经过前面板引出,所以前面板的接口主要用来与传感器及模块间的信号通路连接,例如信号源的输出线、测试仪的输入线等。在前面板上通常还安装着用于本地总线的机械锁键、拉手,必要时还可装配模块的压入/引出装置,如图 9.15 所示。

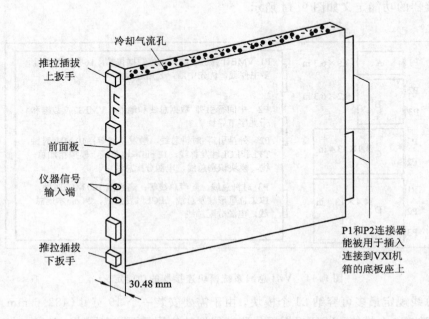

图 9.15　VXI 单槽 C 尺寸模块的构造

C 尺寸和 D 尺寸仪器模块都装有屏蔽板,以便提高 VXI 总线仪器模块的性能。模块的屏蔽允许接电路地或主机箱地,与机箱屏蔽相互配合,以提高抗电磁干扰能力。

3. VXI 总线系统机箱

一个 VXI 系统最多可包括 256 个装置,其中包含一个或多个 VXI 总线子系统。一个 VXI 机架(或 VXI 总线子系统)被一个零槽控制器(Slot 0 Controller)所控制,用做定时和设备管理。它最多能携带 12 个仪器模块。总共 13 个模块可装配在一个 482.6 mm 的机箱中。一个 VXI 子系统模块数的上限为 13,没有下限,即一个系统可以仅仅有零槽控制器和两三个模块。

机架有几种不同尺寸以适应不同的插件尺寸(如 C 尺寸机架适应 C 模块)。可以选用最大尺寸的机箱,并由小于其机架的扩展插件板转接各类尺寸的模块,例如对于最大的 D 型机架,它既能容纳 A、B、C 尺寸模块,又能容纳 D 尺寸模块。

VXI 总线规范对一个 VXI 的主机架的冷却、电源及 EMC 误差都做了明确的规定。为了保证各厂商所生产的主机架之间电特性的差异最小,VXI 总线规范对底板的机械设计提出了一些建议,如对于多层问题、布局问题,以及层与层之间的空间问题和通过连接器的转换问题,规范中都做了明确说明。

图 9.16 所示为 C 尺寸 VXI 主机箱结构图。

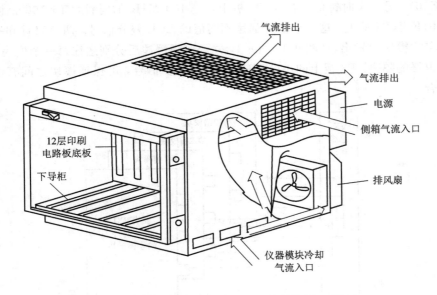

气流排出

气流排出

电源

侧箱气流入口

排风扇

12层印刷电路板底板

下导柜

仪器模块冷却气流入口

图 9.16 C 尺寸 VXI 主机箱结构图

4. VXI 电气性能

只有 P1 连接器能适用于 VXI 总线模块的四种不同尺寸。VXI 总线将 P2 和 P3 连接器引脚全部使用。这样，P2 和 P3 连接器通过 VXI 总线结构中 7 个子总线的作用，能提供附加的电源、新的电源电压、计算机运行特性、自动配置能力、模块与模块间的直接通信以及系统的同步，以扩大 VXI 总线的功能。

按逻辑功能，VXI 总线可分为 8 个功能组。这 8 组子总线的类型见表 9.4。

表 9.4 VXI 的 8 组子总线的类型

子总线	类 型
VME 计算机总线	全局型
触发总线	全局型
模拟相加总线	全局型
电源分配总线	全局型
时钟及同步总线	单一型
星形总线	单一型
模拟识别总线	单一型
本地总线	专用型

以上这几组子总线都在背板上，每一种子总线都为 VXI 系统仪器增加了新的功能。总线的类型对系统的功能有很大影响。全局型总线可以为所有模块共用，并总是开通的。单一型总线是零号插槽中的模块同其它插槽进行点对点连线。专用型总线则连接相邻的插件。VXI 总线的物理位置在 P1、P2 和 P3 上，P1、P2 和 P3 有 96 个接插引脚。

1) VXI 时钟总线

时钟总线提供两个时钟信号和一个同步信号。一个时钟信号位于 P2 板上，是 10 MHz

时钟(CLK10)；另一个时钟信号位于 P3 板上，是 100 MHz 的时钟(CLK100)；同步信号(SYN1000)位于 P3 板上。这三个信号都是不同值的 ECL 差分信号。两个时钟和一个同步信号都从零槽模块上发出(如图 9.17 所示)，并经底板缓冲后分别送往每一个模块，它能使模块内有很好的隔离。P3 板上的 100 MHz 时钟和同步信号，可保证模块之间有十分精密的时间配合。

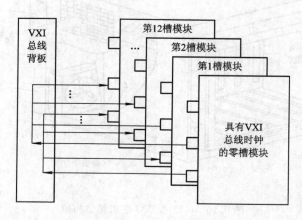

图 9.17　VXI 时钟信号

2) VXI 星形总线

VXI 星形总线在 P3 连接器上，它由 STAR X 和 STAR Y 两条线构成，供模块间进行异步通信。STAR 线在每一模块槽和零槽之间直接相连。

任意两个星形连接的信号间允许的最大时间偏差为 2 ns，在零槽和一个模块之间允许的最大延迟为 5 ns，这就可使总线在高速的模块内部触发以及通信方面做得更精确。星形线特别适用于对定时关系要求严格的应用场合。

3) VXI 触发总线

VXI 触发总线由 8 条 TTL 触发线(TTLTRG∗)和 6 条 ECL 触发线(ECLTRG∗)构成。8 条 TTL 触发线和 2 条 ECL 触发线在 P2 插槽上，其余附加的 ECL 触发线则在 P3 插槽上。VXI 触发线通常用于模块内部的通信，每一个模块(包括零槽的操作在内)都可以驱动触发线和从触发线上接收信号。触发总线可用于触发、挂钩、定时和发数据。

4) VXI 本地总线

本地总线位于 P2 模块上，它是一条专用于相邻模块间的通信总线(如图 9.18 所示)。本地总线的连接方式是一侧连向相邻模块的另一侧。除了零槽模块连接 1 号模块的左侧与 12 号模块的右侧之外，其余所有的模块都是把一侧连接到相邻模块的左侧，而另一侧连到另一个相邻模块的右侧(如图 9.19 所示)。所以，大多数模块都有两条分开的本地总线。标准的插槽有 72 条本地总线，每一侧各有 36 条，其中 12 条在 P2 上，24 条在 P3 上。本地总线上的信号幅度可从 +42 V 到 −42 V，最大电流为 500 mA。信号的幅度又可分为五级(见表 9.5)。

本地总线的目的是减少模块间使用带状电缆连接或跨接线的需要，使两个或多个模块间可进行通信而不占用全局总线。图 9.19 所示即为一个使用本地总线在各个仪器模块间进行通信的例子。

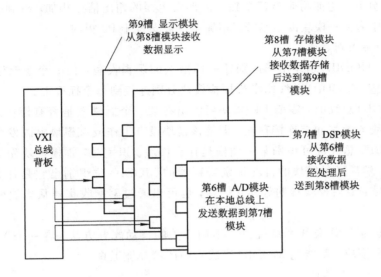

图 9.18 VXI 底板上的本地总线

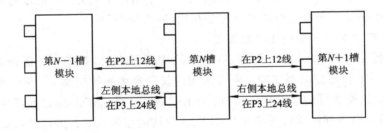

图 9.19 VXI 模块上的本地总线

表 9.5 本地总线上信号幅度的分级

级 别	负电压极限/V	正电压极限/V
TTL	−0.50	+5.50
ECL	−5.46	0.00
低幅度模拟信号	−0.50	+5.50
中幅度模拟信号	−16.00	+16.00
高幅度模拟信号	−42.00	+42.00

5）模块相加总线

相加总线(SUMBUS)能将模拟信号相加到一根单线上。这组子总线存在于整个 VXI 子系统的背板上。它是将机架底板上各段汇总后形成一条模拟相加分支，并与数字信号和其它有源信号分开。它能将来自三个独立波形发生器的输出信号相加，得到一个复合的合成信号，用来作为另一模块的激励源。相加总线被安置于 P2 板内。

6）VXI 模块识别总线

模块识别（MODID）总线用于识别任一插槽上的逻辑设备，使一个逻辑装置与一特定位置或槽相对应。MODID 总线由零号插槽模块分别连接到每个插槽上。

使用 MODID 总线时，零槽上的模块可测出在某一个插槽上是否有模块。只要模块中的 MODID 总线与地之间有连接存在，即使该模块没有工作或该模块电源发生故障也可检测出。用 MODID 总线也可识别某一插槽是什么模块。识别时，零槽模块先向该插槽发出 MODID 信号，然后通过模块的自动识别寄存器的 MODID 位识别出它是什么模块。而像制造厂家、型号、最后校验日期等其它信息，也可以通过零槽收集器从模块的状态记录表中获得。

MODID 也为 VXI 总线系统提供了不用开关的自动配置方法。在一个 VXI 总线系统中，只要有零号模块，就能把 MODID 当成一种插槽寻址工具。

7）VXI 电源分配总线

电源分配总线所支持的模块的功耗可达 268 W。电源向背板上的总线提供 7 种稳定的电压，以满足大多数仪器的需要。+5 V、+12 V、-12 V、+24 V 和 -24 V 电源供模拟电路用，-5.2 V 和 -2 V 供高速 ECL 电路用。P3 上增加了电源线，但没有增加新的电压种类。VXI 总线插座上所有的电源插针都是相同的。

8）系统管理控制——零槽资源控制器

零槽资源控制器可与 CLK10 脚沟通（当系统中配置有 P3 插座时，还能沟通 CLK100 和 SYN100）。零槽资源控制器能满足所有选用的仪器模块的各项要求，是一种公共资源系统模块。零槽中的模块可用于 GPIB 接口、IEEE1394 接口、MXI 接口和系统智能控制功能等。如果想用一台外部的主计算机来控制 VXI 总线的仪器，那么需将计算机与 VXI 总线系统连接起来。连接方式可以是 IEEE488.2、LAN、EIA232、IEEE1394、MXI 或 VME 总线。VXI 总线规范规定了两种可以通用的模块：以寄存器为主的器件和以信息传递为主的器件。以寄存器为主的器件是一种不带微处理器的模块，能对底板进行寄存器读和写，例如开关、数字 I/O 插件、单片的 ADC（模/数转换器）和 DAC（数/模转换器）等模块。以信息传递为主的器件遵循 VXI 总线代码串行通信规定，它们通常是带内含微处理器的智能器件，能够接收和执行 ASCII 指令。信息传递型模块具有对另一个信息传递模块进行"翻译"的能力，如能将 CIIL（MATE）信息"翻译"成信息传递型模块自身的 IEEE488.2 语言。大多数高级仪器中的模块都是信息传递型器件。用户若希望用一种高级 ASCII 指令语音（如 IEEE488.2 和 CIIL（MATE））来对一个寄存器型的器件进行编程，那就需要用一块信息传递型的器件对其进行控制。这种器件会带来一个零槽控制模块，也可能仅是一种接口辅助模块。

零槽资源控制器的系统管理控制如图 9.20 所示。在 VXI 系统管理控制的倒树状结构中，最上层的器件是命令者，最下层的器件只是受令者，而中间层的器件既是下层器件的命令者，又是上层器件的受令者。这是一种分层结构仪器系统。

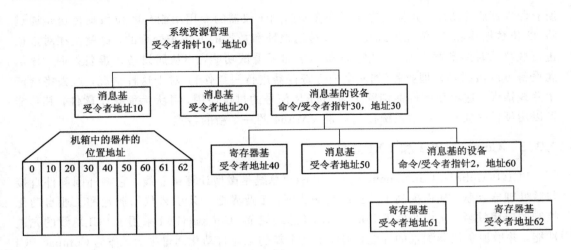

图 9.20　零槽资源控制器的系统管理控制

9) VXI 对系统冷却的要求

VXI 总线对主机架和各模块都规定了冷却要求,规定了冷却容量、空际流通速率和能够忍受的最终压强,并对主机架中插件处于最差的槽位时从顶部到底部的压力差规定了空气容量曲线。VXI 总线规定空气流从 P3 板吹向 P1 板,以便于设计一种能使空气流吹向最热部件的模块。VXI 对测试冷却的方法也做了规定。

10) VXI 对电磁辐射和敏感度的考虑

VXI 对电磁兼容(EMC)也做了规定,包括电源噪声的传导干扰和电磁波的辐射干扰。VXI 总线系统由传导造成的电磁干扰问题主要是由电源引起的。VXI 总线规定,模块所使用的任何电源,最大瞬时电流不应超过规定的模块峰值电流 I_{pm}。此外,在所有电源都被使用的情况下,模块受到最大限度干扰时的电磁噪声传导干扰,必须满足一个特定的限定曲线。传导敏感度是以波纹/噪声(Ripple/Noise)电流作为考虑基点的,也必须满足一条特定的限制曲线。模块造成的辐射干扰分为远场和近场两种。图 9.21 所示为 VXI 对辐射干扰兼容性要求的规定。VXI 对辐射传输和辐射敏感度的测试方法都做了定量规定。

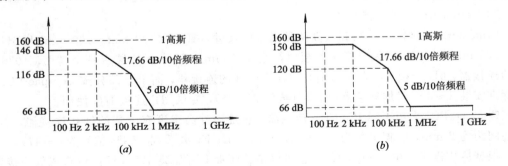

图 9.21　VXI 对辐射干扰兼容性要求的规定

(a) 最大近场辐射传输的规定;(b) 最小近场辐射敏感度的规定

5. VXI 技术的发展和新的技术规范

目前最新的 VXI 修订本是在 2003 年 11 月发布的 3.0 版本。VXI 总线技术规范采用了所有原 VME 的功能，并且又定义了许多专门用于仪器的专用功能。64 位数据传送是通过将 32 位数据线和 32 位地址线复用，以传送地址和数据的方法来处理的，这就使在对数据进行块移动时的带宽增加了一倍。新版本增加了重试功能，当从属设备未准备好时，该从属设备可以撤回其处理业务（如向全信号寄存器进行写操作）。对于这种情况，过去将会产生总线错误。这项新的性能消除了对 BERR 信号的过度使用，并大大简化了软件，其功能可以用硬件来实现。自动系统控制器是 VME64 的一个新的特点。

9.3.3　CompactPCI 和 PXI 总线

PCI(Peripheral Component Interconnect)总线是微型计算机总线。它将外围部件直接与微处理器互联，从而提高了数据的传输速度。工业界把 PCI 引入仪器测量和工业自动化控制的应用领域，从而产生了 CompactPCI 总线规范。CompactPCI 采用了 PCI 总线的先进性能，并增加了仪器测量的性能，构成了一个新的工业自动化测量平台。作为 CompactPCI 总线的进一步扩展，PXI(PCI Xtensions for Instrumentation)是一个集多种测试总线的优点和特点为一体的仪器自动化测试总线。

1. CompactPCI 总线

CompactPCI 是由 PCI 计算机总线加上欧式插卡连接标准，构成一种面向测试控制应用的自动测试总线。它的最大总线带宽可达 132 MB/s（32 位）或 264 MB/s（64 位）。CompactPCI 规范采用了无源底板以及非常可靠和成熟的欧式卡组装技术。它在芯片、软件和开发工具方面，充分利用 PC 机资源，从而大幅度降低了成本。

CompactPCI 系统由机箱、总线底板、电路插卡以及电源部分所组成。各插卡上的电路通过总线底板彼此连接，系统底板提供 +5 V、+3.3 V、±12 V 电源给各电路插卡。

CompactPCI 的主系统最多允许有 8 块插卡，垂直或平行地插入机箱，插卡中心间距为 20.32 mm。总线底板上的连接器标以 P1～P8 编号，插槽标以 S1～S8 编号，从左到右排列。其中一个插槽被系统插卡占用，称为系统槽，其余供外围插卡使用。规定最左边或最右边的槽为系统槽。系统插卡上装有总线仲裁、时钟分配、全系统中断处理和复位等功能电路，用来管理各外围插卡。

1) CompactPCI 的机械结构

CompactPCI 规定了单高和双高两种插卡的尺寸，3U 卡（100 mm×160 mm）和 6U 卡（233.35 mm×160 mm）两种插卡的板厚都是 1.6 mm。3U 卡板边装有一个与 IEC1076 兼容的连接器，6U 卡板下半部分装有像 3U 卡一样的连接器，而上半部分按 CompactPCI 的新标准安装 1～3 个附加连接器（插脚总数为 315 个），专供用户连接 I/O 使用。

CompactPCI 采用国际 IEC1076 连接器，它是一种高密度有屏蔽的针孔连接器，引脚中心间距为 2 mm，引脚编号为 Z、A、B、C、D、E、F，共 7 列 47 排（编号为 1～47）。

根据应用需求，在 CompactPCI 总线机箱的底板上可配装 3U、6U 或混合式的连接器，与相应插卡连接。针孔型 CompactPCI 连接器的插孔安装在总线底板上，两者插紧后有屏蔽作用，可抗电磁与射频噪声干扰。为了做到带电插拔插卡，CompactPCI 连接器上的针长分为若干级。一般信号使用中等长度的 V2 级针，接地用较短的 V1 级针，而电源用最长的 V3 级针。真正的带电插拔还需软件支持，为了在有 +5 V 和 +3.3 V 供电的混合系统中不被插错位置，在连接器上特设了定位键机构。

2）CompactPCI 的电气特性

经过严格的仿真实验后制定的 CompactPCI 电气指标，分为插卡电气指标和总线底板电气指标。

CompactPCI 只允许总线上有 10 个负载，其中 PCI 芯片加上台式 PC 机的连接器作为 2 个负载，因此 CompactPCI 底板允许有 8 块插卡。

在 CompactPCI 规范的规定中，除了时钟 CLK、总线请求 REQ、总线允许 CNT♯、边界扫描信号（TDI、TDD、TCK、TMS）和测试复位信号 TRST♯ 等信号线外，底板上所有信号线必须串联一个 10 Ω 的限流电阻，而且电阻要安装在距引脚 15.2 mm 以内的位置上，使之起到隔离的作用，防止信号产生抖动干扰，且能减小延迟时间。

32 位 PCI 信号线（连接器上 1～25 排的插脚引线），从连接器引脚经串联电阻到 PCI 器件引脚的线长不应大于 38.1 mm，64 位信号线不应大于 50.8 mm。上拉电阻应放在系统槽的插卡上。对插卡需要的总线时钟采用分散提供的方式，以便使延时不超过 2 ns，时钟信号线长不得超过 63.5 mm。

在 CompactPCI 规范中，在 PCI 基础上增加了专用于测控的工业计算机系统的附加功能信号：按键复位信号 PRST♯、电源状态指示信号 DGE♯ 和 FAL♯、系统槽识别信号 SYSTEM♯、中断支持信号 INTD 和 INTS。CompactPCI 规范还规定了 +3.3 V 和 +5 V 信号的最小值和额定值。对 +3.3 V 和 +5 V 信号的环境、总线底板连接、合理的 BIOS 配置空间、中断实现等，也做了明确的规定。

3）CompactPCI 系统扩展

一个系统的插槽数目主要取决于底板上总线的驱动能力。CompactPCI 总线使用的是 CMOS 技术，只能驱动 8 个插槽。很多应用系统都要求多于 8 个插槽，为此使用 PCI‑PCI 桥接芯片能扩展到第二个总线段，相当于一个子 PCI 系统。在第一个 PCI 总线的 6U 插卡上安装桥接芯片，使用 J4、J5 连接器把总线信号接到规定的引脚上，把总线信号扩展出去，使用这一技术可将 CompactPCI 与别的总线组成混合总线系统。

PCI 的基本系统使用群脉冲方式来传送数据，速率很高。如果用 CompactPCI 访问低速器件，则是不经济的。若用 PCI‑ISA 桥接芯片，就可有效地利用大量工业标准结构的 ISA 插卡。

为扩展 I/O 模块，还有一种层叠模块，又称为子模块。另外，还可结合 USB（通用串行总线）和 IEEE1394 总线扩展 CompactPCI 的 I/O 功能。

2. PXI 总线

PXI 是一种专为工业数据采集与仪器仪表测量应用领域而设计的模块化的仪器自动测试平台。PXI 的总线规范是 CompactPCI 总线规范的进一步扩展。图 9.22 所示为 CompactPCI 和 PXI 总线的技术构成。

PXI 规范从机械、电子和软件三个方面定义了系统的总体结构。

PXI 的机械结构利用了 CompactPCI 总线的欧式插卡（Eurocard）封装系统和高性能 IEC 接插件结构，并且在机械规范中强制增加了环境测试过程与主动冷却装置，以简化系统集成，并确保不同厂商的产品之间具有互操作性。PXI 产品具备更加严谨的环境一致性指标，并符合工业环境下振动、冲击、温度和湿度的极限要求。

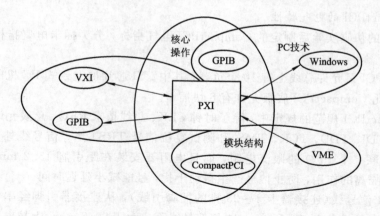

图 9.22 CompactPCI 和 PXI 总线的技术构成

PXI 电气结构的核心部分直接来自 PCI 和 CompactPCI，并且经过扩展，引入了 VXI 总线的一些特性，提供了触发信号、本地总线、参考时钟和星形总线功能。PXI 也定义了符合即插即用规范的软件框架，确保用户能更快地安装和运行。在 Windows 操作系统的软件框架下，提供了全部 PXI 外围模块需要的器件驱动软件和全部图形 API，以方便系统集成。PXI 还使用了虚拟仪器软件标准（VISA）作为系统的配置与控制的标准手段。图 9.23 所示为 PXI 在机械、电气及软件方面的技术规范结构。

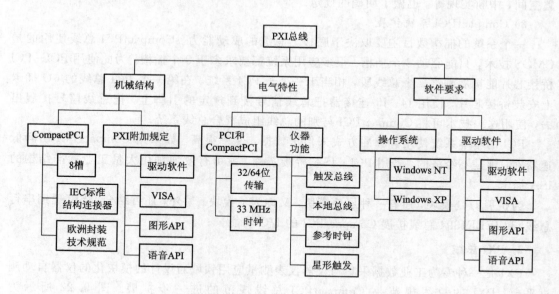

图 9.23 PXI 技术规范结构

1）PXI 的机械结构

从硬件的角度看，一个 PXI 系统的物理结构是由一个如图 9.24 所示的机箱所构成的。机箱作为 PXI 系统的外壳，包括电源系统、冷却装置和装入仪器模块的槽位。机箱中的背板支持系统控制器模块与外围模块进行通信。机箱至少拥有一个系统槽和多个外围设备槽。在单个 PXI 总线段中，最多能使用 7 个仪器外设模块。使用 PCI – PCI 桥连接器，可增加总线段，用来附加扩展槽。

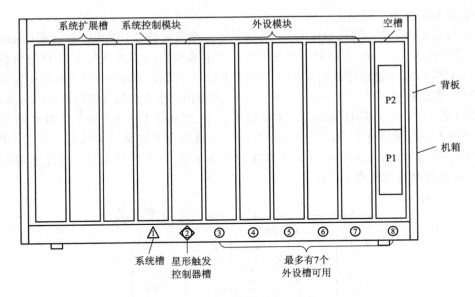

图 9.24　PXI 系统的物理结构

　　PXI 规定系统槽的位置在总线段的左端。此定义是 CompactPCI 所允许的多种可能的配置中的一个子集。CompactPCI 系统插槽可安置在背板的任意位置，而 PXI 为系统插槽规定了唯一的位置，以简化集成的配置。它也增加了 PXI 控制器与机箱间的兼容性。

　　在 PXI 规范中有三个主要的机械特性：

　　（1）坚固的欧式插卡。PXI 使用与 CompactPCI 相同的高级引脚——接插座系统。模块能被上下两侧的导轨和针孔式接插件连接端牢牢固定。PXI 支持如图 9.25 所示的 3U 和 6U 两种形式的模块。3U 的机械尺寸是 100 mm×160 mm，具有两个接口连接器 J1 和 J2。J1 连接器用于传输 32 位局部总线所需的信号。J2 连接器用于传输 64 位 PCI 传输信号，以及实现 PXI 电气特性的信号。所有具备 PXI 的特性功能的信号已被包括在 3U 卡的 J2 连接器中。6U 形式模块的尺寸是 233.335 mm×160 mm，它将 PXI 的基本信号传输功能定义在 J1、J2 连接器中，另外可以携带三个附加连接器 J3、J4 和 J5。PXI 规范未来新增加的内容可以被规定在 6U 模块这三个扩展连接器的引出脚上。通过使用

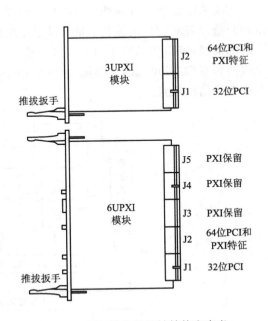

图 9.25　PXI 模块的机械结构和定义

这些简单、牢固的连接器模块，任何 3U 的卡都能够工作在 6U 的机箱中。

　　（2）冷却环境额定值的附加机械特性。在 PICMC 2.0 R2.1 CompactPCI 规范中规定的所有机械规范，可直接用于 PXI 系统。PXI 机箱要求强迫气冷的空气流动方向，即从板的下方向上方流动。PXI 规范要求对所有 PXI 产品进行包括温度、湿度、振动和冲击等完

整的环境测试，并要求提供测试结果文件。

（3）与 CompactPCI 的互操作性。PXI 提供了一个重要特性，以保证与标准 CompactP-CI 产品的互操作性。一些 PXI 兼容系统的用户可能会要求采用不执行 PXI 规定特性的部件，即在 PXI 机箱中使用标准的 CompactPCI 接口卡，或在 CompactPCI 机箱中使用 PXI 兼容模块。在这种情况下，用户将不能使用 PXI 的专用功能，但仍可使用模块的基本功能。在 PXI 的规范中，并不保证采用 J2 连接器所定义的 PXI 信号的 PXI 兼容产品与一些 CompactPCI 机箱及其它专用产品（可能在背板 P2 连接器上定义其它分总线信号）之间的互操作性。尽管如此，CompactPCI 和 PXI 两者都采用 PCI 局部总线，因此能确保如图 9.26 所示的软件与电气的兼容性。

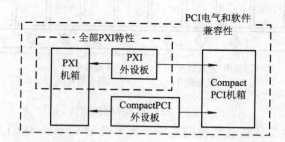

图 9.26　CompactPCI 与 PXI 的兼容性

2）PXI 总线结构

PXI 采用标准 PCI 总线，并增加了仪器专用信号，还在机箱的背板提供了一些专为测试和测量工程而设计的独特功能，包括专用的系统时钟（用于模块间的同步操作）、8 根独立的触发线（可以精确同步两个或多个模块）、插槽与插槽之间的局部总线（可以节省 PCI 总线的带宽）以及可选的星形触发特性（用于极高精度的触发）。图 9.27 是一个完整的 PXI 总线系统结构示意图。

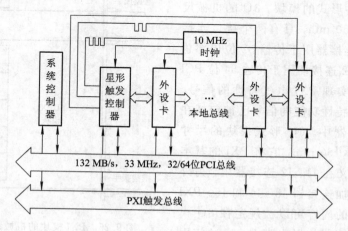

图 9.27　PXI 总线系统结构

（1）系统参考时钟。PXI 规定把 10 MHz 系统时钟分配给系统中所有外设模块。这个公用的参考时钟被用于测量和控制系统中多个模块的同步操作。PXI 在背板中定义了这个参考时钟，用低时延（<1 ns）独立地分配到每个外设槽中，并采用触发总线协议来规范各

个时钟边沿，做到高精度的多模块同步定时运作。

（2）触发总线。在 PXI 规范中，用户可以使用 8 条按不同方法使用的 PXITTL 总线的触发线去传送触发、握手和时钟信号或逻辑状态的切换给每一个外设槽位。利用这个特性，触发器能够使多个不同的 PXI 外设同步运行。

（3）本地总线。PXI 总线允许相邻槽位上的模块通过专用的连线相互通信，而不占用真正的总线。这些连线构成的 PXI 本地总线是菊链式的互联总线，每个外设槽的右面本地总线连接相邻槽左边的本地总线，并以此规律延伸。每条本地总线是 13 条线。这一特性对于涉及模拟信号的数据采集卡和仪器模块是相当有用的。本地总线信号范围可以从 TTL 信号到高达 42 V 的模拟信号。相邻模块间的匹配是由初始化软件设置的。各模块的本地总线引脚要在高阻抗状态下实施初始化，并且只有在配置软件确定邻近卡兼容后才启动本地总线功能。

（4）星形触发器。作为 PXITTL 触发器的一个扩充功能，PXI 在每个槽口上定义了一个独立的星形结构触发器，规范规定了 PXI 机箱中第二槽是一个星形触发器控制槽，但没有规定星形触发器的功能。PXI 星形触发总线可以为机箱内所有模块提供高性能的同步操作。因此它的星形总线在第一个外设槽（与系统槽相邻）与其它外设槽之间架设了一条专用触发线。如不需要这种先进的触发系统，可以在第二槽中安装任何其它的标准外设仪器模块。

PXI 星形触发器体系结构在扩充总线触发线时有四个独特的优点：

① 保证了系统中每个模块都有独特的触发线。在大系统中，这就不需要把多个模块的功能集中在单一触发线上，或人为限制现有的触发次数。

② 采用单一触发点的低时延连接。PXI 背板特殊的布局，使得星形触发线所提供的从星形触发槽到每个外设模块的传输时间可不大于 5 ns，从而使每个外设模块之间获得非常精确的触发关系。

③ 具备触发监控功能。星形触发器能用来报告插槽的状态，在对控制槽提供的信息做出响应时，星形触发器能将信息送回星形触发控制器。

④ 提供了完善的多总线段的精确触发功能。

当需组建一个多总线段的 PXI 系统时，需要采用 PCI - PCI 桥接技术，桥接部件在其互相连接的每个总线中占用一个 PCI 负载。双总线段的系统可为 PXI 外设模块提供 13 个扩展槽。PXI 总线规定的星形触发结构可用于多总线段系统的扩展。但 PXI 触发总线只提供单总线段内的连接，不允许与相邻总线段存在物理连接。这样做保证了触发总线的高性能，可使多段系统将仪器合理分配到逻辑组中，多段系统可以通过物理段与缓冲器进行逻辑连接。对需要同步与定时控制的应用，星形触发结构能提供独立地访问多总线段系统中全部外设插槽的手段。

3）PXI 的软件体系

PXI 标准与其它总线体系结构一样，能让各厂家的产品在硬件接口层次上共同运作。但 PXI 与其它总线规范所不同的是，它除了规定总线的机械、电气要求外，还规定了软件要求，使集成更加方便。PXI 软件体系包括标准操作系统、仪器驱动程序和标准应用软件三部分，如图 9.28 所示。

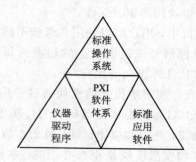

图 9.28　PXI 的软件体系

（1）标准操作系统：PXI 规范了 PXI 系统使用的软件框架，包括支持标准的 Windows 操作系统。PXI 控制器应支持当前流行的操作系统，而且必须支持未来的升级。这种要求的好处是控制器必须支持最流行的工业标准应用程序接口，包括 Microsoft 与 Borland 的 C++、VB、LabVIEW 和 LabWindows/CVI。

（2）仪器驱动程序：PXI 的软件要求支持 VXI 即插即用系统联盟（Vpp 与 VISA）开发的仪器软件标准。PXI 规范要求所有仪器模块需配置相应的驱动程序，这样可避免用户只得到硬件模块和手册，再花大量的时间去编写应用程序。

（3）标准应用软件：PXI 系统提供 VISA 软件标准作为配置与控制 GPIB、VXI、串行及 PXI 总线仪器的技术方法。VISA 是用户系统确立和控制 PXI 模块与 VXI 机箱仪器间，或分立式 GPIB 与串口仪器间通信的标准方法。PXI 扩充了 VISA 的接口，允许配置和控制 PXI 外围模块。这种扩充既保留了仪器工业中已采用的仪器软件模型，又发展了 PXI、CompactPCI、PCI、GPIB 与其它仪表体系的统一结构，从而大大提升了软件的通用性。

9.4　现 场 总 线

9.4.1　现场总线概述

3C（计算机、通信、控制）技术的发展，智能仪器技术的成熟和广泛应用，彻底动摇了自 20 世纪 60 年代至今一直占据过程控制领域的 4～20 mA 信号标准（信号制）的地位，并产生了用现场网络的数字通信把各种各样的智能仪器集成到一起的现场总线概念。

现场总线（Fieldbus）技术是主要研究如何将数据采集检测与传感器技术、计算机技术和自动控制理论应用于测试与测量（Test & Measurement）领域内的一种总线技术。现场总线是现场通信网络与控制系统的集成。现场总线用于构成现场仪表、控制室、控制系统之间的互联。

除了 IEC 所通过的现场总线标准外，还有大量的现场总线存在并流行，如 HART、Lonworks、CAN、Modbus 等，它们的特点是在各自的领域内占有大量的市场，成为事实上的标准，典型的如 Lonworks 总线在楼宇自动化、保安系统领域，CAN 总线在汽车工业等生产领域都占有重要的地位，HART 协议是在 4～20 mA 模拟信号上传输数字信号的一种过渡性总线。多种现场总线共存的状况还会持续下去，在这种局面下，目前现场总线的发展具有两个显著的特点，即多总线集成和向 Ethernet＋TCP/IP 协议靠拢。

　　按照 IEC 和现场总线基金会的定义,现场总线是连接智能现场设备和自动化系统的数字式、双向传输、多分支结构的通信网络。有通信就必须有协议,从这个意义上讲,现场总线就是一个定义了硬件接口和通信协议的标准。

　　现场总线不单是一种通信技术,关键是用新一代的现场总线控制系统 FCS(Fieldbus Control System)代替传统的集散控制系统 DCS(Distributed Control System),实现现场通信网络与控制系统的集成。FCS 具有信号传输全数字化、系统结构全分散式、现场设备有互操作性、通信网络全互联式、技术和标准全开放式的特点。

　　现场总线的节点是现场仪器仪表或现场设备,如传感器、变速器、执行器等。但它们不是传统的单功能的现场仪器,而是有综合能力的智能仪器。

9.4.2　现场总线通信技术

　　现场总线标准采用国际标准化组织 ISO 的开放系统互联模型 OSI(Open System Interconnection)的简化型,即 1、2、7 层。此外,它增加了第 8 层(用户层),如图 9.29 所示。由此可见,现场总线不仅仅是信号标准、通信标准,而且是一种系统标准。

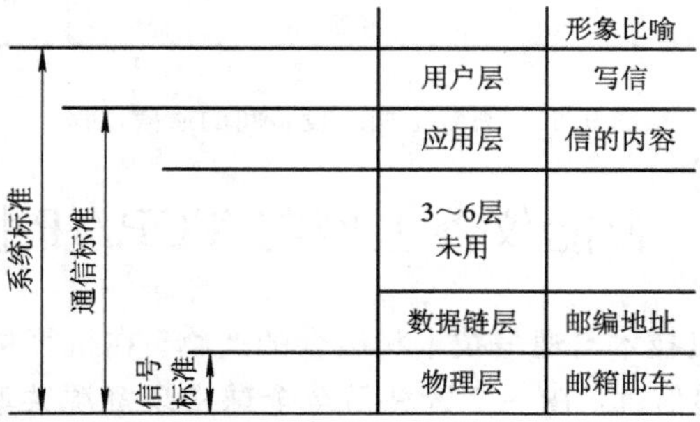

		形象比喻
	用户层	写信
	应用层	信的内容
	3～6层 未用	
	数据链层	邮编地址
	物理层	邮箱邮车

图 9.29　现场总线标准层次

　　图 9.30 表示了 DCS 系统与 FCS 系统结构的主要区别,DCS 中控制站的功能分解到现场仪表和操作站中,从而减少了一个层次,原来不开放的内部总线变为开放的现场总线。

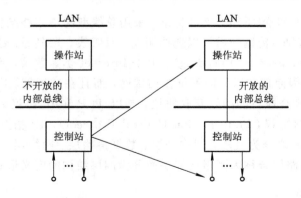

图 9.30　DCS 与 FCS 的区别

　　图 9.31 为总线两个设备间的通信过程。设备按照组态时设定的程序运行,当需要通过总线进行信息交换时,命令或数据按应用层的规定产生,该信息又按照数据链层的规定进行"包装",经包装后的数据在物理层内进行再次加工后经物理转换成为符合标准的电信

号。该电信号在传输媒介上为一设备接收，接收设备对信息的处理是按照事先规定的"协议"进行的，所以互相可以理解信息。对用户而言，物理层和用户层比较重要，因为前者有关于系统的若干规定，后者有关于组态的内容。

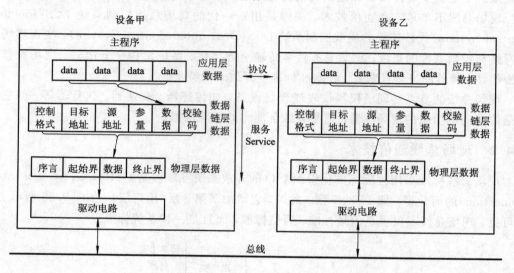

图 9.31　总线上两个设备间的通信过程

9.5　智能仪器上网与 TCP/IP 协议

计算机网络是计算机技术与通信技术相结合的产物。在机算机网络环境中，计算机是互联起来的，能互相传递信息，在一个区域乃至全球实现资源共享；同时，各计算机又是相互独立的，可以独立自主地进行自己的工作（运行用户程序）。智能仪器中有微处理器，因此智能仪器若设计了计算机网络总线，挂接到计算机网络上，就构成了网络仪器。

9.5.1　TCP/IP 协议概述

以太网（Ethernet）符合 IEEE802.3 标准，采用总线型网络拓扑结构，介质访问控制方式采用 CSMA/CD 规则，传输介质可以选择铜缆、双绞线、光缆等，数据传输采用基带方式、曼彻斯特编码（Manchester Encoding）。由于 Internet 迅速普及，而 TCP/IP 协议的底层是捆绑以太网的，因而现在以太网不仅在局域网，而且在城域网、广域网方面都广泛流行。TCP/IP 协议是现今流行的网际互联协议，是以 TCP 和 IP 协议为主构成的一个协议簇，TCP 指传输控制协议（Transmission Control Protocol），IP 指互联网协议（Internet Protocol）。TCP/IP 协议分为五层，即物理层、数据链路层、网络层、传输层和应用层（也有将物理层和数据链路层合称为网络访问层而分为四层结构的定义形式）。

9.5.2　协议与标准

计算机网络可分为点到点连接的网络和采用广播信道的网络两类。在广播网络中，当信道的使用生产竞争时，如何分配信道的使用权成为关键问题。用来决定广播信道中信道分配的协议属于数据链路层的子层，称为介质访问控制（Medium Access Control，MAC）

子层。由于局域网都以多路复用信道为基础，而广域网中除卫星网以外，都采用点到点连接，所以 MAC 子层在局域网中尤其重要。

介质访问子层的关键问题是如何给竞争的用户各分配一个单独的广播信道。因传统的信道静态分配方法还不能有效地处理通信的突发性，因此，目前广泛采用信道动态分配方法。在各种多路访问协议中，这里仅介绍与以太网密切相关的几种载波侦听协议。

1. 载波侦听多路访问协议（Carrier Sense Multiple Access Protocol）

在局域网中，每个节点可以检测到其它节点在做什么，从而相应地调整自己的动作。网络节点侦听载波是否存在（即有无传输）并做出相应动作的协议，被称为载波侦听协议（Carrier Sense Protocol）。CSMA/CD（Carrier Sense Multiple Access with Collision Detection）协议是一种带冲突检测的载波侦听多路访问协议。当一个节点要传送数据时，它首先侦听信道，看是否有其它节点正在传送。如果信道正忙，它就持续等待，直到当它侦听到信道空闲时，便将数据送出。若发生冲突，节点就等待一个随机长的时间，然后重新开始。此协议被称为 1-持续 CSMA，因为节点一旦发现信道空闲，其发送数据的概率为 1。

2. IEEE802.3 标准

IEEE802 标准已被 ISO 作为国际标准，称之为 ISO 8802。这些标准在物理层和 MAC 子层上有所不同，但在数据链路层上是兼容的。这些标准分成几个部分。IEEE802.1 标准对这组标准做了介绍，并且定义了接口原语；IEEE802.2 标准描述了数据链路层的上部，它使用了逻辑链路控制 LLC（Logical Link Control）协议。IEEE802.3～IEEE802.5 分别描述了 CSMA/CD、令牌总线和令牌环标准这样 3 个局域网标准，每一标准包括物理层和 MAC 子层协议。

IEEE802.3 标准适用于 1-持续 CSMA/CD 局域网。其工作原理是：当节点希望传送时，它就等到线路空闲为止，否则就立即传输。如果两个或多个节点同时在空闲的电缆上开始传输，它们就会发生冲突，于是所有冲突节点终止传送，等待一个随机的时间后，再重复上述过程。已出版的 IEEE802.3 标准与以太网的协议还有细微差别，例如二者的一个头部字段就有所不同（IEEE802.3 的长度字段用做以太网的分组类型）。

图 9.32 给出了在建筑物内组网时不同的走线方式。在图 9.32(a) 中，单根电缆如蛇形穿越各个房间，每个节点从最近处接上电缆。图 9.32(b) 中，垂直的主干线从地下室引向房顶，各层的水平电缆通过放大器（中继器）连到主干线上。在某些系统中，水平的电缆是细缆，主干线是粗缆。最普通的拓扑结构是树形拓扑结构，如图 9.32(c) 所示。

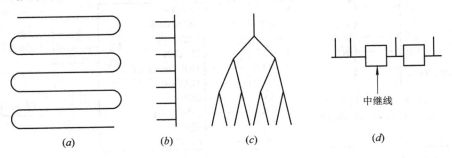

图 9.32　建筑物内不同的走线方式

IEEE802.3 的每种版本都有一个区间最大电缆长度。为了使网络范围更大,可以用中继器(repeater)连接多根电缆,如图 9.32(d)所示。中继器是一个物理层设备,它双向接收、放大并重发信号。对软件而言,由中继器连接起来的一系列电缆段同单根电缆并无区别(除了中继器产生的一些延迟以外)。一个系统中可拥有多个电缆段和多个中继器,但两个收发器间的电缆长度不得超过 2.5 km,任意两个收发器间的路径上不得有 4 个以上的中继器。

交换式局域网的心脏是一个交换机,在其高速背板上插有 4~32 个插板,每个板上有 1~8 个连接器。大多数情况下,交换机都是通过一根 10Base - T 双绞线与一台计算机相连。

当一个节点想发送— IEEE802.3 帧时,它就向交换机输出一标准帧。插板检查该帧的目的地是否为连接在同一块插板上的另一节点。如果是,就复制该帧;如果不是,该帧就通过高速背板被送向连有目的节点的插板。通常,背板通过采用适当的协议,速率可高达 1 Gb/s。

因为交换机只要求每个输入端口接收的是标准 IEEE802.3 帧,所以可将它的端口用做集线器。如果所有端口连接的都是集线器,而不是单个节点,交换机就变成了 IEEE802.3 到 IEEE802.3 的网桥。

9.5.3　以太网接口模块

智能仪器通过以太网接入 Internet 可以通过微处理器与以太网接口模块接口实现。以太网接口模块主要完成两个功能:① 解析来自以太网的数据包,并将解析后的数据传送给单片机;② 对本地数据进行分组打包,并按指定的 IP 和端口号向以太网传输。

网络接入模块 W3100A 是韩国 Wiznet 公司生产的 Internet 接入芯片,由微控器接口单元、网络协议、双口 RAM 以及网络物理层介质接口 MII(Media Indepeneent Interface)单元等 4 部分组成。内部集成 TCP/IP 协议,支持 Internet 协议,支持 TCP、IPV4、UDP、ICMP、ARP、10/100 M 自适应检测,支持 IEEE802.3 全双工 4~5 Mb/s 的数据通信,并可同时支持 4 个独立的网络连接。它与单片机的接口如图 9.33 所示,W3100A 通过数据线 D0~D7、地址线 A0~A14 和写信号 $\overline{\text{WR}}$、读信号 $\overline{\text{RD}}$、中断信号 INT、片选信号 $\overline{\text{CS}}$ 与单片机 C8051F022 接口,其余端子则与标准 MII 物理层接口芯片 RTL8201 的端子连接。TX 和 RX 通过耦合变压器与 RJ - 45 标准插座相连。

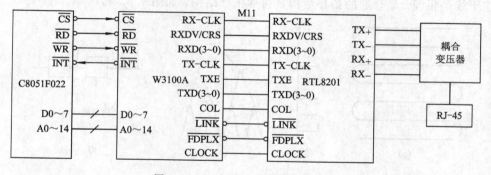

图 9.33　以太网接入模块接口设计

单片机 C8051 从 W3100A 内部的控制寄存器读出各状态，并以此写入各种命令字，协调各种状态之间的转换，以达到建立各种连接（TCP、UDP）的目的。要建立基于 TCP 的 socket 连接，首先设置 W3100A 各寄存器的初始值，设定各个通道的收发数据缓冲区大小，然后设定网络模块的 IP 地址（静态分配的地址）、子网掩码、端口号、通道号等参数，再发送创建 socket 的命令，选择使用 TCP 协议，并设置工作方式为 server 模式，等待主机连接。网络模块如果侦听到主机发送的 socket 连接命令，而且确认有足够的空间接收数据，就可以通过以太网和主机进行通信了。与以太网连接的单片机系统，在路由器和 PC 网关的帮助下即可与 Internet 相连。只要知道该智能仪表的 IP 地址和访问端口，Internet 中任何一个节点（PC 或其它装置）都可以访问该单片机。

通过网络之间的联系及相应软件的配合，局域网可以连接传送的世界的任一地方。只要获取设备的 IP 地址和访问端口，人们就可以在任何有以太网的地方对设备进行访问，达到远程监测和远程控制的目的。

习　题

1. RS－232C、RS－422、RS－423、RS－485 的通信总线标准各有什么特点？

2. 为什么智能仪器内各单片机之间可用非标准形式通信，而与其它设备之间要用标准总线通信？

3. 智能仪器常用的并行标准总线有哪些？各有什么特点？

4. 现场总线控制系统与集散系统有何区别？

5. 某并行传输信道数为 4，一个脉冲只表示 0 和 1 两种状态，则其传输速度为多少？

6. 国际上常用的串行标准数据传输速度有哪些？

7. 试述多单片机系统、计算机网络系统、现场总线系统之间的区别。

8. 如何实现智能仪器的网络化？

第 10 章　智能仪器结构设计

本章简要介绍智能仪器结构设计的要求和内容，重点介绍常见机箱的类型和特点，以及整机结构的热设计、隔振设计、电磁兼容设计和其它结构设计。

10.1　智能仪器结构设计概述

随着现代社会的飞速发展，包括智能仪器在内的电子产品的种类越来越丰富，它既包括用于工业生产的大型设备和仪器，也包括人们熟悉的各种消费类电器。虽然应用领域不同，复杂程度各异，工作原理更是千差万别，但作为工业产品，智能仪器大多数都是机电一体化的整机结构。因此在大多数情况下，智能仪器的设计除了使产品的各项功能指标得到满足外，产品的结构形态与产品的功能应一致，与使用要求应统一，与产品的工作环境和生活环境应匹配，与人的心理生理特征应相适应。

随着电路集成技术的发展，智能仪器开始向小型化、超小型化、微型化方向发展。结构设计中一些传统的设计方法，逐步被机电结合、光电结合等新技术所取代。尤其是超大规模集成电路及其衍生的各种功能模块的出现，使许多过去曾被认为不可逾越的机械技术和工艺失去意义，同时也给智能仪器的结构设计注入了新的内容。由于智能仪器已经成为一项复杂的系统工程，仅以电路性能作为其技术指标的观念将受到挑战，而现有的结构设计方法也面临新的变革。

在智能仪器的设计中，将工程材料按合理的连接方式进行连接，并安装电子元器件及其它零部件，使设备成为一个整体的基础构件组合体，该组合体即称为智能仪器的结构。

把电子零部件和机械零部件通过一定的结构组织成一台整机，才可能有效地实现产品的功能。所谓结构，应该包括外部结构和内部结构两个部分。外部结构是指机柜、机箱、机架、底座、面板、外壳、底板、把手等外部配件和包装等；内部结构是指零部件的布局、安装和相互连接等。要使产品的结构设计合理，必须对产品整机的原理方案、使用条件与环境因素、整机的功能与技术指标等都非常熟悉。在研制智能仪器的开始阶段，就应该同时设计它的整机结构。

智能仪器要求能经受各种环境因素的考验，长期安全地使用，因此必须具有可靠的总体结构和牢固的机箱外壳。随着电子集成度的提高和对仪器精度等方面要求的提高，大多数情况下，良好的内部结构布局是实现仪器功能和指标的必备条件。而对于民用消费类智能仪器来说，其外观结构更应该具有美观大方的造型与色彩，具有工艺美术品的审美价值，与家庭生活的气氛相适应。因此，智能仪器总体结构设计应在智能仪器设计研制之初就应该明确，并贯彻始终。

智能仪器的结构设计大致包括以下内容：

1）整机组装结构设计

整机组装结构设计即结构总体设计。根据产品的技术条件和使用的环境条件，对整机的组装进行构思，并对各分系统和功能性单元提出设计要求和规划。

2）热设计

智能仪器的热设计是指电子元件、组件以及整机的温升控制。尤其是对高密度组装的设备，更需注意其热耗的排出。温升控制的方法有自然冷却、强迫风冷、强迫液冷、蒸发冷却、温差电制冷、热管传热等各种形式。

3）结构的静力学计算与动态参数设计

运载工具中使用或处于运输过程中的设备，应具有足够的强度和刚度。当结构自身不能有效克服机箱材料疲劳、结构谐振等对电性能产生的影响时，则要采取隔振与缓冲措施，以避免或减弱上述因素造成的性能下降。

4）结构的电磁兼容设计

智能仪器是信号处理和传输的自动化系统，要求各系统有可靠的抗干扰能力。在智能仪器结构设计中的电磁兼容设计主要指电磁屏蔽、接地等，目的是提高设备对电磁环境的适应性，其措施包括：噪声源的抑制、消除噪声的耦合通道和抑制接收系统的噪声等。

5）传动和执行装置设计

智能仪器在完成信号的提取、放大、变换、发送、接收、显示和控制的过程中，需要对各种参数进行调节和控制。有的智能仪器需要有相应的传动装置或执行元件来完成功能。这里除了常规的机械传动装置设计之外，还包括与声光电性能密切相关的转动惯量、传动精度、刚度和摩擦等参数设计。

6）防腐蚀设计

恶劣的气候条件会引起智能仪器中金属和非金属材料发生腐蚀、老化、霉烂、性能显著下降等各种损坏。应根据设备所处环境条件的性质、影响因素的种类、作用强度的大小等来确定相应的防护措施或防护结构，选择耐腐蚀材料，并研究新的抗腐蚀方法。

7）连接设计

智能仪器中存在着大量的固定、半固定以及活动的电气节点。这些节点的接触可靠性对整机系统的可靠性有很大的影响。必须正确地设计、选择连接工艺和方法，如钎焊、压接、熔接等。同时，还应注意对各种接插件、开关件等活动连接件的正确选用。

8）人机结构学在结构设计中的应用

智能仪器既要满足电气性能指标的要求，又要使设备的操作者感到方便、灵活、安全，外形美观大方。这就要求用人机工程学的基本原理来考虑人与设备的相互关系，设计出符合人的生理、心理特点的结构与外形，更好地发挥人和机器的效能。

9）可靠性试验

可靠性试验是衡量智能仪器质量的极其重要的指标，对于特殊用途的设备，必须根据技术要求对设备或者模拟设备进行可靠性试验或加速寿命试验，以确定设计的正确性及其可靠性指标。

综上所述，智能仪器的结构设计包括相当广泛的技术内容。它已经成为一门边缘学科，是多门基础学科的综合应用，其范围涉及力学、机械学、材料学、热学、电学、化学、光学、声学、工程心理学、美学、环境学等。

10.2　智能仪器结构设计常用材料

仪器仪表的质量和制造成本在很大程度上取决于材料的选择，因此，正确选择材料是仪器仪表设计的重要问题。组成仪表的各个零件、元器件，由于其工作性能、使用场合的不同要求，因而用材非常广泛。但总的来说，所使用的材料大致可分为金属和非金属两类。

10.2.1　金属材料

金属材料又分为黑色金属和有色金属。黑色金属包括铁及其合金，有色金属包括铝、镁、铜、锡、铅、锌等。

纯铁作为一种易于加工的软磁材料，主要用于直流电机和电磁铁的铁芯、磁电式仪表的磁性元件、继电器铁芯、磁屏蔽罩等。铁合金包括软铁合金、硬铁合金和膨胀合金三类。其中软铁合金饱和磁感应强度高，电阻率很低，是制造电工电子、自动控制和磁性记录仪表不可缺少的关键材料，例如交流电机铁芯、变压器铁芯、磁头材料等。硬铁合金俗称永磁合金，在无电源情况下可产生恒定磁场，常用在需要永磁源的仪表中。膨胀合金常用做标准量尺、精密天平、标准电容、电真空元器件、双金属片传感器的关键元件。

钢分为碳素结构钢和合金钢两种。碳素结构钢中的低碳钢强度极限和屈服极限都较低，塑性、可焊性较好，适用于冲压、焊接加工，常用做智能仪器的机箱，支撑普通齿轮和凸轮等构件。中碳钢综合力学性能好，常用做螺栓、螺母、齿轮和轴类零件等。高碳钢具有较高的强度和弹性，韧性较差，常用做弹簧等零件。合金钢种类繁多，按用途可分为合金结构钢、合金工具钢和特殊性能钢。合金结构钢常用于机械结构件，合金工具钢常用于刀具、量具等，特种性能钢常用于制造特殊环境下的仪器。

铸铁分为灰铸铁、可锻铸铁和球墨铸铁。灰铸铁常用做大型设备箱体、基座等，可锻铸铁（不可锻造加工）常用于铸造复杂零件，球墨铸铁常用来代替钢制造曲轴、连杆等零件。

有色金属及其合金具有某些特殊性能，如导电性、传热性、防腐蚀性、塑性、易加工性等，在仪器仪表制造中用途广泛。

铜包括纯铜（紫铜）、青铜以及黄铜。纯铜导电性和传热性仅次于银，常用做导电材料。青铜可用做耐腐蚀或耐磨零件材料。黄铜常作为装饰用材。铝及其合金常作为导电体、机箱、防腐蒙皮和复杂结构件等。

10.2.2　非金属材料

非金属材料种类繁多，包括有机非金属材料和无机非金属材料。有机非金属材料包括工程塑料、橡胶、皮革等，具有质轻、绝缘、隔热、耐磨、高弹性、易于加工等特性；无机非金属材料包括半导体、金钢石、石英、陶瓷、云母、玻璃等。

塑料按使用特性可分为通用塑料、工程塑料和特种塑料。塑料的特点主要有质轻、化学稳定性好、不会腐蚀、耐冲击性能好、绝缘性能好、易成型、耐热性差、热膨胀率大、易变形、易老化等。塑料在仪器仪表中常用于制造机箱机壳、小型构件等。

橡胶具有高温度范围内的高弹性，良好的储能、耐磨、隔音、绝缘等性能，在仪表中广泛用于制作密封件、减振件和传动件等。

钻石硬度高，耐磨性好，常用做测量仪器中的测头、微型轴承等。石英具有压电效应和固定的振动频率，常用做压力传感器的敏感元件、振荡器等。陶瓷常用做压电陶瓷、介电陶瓷等。

10.3　造　型　设　计

工业造型设计作为一种新的产品设计观和方法论，是将先进的科学技术和现代的审美观念有机结合起来，以期实现"人—机—环境"的和谐、统一与协调。国际工业设计协会(International Council of Societies of Industrial Design，ICSID)将工业设计定义为"就批量生产的工业产品而言，凭籍训练、技术知识、经验及视觉感受而赋予材料、构造、形态、色彩、表面加工以及装饰以新的品质和规格"。产品的工业设计不是产品制造出来后的美化工作，而是与技术设计各个步骤同步配合进行的一项创造性的技术工作，贯穿于产品设计、制造的全过程，是产品设计的重要组成部分和不可缺少的现代设计方法之一。

实用、经济、美观是产品工业设计的基本原则。

工业产品的整体和局部构件，应与人的某种特定的使用标准相协调；应给人以各部分形体间平衡、安定的感觉，特别是在静态下，应突出其均衡和稳定的属性；要正确处理统一与变化，分清主次，做到重点突出。

由于人的视野特性和对"形"与自然现象的比拟联想，不同的平面形状具有不同的视觉感和心理感。图 10.1 列出了常见基本平面图形的感知特性。在产品设计中，应根据产品要素的不同功能与要求，合理设计。

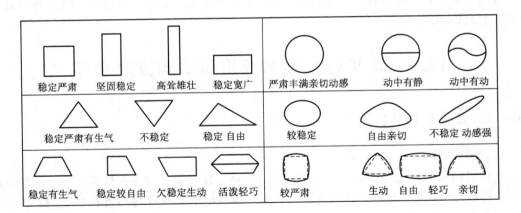

图 10.1　常见平面图形的感知特性

造型中常用的比例有：黄金比例、平方根比例、整数比例、相加级数比例、等差级数比例、均方根比例等。这些比例体现匀称、节奏明快等造型特征。黄金比例是指把一直线分割成长短不同的两段，使得长段为全长的 618/1000，将黄金比例用于矩形，使矩形的宽度为长度的 618/1000。平方根比例是以正方形的一条边为宽，正方形对角线为长所形成的矩形比例关系为基础，逐渐以其新产生的矩形的对角线与一条边相比形成的无理数的比例系统。整数比例是以正方形作为基本单元而组成的不同的矩形比例。相加级数比例是级数的前两项和等于第三项。若一组矩形具有相同的形状比例，则能产生统一和谐的美感。

立体是由面围成的，其感知特性与形成立体的面相似。平面立体具有轮廓明确、肯定的特性，给人以刚劲、结实、坚固、明快的感觉；曲面立体具有不够确切肯定的特性，给人以圆滑、柔和、饱满、流畅、动感的感觉。

立体构成形式主要有两种：堆砌法和切割法。堆砌法是将一些基本几何体通过堆砌拼合组合成新的形体。组合体具有较强动感和视觉敏锐度，适合塑造一些形体较为复杂的产品。切割法是在一个或几个基本几何体上进行切割，得到新的形体，适用于一些比较简单的造型。图 10.2 所示为堆砌法和切割法构造的形体。

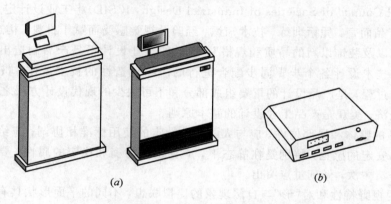

图 10.2　堆砌法和切割法造型
（a）堆砌法；（b）切割法

在组合体中，三角形具有强烈的刺激感，最易被人们所感知，圆锥体、球体等回转体也具有相同的效果。

10.4　常见机箱类型及机箱结构方案选择

10.4.1　常见机箱类型

1. 壳类机箱

壳类机箱简称机壳，通常用于尺寸较小的简单智能仪器，其基本外形不一，一般由框架、面板和盖板等零件组成。使用机壳的智能仪器的电子元器件均布置在机壳内，具有体积小、重量轻、使用方便等优点。机壳种类繁多、千差万别。机壳使用的材料主要为金属和非金属。金属机壳可设计成各种形状及尺寸，适用于小批量多品种生产。机壳强度和刚度好，但外形尺寸公差大，不宜批量生产，且外形不易做得美观。工程塑料机壳具有承受结构损伤能力，外表美观且保持性好，能满足人们日益提高的审美要求，但模具制作周期长，技术难度大，初期投资高。工程塑料机壳适用于大批量生产。

2. 箱类机箱

箱类机箱简称机箱，通常用于中小型台式智能仪器，其基本外形是矩形六面体，主要由机箱框架、面板和盖板等零件组成。使用机箱的智能仪器的电子元器件均布置在机箱内或机箱上，具有体积小、重量轻、使用方便等优点。机箱种类繁多、千差万别，根据使用的材料可分为钣金机箱、铝型材机箱和非金属机箱等。其中铝型材机箱适用于多品种批量生产，机箱强度和刚度好，但加工成本较高。

根据外部几何形状，机箱可分为基本型、衍生型和拼合型三类。

基本型机箱形体简单，多为长方形六面体结构形式。此类机箱包括标准式、前仰式、提手式、提箱式、背箱式、提梁式、圆盘式、圆柱式等。图 10.3 所示为常见基本型机箱的形状示意图。

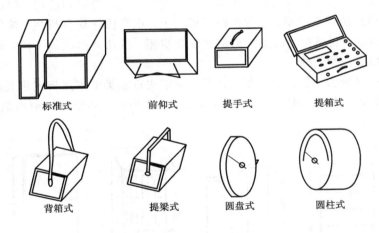

图 10.3　常见的基本型机箱

衍生型机箱是在基本型机箱的基础上变形而成的插箱或切割体。衍生型机箱包括标准插箱、裸露面板式插箱、托盘式插入单元、倾斜面板式、阶梯式、切割面板式等。图 10.4 所示为常见衍生型机箱的形状示意图。

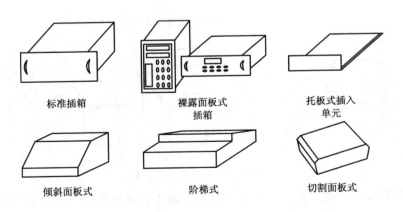

图 10.4　常见的衍生型机箱

组合型机箱是两种及两种以上的基本型或衍生型机箱的组合体。组合形式包括并列组合、重叠组合、一体式组合等。图 10.5 所示为常见组合型机箱的形状示意图。

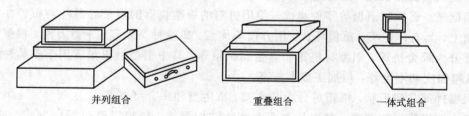

并列组合　　　　　　　　　重叠组合　　　　　　　　一体式组合

图 10.5　常见的组合型机箱

3. 柜类机箱

对于结构复杂、尺寸较大的智能仪器，为了方便装配、检修和使用，往往把设备分成具有独立结构形式的若干插箱，安置在柜类机箱上。柜类机箱简称机柜。按使用材料的不同，机柜可分为钢型材机柜、铝型材机柜和钣金机柜。按几何形状的不同，机柜可分为基本型、衍生型和组合型三种。

基本型机柜又分为直柜式和桌柜式两种。直柜式机柜类似家用柜式家具，包括普通机柜式、屏风框架式、分隔柜式、橱柜式等，如图 10.6 所示。桌柜式机柜类似办公桌形式，如图 10.7 所示。

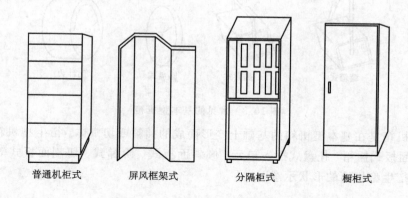

普通机柜式　　　　　屏风框架式　　　　　　分隔柜式　　　　　　橱柜式

图 10.6　常见的直柜式机柜

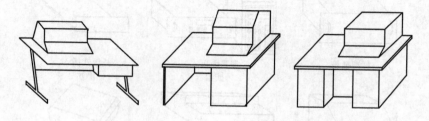

图 10.7　常见的桌柜式机柜

衍生型机柜又分为操作台式和架装式两种。操作台式机柜包括普通机柜式、探头式、琴柜式、单座台式、双座台式等，如图 10.8 所示。架装式机柜包括框架式、柱支撑式、控制屏式等，如图 10.9 所示。

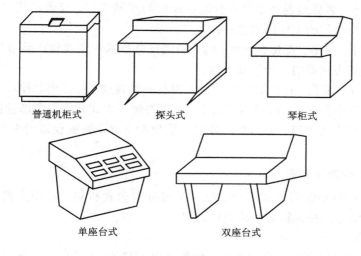

图 10.8　常见的操作台式机柜

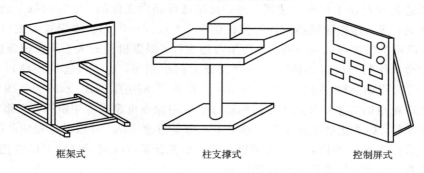

图 10.9　常见的架装式机柜

组合型机柜是由若干个形状相似的机柜组合放置的，如图 10.10 所示。组合型机柜适合大型测控系统应用。

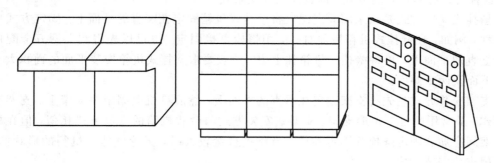

图 10.10　常见的组合型机柜

10.4.2　机箱结构方案选择

机箱结构方案选择的基本要求有以下几个方面：

（1）保证产品功能和技术指标的实现。智能仪器的功能和技术指标是首要的，智能仪器设计的所有工作都应围绕实现功能和满足指标展开，结构设计也不例外。随着传感器技术、仪器电路技术、微处理器技术等在智能仪器中的成熟应用，仪器结构设计逐渐成为影响智能仪器功能和性能的主要因素之一。

（2）便于操作、使用、安装和维修。随着智能仪器技术的发展和产品市场竞争的深入，仪器可用性逐渐成为仪器的一个重要方面。

（3）贯彻执行标准化。在仪器结构设计方面有一些标准，在选用和设计中应贯彻执行。

（4）体积重量适合应用，造型美观大方。整机的使用方式和组成零部件的体积与数量，决定了机箱结构的方案选择，而整机的体积和重量本身就是智能仪器的重要指标，并影响仪器的可用性。

1. 机箱的结构设计方案

根据智能仪器的安放和使用要求，机箱又可分为台式机箱、壁挂式机箱和便携式机箱。下面分别介绍这三种机箱的结构设计方案。

1）台式机箱

大量智能仪器采用台式机箱的结构，如各种电子仪器、试验设备、台式计算机等。这类智能仪器适合放置在工作台上使用。台式机箱通常是六面体的，即它的每个面都是长方体或正方体的；前后面板比较适宜的长宽比例为 1：（0.6～0.7）。体积较大或很少移动的仪器设备，机箱的深度可以大一些，以便增加稳定性。根据机箱的大小及机械强度的要求，机箱可以用金属材料制成（多用铝板、铝型材或薄钢板制作，也可以选购成品），也可以用塑料制成。若选用铝型材，可按照铝合金型材机箱典型结构图册（SJ/Z 3220—89）设计。

根据生产批量的大小，台式产品的机箱可以采用标准机箱或专用机箱。机箱有长、宽、高 3 个体积参数，标准化机箱对这三个参数的比例是有要求的，可以参考相应的国家标准。设计尺寸符合国家标准的机箱，称为标准机箱。不符合相应国家标准的只能专用于某种智能仪器的机箱，称为非标准机箱或专用机箱。

2）壁挂式机箱

壁挂式机箱与台式机箱相似，通常也是长方形六面体的形式，适合安装在竖直的立面上。这种机箱有两种安装方式，即悬挂式和支架式。

悬挂式安装方式是指采用固定螺栓将壁挂式机箱固定在竖直的平面上。固定方式也有很多种，例如，在壁挂式机箱后面打孔，用螺栓直接固定，也可以先将倒卜型五金配件固定在垂直的平面上，再将壁挂式机箱挂上去。一般要求壁挂式机箱安装平面的面积大于机箱上下面及两个侧面。

支架安装方式是先将支架固定在垂直的平面上，然后将机箱固定在支架上。支架有多种形式，最常用的是三角形支架。支架式安装方式与台式机箱的安放方式相似，但在机箱与支架间应加装固定螺栓等固定零件。当整机重量较大时，无论壁挂式机箱的形状如何，都采用支架安装方式。

壁挂式机箱不占用地面空间，特别适合安装在狭小的空间里。例如，在建筑物的电气竖井内采用壁挂式机箱；人们常见的室内空调机，其控制机的机箱在室内采用壁挂悬挂方式安装；制冷机的机箱多在室外采用壁挂支架方式安装。壁挂式机箱多采用金属材料制作。

3）便携式机箱

有些智能仪器工作时需要经常移动，要求其本身元器件数量少，结构轻巧，便于携带。

便携式智能仪器的种类繁多，功能各异，特点不同。为适应人们随身携带的需要，对机箱外壳的造型和结构有更高的性能要求和美学要求，而且要求耐振动和碰撞。便携式机箱常采用塑料外壳，一般需要采用专用的注塑模具成型。这些模具大都经过科学的设计，使得产品的外壳具有合理的操作位置和灵活的结构方式。最常用的注塑材料是 ABS 工程塑料，对于一些军用或民用高级产品，例如档次较高的照相机或笔记本电脑等，也使用高成本的碳纤维材料或钛铝合金制造。

2. 机柜的结构设计方案

机柜适合于体积、外形较大的设备，便于使用和运输。有些产品在存放时是一种形式，操作时又是另一种形式。例如有些产品在包装、运输、存放时为直柜式，操作时拉下前板，成为琴柜式，让使用者操作方便舒适。下面对最典型的直柜式和琴柜式机柜进行说明。

1）直柜式机柜

直柜式机柜便于操作人员在走动或站立的姿势下进行操作。通常，这种机柜适用于机械设备的控制柜或者不需要经常操作的设备，例如电加工机床的控制电器柜、通信程控交换机柜等。根据人体视平角高度和操作动作的要求，机柜的高度一般不要超过 2 m，柜门的宽度及机柜的深度一般不要超过 0.6 m。

2）琴柜式机柜

琴柜式机柜便于操作人员采用坐姿操作，适用于需要频繁操作和读取数据的大型设备，例如中心控制台、试验台等。在设计这种机柜时，应该充分考虑人体生理机能的要求。

在选择琴柜式机柜时，要参考有关人体坐姿的生理研究数据进行设计。坐姿对人体的影响程度，是随着时间的增长而加大的。长时间采用坐姿工作容易产生疲劳感觉，并可能对人体造成生理危害。对于长时间坐着工作的劳动者来说，不正确的姿势会给身体造成无法恢复的永久性伤害，易受伤害的主要部位有腿部、臀部、背部和颈部。如果在工作中没有注意到这一点，就可能引发职业病，导致综合效益下降。目前减缓坐姿对人体造成损伤的办法是：设法使人坐在椅子上时，能让躯干交替地处于前倾和后靠这两种姿态。在设计琴柜式机柜时，要根据工作活动和人体的生理特点确定设计目标和具体数据。在分析了坐姿数据后，再根据这些数据确定在操作台上工作的参数，包括手臂、腿部的活动范围，座椅和操作台的相对位置，眼睛的观察范围，敏感信号的显示区域等。具体设计时请参阅有关书籍和标准。

3. 标准机箱结构设计方案

标准机箱属于机箱中的一种，因为在进行智能仪器设计时，标准机箱一般可直接选用相关厂家的成品，因此进行单独说明。

仅就设计工作量和制造成本而言，对智能仪器整机结构方面的投入，往往会高于电路或电气结构本身。在研制单件或小批量生产的智能仪器时，出于降低费用的目的或限于设计加工的条件，经常会购买商品化的标准机箱。工程上一般按下面两种情况进行：一是先设计验证内部的电路，使之能完成预定的电气功能，然后根据电路板的结构尺寸再设计制作或选购机箱；二是根据现有的机箱及其规定的空间，设计内部电路并选择元器件，使给定的空间体积得到充分的利用。显然，前者设计电路时自由度要大一些，但后者更能保证产品的外观结构要求，实际工作中应将二者结合起来，权衡利弊，优化设计。

标准机箱加工简单，通用性强，经济适用，而且侧面板、上下盖板都可以拆下来，对于整机安装、调试都很方便。

标准机箱实际只包括上下盖板、左右侧板、安装配件和提手等一些附件，前后面板因为有电源插座、电源开关、键盘、显示器、接线柱、调节旋钮、通信端子等零部件，还要印刷一定的文字和符号，不同的仪器对这些零部件和文字符号有不同的要求，因此仪器的前后面板需要重新设计。为了保证仪器喷涂色彩的统一协调，一般是先选用标准机箱，然后根据标准机箱和仪器的要求设计前后面板，再将前后面板的设计图纸等文件提供给标准机箱生产厂家一并生产。

很多工程级的设备的面板宽度都采用 19 英寸，所以 19 英寸的标准机箱是最常见的一种标准机箱。标准机箱的结构比较简单，主要包括基本框架、内部支撑系统、布线系统以及通风系统。19 英寸标准机箱外形有宽度、高度、深度三个常规指标。虽然对于 19 英寸面板设备安装宽度为 465.1 mm，但常见的机箱的物理宽度有 600 mm 和 800 mm 两种。机箱高度一般为 0.7～2.4 m，根据柜内设备的多少和统一格调而定，通常厂商可以定制特殊的高度，常见的成品 19 英寸机箱高度为 1.6 m 或 2 m。机箱的深度一般为 400～800 mm，根据箱内设备的尺寸而定，通常厂商也可以定制特殊深度的产品。

19 英寸标准机箱内设备安装所占高度（又称为容量）用一个特殊单位"U"表示，1U＝44.45 mm。19 英寸标准机箱的设备面板一般都是按 nU（n 为整数）的规格制造的。对于一些非标准设备，可以附加适配挡板装入 19 英寸标准机箱并固定。

标准机箱应用广泛，网络机箱、工控机箱、综合布线机箱、铝型材机箱、工业电脑机箱、服务器专用机箱、广电机箱等多数采用 19 英寸标准机箱。

与智能仪器结构设计有关的标准主要有：

(1) 面板、架和柜的基本尺寸系列(GB3047.1)；

(2) 高度进制为 20 mm 的插箱、插件的基本尺寸系列(GB3047.3)；

(3) 高度进制为 44.45 mm 的插箱、插件的基本尺寸系列(GB3047.4)；

(4) 电子设备台式机箱基本尺寸系列(GB3047.6)；

(5) 高度进制为 44.45 mm 的窄柜基本尺寸系列(GB/T3047.8—1996)；

(6) 电子设备控制台的布局、型号和基本尺寸系列(GB7269)；

(7) 通信设备条形机架的基本尺寸(GB/T6431)；

(8) 电力二次回路电气控制台基本尺寸系列(GB7266)；

(9) 电力二次回路控制、保护屏及柜基本尺寸系列(GB7267)；

(10) 电力二次回路控制、保护装置用插箱及插件面板基本尺寸系列(GB7268)；

(11) 机载电子设备机箱、安装架的安装形式和基本尺寸系列(GJB441)；

(12) 电子设备方舱外形尺寸系列(SJ2696)；

(13) 军用微型计算机机箱、插件的基本尺寸系列(GJB388)；

(14) 电子产品防护、包装和装箱等级(SJ/Z3216)。

在单台或小批量生产的智能仪器中广泛采用的标准机箱，有用工程塑料注塑的，也有用金属型材加工制作的。塑料机箱重量轻，结构简单，装配方便，适合于一般智能仪器。金属型材机箱的特点是采用拼装结构，加工容易，散热和电磁屏蔽性能好，适合于要求较高的电子仪器或无线电发射机等产品。

10.5　智能仪器热设计

10.5.1　智能仪器的热环境

由于超大规模集成电路(VLSIC)、超高速集成电路(VHSIC)等微电子技术的不断发展，微电子元器件和设备的组装密度及器件操作速度都在迅速提高。随着组装密度和器件速度的提高，智能仪器内外热控制问题日益突出。一方面，在智能仪器工作过程中，各类器件产生更多的热量；另一方面，智能仪器工作时，其敏感元器件对其周围温度要求也更加苛刻。因此，若不采用合理的热控制技术，必将严重影响智能仪器工作的可靠性。

各类智能仪器使用场所的热环境是热控制必须考虑的重要因素。例如装在宇航飞行器上的各类仪器，在整个飞行过程中将遇到地球大气层的热环境、大气层外的宇宙空间的热环境等；导弹上工作的各种仪器所经受的环境条件比地面室内设备环境条件恶劣得多，它们必须满足不同环境温度的要求。

智能仪器的热环境包括：环境温度和压力(或高度)的极限值；环境温度和压力(或高度)的变化率；太阳或周围物体的辐射热；可利用的热沉(包括种类、温度、压力和湿度)；冷却剂的种类、温度、压力和允许的压降(对由其它系统或设备提供冷却剂进行冷却的设备而言)。

所谓热沉，是指一个无限大的热容器，它的温度不随传递到它的热能大小的改变而改变，它可能是大地、大气、大体积的水或宇宙，又称热地。对于空用和陆用智能仪器而言，周围的大气就是热沉。

建筑物掩体和地面运载工具主要受周围大气层温度的影响，温度范围为 $-50 \sim 50℃$，从高原到深山峡谷的压力范围为 $75.8 \sim 106.9$ kPa，太阳辐射力可达 1 kW/m²，长波辐射热能约为 $0.01 \sim 0.1$ kW/m²，静止空气的对流换热系数为 6 W/(m²·℃)，风速为 27.8 m/s 时的对流换热系数为 75 W/(m²·℃)。导弹及其它飞行器在接近海平面低马赫数飞行时，蒙皮温度可达 $130℃$，舰船的环境温度条件比较好，外部环境温度不会超过 $35℃$。

10.5.2　智能仪器热控制的目的

随着组装密度的提高，组件和设备的热流密度也在迅速增加，如图 10.11 所示。研究表明，芯片级热流密度高达 100 W/cm²，仅比太阳表面的热流密度低两个数量级。如此高的热流密度，若不采用合理的热控制技术，必将严重影响电子元器件和设备的热可靠性。

智能仪器热控制的目的是要为芯片级、元件级、组件级和系统级提供良好的热环境，保证它们在规定的热环境下，能按预定的参数正常、可靠地工作；能保证系统在规定的使用期内，完成所规定的功能，并以最少的维护保证其正常工作。

防止元器件的热失效是热控制的主要目的。热失效是指电子元器件直接由于热因素而导致完全失去其电气功能的一种失效形式。电子元器件是否会严重失效，在某种程度上取决于局部温度场、电子元器件的工作过程和形式。因此，智能仪器的热设计首先应确定所有电子元器件出现热失效的温度，各个元器件的失效温度可能不尽相同，而一个智能仪器中最低的元件失效温度，就成为系统热控制的重要参数，即最高允许温度。在确定热控制方案时，电子元器件的最高允许温度和最大功耗应作为主要的设计参数。

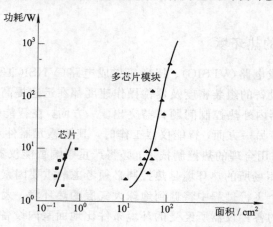

图 10.11　芯片与器件的热流密度

10.5.3　热控制的基本要求

智能仪器的热设计应与电路设计及结构设计同时进行，并与可测性和可维修性相结合，根据发热功耗、环境温度、允许工作温度、可靠性要求，以及尺寸、重量、冷却所需功率、经济性与安全等因素，选择最简单、最有效的冷却方法。智能仪器在进行热设计时，应首先了解元器件的热特性，根据 GJB/Z299《电子设备可靠性预计手册》所提供的元器件基本失效率 λ_0 与温度 T、电应力比 S 的关系模型，进行可靠性预计，此时要求预先分析元器件的工作环境温度和电应力比 S，以便利用 $T-S$ 表或曲线图查得元器件基本失效率 λ_0 值。在此基础上，根据设备工作环境温度的类别和元器件质量等级等，预计元器件的工作失效率以及设备的可靠性。

热控制的基本要求有以下几点：

（1）满足设备可靠性的要求；

（2）满足设备预期工作的热环境要求；

（3）满足对冷却系统的限制要求；

（4）应保证智能仪器在紧急情况下，具有最起码的冷却措施，使关键部件或设备在冷却系统某些部件遭到破坏或不工作的情况下，具有继续工作的能力。

10.5.4　热控制系统设计的基本原则

智能仪器的热控制系统设计的基本任务是在热源和热沉之间提供一条低热阻的通道，保证热量迅速传递出去，以便满足可靠性的要求。

智能仪器热控制系统设计的基本原则如下：

（1）保证热控制系统具有良好的冷却功能，即满足可用性。要保证设备内所有电子器件均能在规定的热环境中正常工作，每个元件的配置必须符合安装要求。由于各个元器件对环境因素表现出不同的敏感性，而且各自的发热量也很不相同，因此必须人为地造成设备中局部冷却的适当"微气候"。

（2）保证设备热控制系统的可靠性，在规定的使用期限内，冷却系统的可靠性应比元器件的可靠性高。

（3）保证热控制系统应有良好的适应性。冷却系统的设计应留有冗余。

（4）热控制系统应有良好的经济性。

10.5.5　热控制的方法

智能仪器的热控制首先应从确定元器件或设备的冷却方法开始。确定冷却方法应首先确定设备中各个元器件的发热量、允许温升、与散热有关的结构尺寸、工作环境条件及其它特殊要求（如密封、气压等），然后根据设备的允许温升和热流密度确定冷却方法。智能仪器的冷却方法包括自然冷却、强迫风冷、碳氟化合物浸没冷却、强迫水冷和碳氟化合物相变冷却等。自然冷却应根据热自然对流规律，合理设计设备的布局和结构。强迫风冷一般采用风扇形成强迫对流风。图 10.12 所示是根据设备的允许温升和热流密度确定冷却方法的选择图。

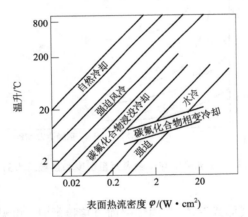

图 10.12　按热流密度和温升选择冷却方法

由图 10.12 可见，当温升为 60℃ 时，自然冷却的热流密度小于 0.05 W/cm^2，因此这种冷却方法不可能提供 1 W/cm^2 的热流密度。如用强迫风冷，可提高一个数量级。

目前在一些热流密度不高而温升要求也不高的设备中，广泛采用自然冷却的方法。在一些热流密度比较大、温升要求较高的设备中，则多数采用强迫风冷的方法。

冷却方法确定后，应仔细研究设备中的各类元器件的热安装方案和设备的整体结构形式。从热控制要求出发，应尽量减小传热路径的热阻，合理分配各个传热环节的热阻值，正确布置发热元件与热敏元件的位置及间距，注意印制板组装的放置方向和相互间距，保证冷却气流均匀流过发热元器件，形成合理的气流通路。

1. 导热

在纯导热中，单位时间内通过给定面积的热量 Φ，与该点的温度梯度及垂直于导热方向的截面积 $A(m^2)$ 成正比，这就是导热基本定律（又称为傅立叶定律）。其向量表达式为

$$\boldsymbol{\Phi} = -kA\frac{\partial t}{\partial \boldsymbol{n}} \quad (W) \tag{10.1}$$

式中：$\partial t/\partial n$ 为温度梯度 $\mathrm{grad}\,t$ 与单位法向向量 $\boldsymbol{n}$ 之比；负号为表示传递的方向与温度梯度的方向相反；k 为材料的导热系数（W/m·℃）。

对于厚度为 δ，热壁面温度为 t_{w1}（℃），冷壁面温度为 t_{w2}（℃）的单层薄壁，有

$$\Phi = \frac{kA}{\delta}(t_{w1} - t_{w2}) \quad (\mathrm{W}) \tag{10.2}$$

其中，定义 $\delta/(kA)$ 为导热热阻 R_t，则

$$\Phi = \frac{\Delta t}{R_t} \tag{10.3}$$

当多层壁导热时，层间的接触热阻与接触表面粗糙度、接触压力等因素有关，图10.13所示为接触热阻与接触表面粗糙度和接触压力的关系曲线。为了减小接触热阻，可以在接触表面涂一层导热脂（膏），或者加一层紫铜箔或其它延展性好、导热系数高的材料；界面接触压力应接近 2×10^3 kPa。

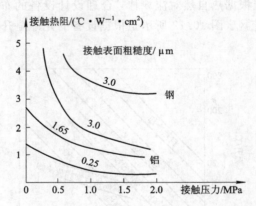

图 10.13　接触热阻与接触表面粗糙度和接触压力的关系

2. 对流换热

对流换热是指流体（气体或液体）与固体壁面直接接触时，由温差引起的相互之间的热能传递过程。

3. 自然对流换热

用空气进行自然冷却的大多数电子元器件或小型智能仪器（任意方向的几何尺寸小于600 mm），由于尺寸较小，空气的物理参数在 20～200℃ 范围内，其值变化范围约为 $\pm6\%$，此时，可用下式计算热流密度：

$$\varphi = \frac{\Phi}{A} = \frac{2.5C\Delta t^{1.25}}{D^{0.25}} \quad (\mathrm{W/m^2}) \tag{10.4}$$

式中：φ——热流密度（W/m²）；

　　　Φ——热流量（W）；

　　　A——换热面积（m²）；

　　　C、D——系数，根据设备的形状、尺寸及位置，依据相关资料计算；

　　　Δt——换热表面与空气的温差（℃）。

在采用自然冷却的智能仪器中，机壳是接受内部热量，并将其散发到周围环境中去的重要组成部分。机壳的热设计在采用自然冷却和密封式的智能仪器中显得格外重要。实验

表明：在机壳内外表面增加灰度，合理设计通风结构，加强冷却空气的对流，都可以明显降低内部的温度。机壳通风孔是整个通风结构的重要组成部分，通风孔的结构形式很多，可根据散热与电磁兼容性的要求综合设计。进风孔尽量对准发热器件；进风孔应尽量远离出风孔，防止气流短路；进出风口应开在温差较大的相应位置；进风孔应尽量低，出风孔应尽量高；进风孔要注意防尘和防电磁泄露。

考虑散热要求时，通风孔面积 A 可按下式计算：

$$A = \frac{\Phi}{7.4 \times 10^{-5} H \Delta t^{1.5}} \tag{10.5}$$

式中：Φ——需从通风孔中散去的热量（W）；

　　　H——设备的高度（或进出风孔的中心矩）（cm）；

　　　Δt——设备内外空气的温差（℃）。

安装设备内部元器件时，应将对温度敏感的器件放在冷区（如进风孔附近或设备的下部），元器件的安装方位应符合气流的流动特性，有利于提高气流紊流程度。元器件和印制板、印制板间、连接线等的安装工艺应有利于散热。

4. 强迫风冷

强迫风冷是气体在管（槽）内依靠外部动力源（通风机）强迫对流实现冷却的，气体的环绕与其流动状态、管（槽）入口形状、管壁粗糙度及管道几何尺寸等因素有关。不同的气体流动状态有不同的换热规律。

强迫风冷分抽风和鼓风两种形式，每种形式又各分有风道和无风道两种。抽风冷却适用于热量比较分散、各元件所需冷却表面风阻较小的情况。抽风机一般装在机柜的顶部或上侧面。当仪器中有热敏元件时，可加装风道将热敏元件隔离。鼓风冷却适用于热量分布不均匀，各单元需要专门风道冷却，风阻较大，元件较多的情况。

整机强迫风冷的风量应等于各个单元发热元件所需风量之和。根据热平衡方程，可得整机的通风量为

$$Q_f = \frac{\Phi}{\rho C_p \Delta t} \quad (\text{m}^3/\text{s}) \tag{10.6}$$

式中：ρ——空气密度（kg/m³）；

　　　C_p——空气的比热（J/(kg·℃)）；

　　　Φ——仪器总损耗功率（热流量）（W）；

　　　Δt——冷却空气的出口与进口温差（℃），含有印制板的设备，一般可取 10℃左右。

由于没有考虑辐射和自然对流散热部分，按式（10.6）计算的通风量较为保守。一般辐射和自然对流散热量占总散热量的 10% 左右。

选择通风机时要考虑的因素较多，诸如空气的流量、风压、通风机效率、空气速度、风阻、环境条件、噪音、体积和重量等，其中主要参数是通风量和风压。要求风量大、风压低的设备可选用轴流式通风机；反之，可选用离心式通风机。强迫风冷时，气流的方向及通风机的安装位置将影响冷却效果。对于轴流式鼓风系统，风机位于冷空气入口处。图10.14所示为大型机柜屏蔽盒鼓风冷却示意图。

此外，换热方式还有辐射换热。

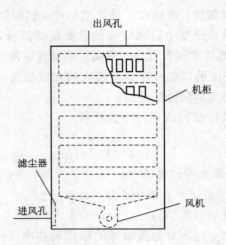

图 10.14　大机柜屏蔽盒鼓风冷却示意图

5. 通过肋壁的传热

对于发热量较大的元器件(例如功率放大器件)通常加装型材散热器散热。常见的型材散热器为铝型材,种类繁多,形状各异,但都可按肋壁传热进行分析。对于如图 10.15 所示的矩形肋壁散热器,其散热量 Φ 为

$$\Phi = \sqrt{hUkA}\,(t_\circ - t_\mathrm{f})\tanh\left(L\sqrt{\frac{2h}{k\delta}}\right) \tag{10.7}$$

式中: h——散热器材料的对流换热系数,铝为 15 W/(m² · ℃);

U——散热器肋壁的截面周长,图 10.15 所示的散热器 $U=2(H+\delta)\approx 2H$;

k——散热器材料的导热系数,铝为 204 W/(m · ℃);

$t_\circ$——散热器肋壁基部温度;

t_f——散热器肋壁端部温度;

L——肋壁高度;

δ——肋壁壁厚。

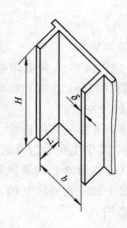

图 10.15　矩形肋壁散热器

当尺寸一定时,增加肋片,热阻降低,耗散功率有所增加,但是肋片间距将减小,周围流体粘滞作用大,同时肋片间相互吸收的辐射能量增加,使得换热效果差。因此,肋片高度和肋片间距的比值存在一个最佳值。根据实验,肋片高度 H 和肋片间距 b 间有如下关系:

$$b = 1.5 \sqrt[4]{\frac{Hv^2}{\beta \Delta t \mathrm{Pr}}} \tag{10.8}$$

式中：v——流体运动粘度(m^2/s);

β——流体膨胀系数($1/{℃}$);

Δt——肋片温度与环境温度之差(℃);

Pr——普朗特常数。

10.6　振动与冲击的隔离

智能仪器在运输和使用过程中会受到各种机械力的干扰,尤其是某些车载仪器。在机械环境中,振动将导致元件或材料疲劳损伤,而冲击则是瞬时加速度过大造成的元件损坏。国家有关标准和规范规定了不同使用场合的环境条件界限,称为环境条件的严酷度等级,对各种元器件则规定了相应的强度下限。在仪器的型式试验中,振动与冲击试验是一项重要的内容。在进行智能仪器结构设计时,应根据设备的使用场合,了解环境条件界限及其对设备造成的影响。

系统的振动特性受三个参数的影响,即质量、刚度和阻尼。智能仪器中采用的防振和缓冲措施有消除振源、结构刚性化、选用或设计减振器、封装印制板、阻尼减振等。常见的减振器有橡胶减振器和金属弹簧减振器。

在智能仪器的隔振设计中,应尽量选用已经颁布的标准产品,对于一些有特殊要求而又无标准产品可用的场合,则可以根据需要自行设计减振器。设计的一般步骤如下:

(1)根据设备的结构选择减振器的支承位置和方式,减振器一般安装在整个结构最刚强的部位,相邻减振器间距不应超过 0.5 m。

(2)根据设备能承受的振动量级选择隔振系统的固有频率,一般应使最低激振频率与减振器固有频率之比不小于 1.4~2.5,以免系统发生共振。

(3)根据确定的减振系统的固有频率,计算减振器承载方向上的弹簧刚度。

(4)根据上述参数,选用或设计减振器。

10.7　电磁兼容性结构设计

当今,智能仪器的电磁兼容性要求已经成为设计研制时必须予以充分考虑的重要技术指标。仪器的电磁兼容性设计常常从以下几方面入手:通过优化信号波形,使得有用信号占用最小的带宽;设计和选用自身发射小、抗干扰能力强的电子线路(包括集成电路)作为智能仪器的单元电路;屏蔽、接地、搭接滤波;合理布局。

电磁屏蔽主要通过设计屏蔽盒实现,主要要求有:① 屏蔽体必须良好接地,一般要求屏蔽体与地的连接阻抗小于 $2\ m\Omega$，在要求严格的场合中要求连接阻抗小于 $0.52\ m\Omega$，若通过接插件接地，由于接插件本身的连接电阻在 $5\ m\Omega$ 左右，所以应采用多对接插件并联的形式；② 屏蔽盒或机箱各个部分间的接触阻抗应减至最小；③ 为了进一步提高屏蔽效果，机箱可采用双层门，屏蔽盒可采用双层盖；④ 屏蔽体接缝应与磁通流经方向平行；⑤ 接缝处加装导电衬垫；⑥ 接缝部位重叠部分应大于 $9\ mm$，焊接点间距应小于 $12\ mm$，焊条材料应尽可能与机箱屏蔽盒本体材料相同；⑦ 通风孔的形状和布置要尽可能减小屏蔽体磁阻的增加，图 10.16 所示为为通风孔布置示意图；⑧ 通风孔加装金属丝网；⑨ 表头、显示器后应加装屏蔽盖；⑩ 塑料机箱机壳可采用喷涂、真空沉积和粘贴等技术，在机箱机壳内表面包覆一层导电薄膜；⑪ 机箱必须设置接地端子。

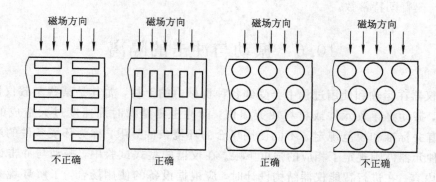

图 10.16　通风孔的布置

10.8　结构的其它设计

机箱的内部结构安排，主要是从有利于散热、抗振、耐冲击、安全的角度出发，以提高装配、调试、运行、维修的安全性和可靠性等为目标来考虑的。例如，最典型的安全问题是对电气绝缘的处理，为防止触电，高电压元器件应该放置在机箱内不易触及的地方，并与金属箱体保持一定的距离，以免高压放电；高、低压电路间需要采取隔离措施；电源线穿过箱体时，电源线上要加保护套；金属箱壁的孔内应放置绝缘胶圈。

1. 结构的连接

产品结构的连接设计，要考虑以下几方面的因素：

（1）便于整机装配、调试和维修。可以根据工作原理，把比较复杂的产品划分成若干个功能电路；每个功能电路作为一个独立的单元部件，在整机装配前均能单独装配与调试。这样不仅适合大批量的生产，维修时还可以通过更换单元部件及时排除故障。

（2）零部件布局应合适。零部件的安装布局要保证整机的重心靠下，并尽量落在底层的中心位置；彼此需要相互连接的部件应当比较靠近，避免过长和往返的引线；易损坏的零部件要安装在更换方便的位置；零部件的固定要满足防振的要求；印制板通过插座连接时，应当有长度不小于 2/3 长度的导轨，印制板插入后要有紧固措施。

（3）印制电路板在机箱内的位置及其固定连接方式，不仅要考虑散热和防振，还要注意维修是否方便。通常，在维修时总希望能同时看到印制板的元件面和焊接面，以便检查和测量。对于多块印刷电路板,可以采用总线结构,通过接插件互相连接并向外引出;拔掉插头,就能使每块电路分离,将印制板拿出来检查,有利于维修和互换。对于大面积的单块印制板,最好采用铰链合页或抽槽导轨固定,以便在维修时翻起或拉出印制板就能同时看到两面。

2. 内部连线

大型设备整机的连线往往比较复杂,不仅有印制板之间的连接、印制板与设备机箱上元件的连接,还有印制板与面板元件之间的连接等。

(1) 电路部件相互连线的常用方式有插接式、压接式及焊接式三种。它们各自的特点如下:插接式对于装配、维修都很方便,更换时不易接错线,适用于小信号、引线数量多的场合,并有多种形式的接插件可以选择。压接式通过接线端子实现电路部件之间的连接,这种连接方式接触好,成本低,适用于大电流连接,在柜式产品中应用比较广泛。焊接式是把导线端头焊装在印制板上的对应的焊片上,或者把导线直接焊接到部件上,这是一种廉价可靠的连接方式,但装配维修不够方便,适合于连线少或便携式的产品中。采用这种方式时,要注意导线的固定(用线扎等方法),防止焊头折断。

(2) 连接同一部件的导线应该捆扎成把,捆绑线扎时要使导线在连接端附近留有适当的松动量,保持自由状态,避免拉得太紧。

(3) 线扎要固定在机架上,不得在机箱内随意跨越或交叉;当导线需要穿过底座上的孔或其它金属孔时,孔内应装有绝缘护套;线扎沿着结构件的锐边转弯时,应加装保护套管或绝缘层。

3. 附件设计

智能仪器机箱附件主要包括把手、支脚、软垫等。

在机柜产品中,门及门锁主要用于保护设备的安全,有些产品特地安装了防盗电子门锁,并且一些产品还设计有前后门开关或双开后门,方便安装及拆卸。

4. 防腐蚀设计

智能仪器的结构部分常常采用金属结构件,在经历潮湿或其它恶劣气候环境时,有可能因为腐蚀效应而失效。金属在大气自然环境条件下的腐蚀称为大气腐蚀。大多数智能仪器的制造、运输、储存及使用都是在地面上或接近地面的地方进行,所以对大气环境中的腐蚀现象应给予高度重视。防止大气腐蚀的主要措施是:采用耐大气腐蚀的金属;采用有机、无机涂层或金属镀层;优化仪器工作微环境。常用的金属镀层包括锌、铝、铬、铜、镍、镉、锡、银、金等。

涂层主要包括基材的表面处理、底漆、面漆等,例如,整机机箱先涂敷 X06-1 磷化底漆,或先进行预处理,包括对钢材进行磷化处理,对铸铁进行有机除油和喷砂处理,对铝进行阳极氧化处理,然后涂装 H06-2 铁红环氧底漆/H07-34 环氧腻子/C06-1 铁红醇酸底漆/A05-9 各色氨基烘漆,或涂装 Al/阳极氧化,又或者涂敷 X06-1 磷化底漆/H06-2 铁红环氧底漆/H07-34 环氧腻子/C06-1 铁红醇酸底漆/A05-9 各色氨基烘漆。

残余水分和灰尘积存处,往往是腐蚀严重的部位,因此结构设计应使结构形状尽量简单合理。如图 10.17 所示为防止水分和尘粒积聚的结构示意图。

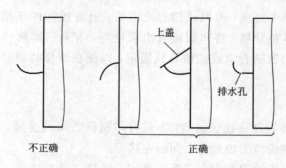

图 10.17　防止水分和尘粒积聚的结构示意图

5. 色彩设计

根据陈列专家的看法，引起视觉注意力的要素首先是运动，其次是光线，然后就是色彩。色彩是造型艺术构成中不可缺少的元素，而智能仪器工业设计中的色彩设计同样是不可或缺的。

某种工业产品普遍地采用某种特定的色彩，这往往是基于如下的情况：一是某种色彩在光照下不易退色，使用方便；另外是依据惯例，例如机械工具类涂成蓝灰色，金属家具使用橄榄绿或金属灰，食品机械使用白色，办公设备使用灰色等。

智能仪器的色彩设计要体现先进的科学技术与工艺手段、艺术美、材质美、造型美的结合，要具有时代特征，使产品的色彩既符合人们的精神要求，又经济适用。一般产品主色调以一色到两色为佳。色调主要根据产品功能、色彩功能以及产品使用者的爱好，并结合商品属性，认真选择。一旦主色调选定后，其余色彩则按配色规律进行调配。例如，小型智能仪器色调爽朗、雅致、明快；大型的、组合型的产品就要色泽稳重均衡，美观而又协调。

所有元件、导线应使用颜色、符号标志区分，安装时使符号标志朝向观察者；在电气性能允许的情况下，尽量采用接插件连接。在更换已损元器件时，尽量不用拆除其它零部件。为方便安装和维修拆卸，应根据需要设计必要的出入口和观察窗口。所有出入口和人手经过的部分应折边、磨光或做其它防护处理。高压部分的门盖最好设计连锁开关，当门或盖打开时，高压电即被切断。

习　题

1. 机柜机箱设计的基本要求是什么？
2. 智能仪器的结构设计大致包括哪些内容？
3. 立体构成形式主要有哪些？
4. 常见的机箱机柜类型有哪些？
5. 1U 标准机箱中的 1U 代表什么？
6. 智能仪器的热环境包括哪些？什么是热沉？
7. 智能仪器热控制的基本要求和基本原则是什么？
8. 简述智能仪器热控制的方法。
9. 智能仪器中常用的防振和缓冲措施有哪些？
10. 智能仪器结构设计中电磁屏蔽设计的主要要求是什么？

第 11 章　电磁兼容技术

本章介绍智能仪器的电磁兼容设计技术，其中主要讲述干扰与噪声的基本概念、特点、来源及其对智能仪器正常工作的影响，详细介绍智能仪器电路设计中应采取的抗干扰措施。

11.1　电磁兼容技术概述

电磁兼容(Electmagnetic Compatibility，EMC)是指装置或系统在预定场所投入实际运行时，既不受周围电磁环境的影响，又不影响周围的环境，也不发生性能恶化和工作失误，而能按设计要求正常工作的能力。因此，如何抑制电磁干扰，防止相互之间的有害影响，已成为测控设备和自动化系统能否可靠工作的关键技术，也是测控技术、自动化技术、计算机技术等一系列专业所面临的共同课题。

可靠性对任何产品来说都是一项重要指标。智能仪器的可靠工作能力是由许多因素决定的，其中系统的抗干扰性能是其中的重要因素。因此，抗干扰设计是智能仪器系统研制中一个不可忽视的重要问题。

一般将那些来自外部的、可以用屏蔽或接地的方法加以减弱或消除的影响称为干扰，而把由于材料或器件内部的原因而产生的污染称为噪声。

1. 噪声及噪声源

噪声是来自元器件内部的一种污染信号。任何处于绝对零度以上的导电体都会产生热噪声；电子的随机作用会产生散粒噪声。这些噪声的形态大多是由一些尖脉冲组成的，其幅度和相位都是随机的，因此又称为随机噪声。随机噪声的产生降低了智能仪器的分辨能力，它混杂于信号之中，严重时甚至可把有用的信号淹没，给测试工作带来困难。统计分析表明，随机噪声是一种前后独立的平稳随机过程，绝大多数随机噪声幅度的概率分布属于正态(高斯)分布。

在测量过程中，噪声总是与有用的信号并存，为了衡量噪声对有用信号的影响，引入信噪比(S/N)的概念。所谓信噪比，是指通道中有用信号成分与噪声信号成分之比。设有用信号功率为 P_S，有用信号电压为 U_S，噪声功率为 P_N，噪声电压为 U_N，则有

$$\frac{S}{N} = 10 \lg \frac{P_S}{P_N} = 20 \lg \frac{U_S}{U_N} \tag{11.1}$$

式(11.1)表明，信噪比越大，有用信号的成分越大，噪声的影响越小。因此，在智能仪器中应尽量提高信噪比。

通常，形成电磁干扰的要素有 3 个：向外发送干扰的源——噪声源；传播电磁干扰的途径——噪声的耦合和辐射；承受电磁干扰的受体——受扰设备。

常见的噪声源可分为各种放电现象的放电噪声源、电气设备噪声源和固有噪声源等。固有噪声源是指由于物理性的无规则波动而产生噪声的噪声源，如热噪声、粒散噪声等噪声的噪声源。自然界雷电、有触点电器、放电管、工业用高频设备、电力输电线、机动车、大功率发射装置、超声波设备等都是常见的噪声源。

智能仪器中常见的电磁干扰的来源有三种，如图 11.1 所示。一是空间电磁干扰；二是其它电气设备形成的干扰信号通过供电系统引入智能仪器；三是智能仪器本身测量通道产生的干扰信号。

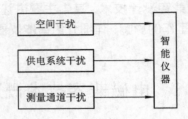

图 11.1　智能仪器中电磁干扰的来源

2. 干扰的类型

干扰可分为串模干扰和共模干扰。

1）串模干扰

串模干扰（也称常态干扰）是由外界条件引起的、叠加在被测信号上的干扰信号，并通过测量仪器的输入端，与被测信号一起进入测量仪器而引起测量误差。串模干扰信号有直流和交流两种。串模干扰主要来自于高压输电线、与信号线平行敷设的输电线以及导线中大电流所产生的空间电磁场，特别是空间的工频电磁场在输入回路中产生的工频感应电势所引起的干扰。例如，与输电线平行敷设的信号线的电磁感应电压和静电感应电压分别都可达到毫伏级，而来自传感器的有效信号电压的动态范围通常仅有几十毫伏，甚至更小。如果测量控制系统的信号线较长，通过电磁和静电耦合所产生的感应电势有可能大到与被测有效信号具有相同的数量级，甚至比后者还大。

除了从信号线引入的串模干扰外，信号源本身固有的漂移、纹波和噪声，电源变压器不良屏蔽以及稳压滤波效果不良等也会引入串模干扰。

图 11.2 所示为电压表的串模干扰示意图。E_x 是空间工频磁场 B 引起的感应电势，U_1 是工频电场引起的漏电电流 I_{U_1} 在被测信号的内阻 R_x 上产生的附加电压降。对于电压表来说，E_x 和 U_1 都是交流干扰信号。在输入回路中，接触电势和热电势是直流串模干扰的来源。

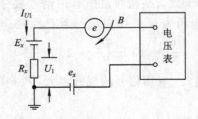

图 11.2　电压表的串模干扰

串模干扰的抑制能力用串模抑制比（NMR）来衡量，串模抑制比定义如下：

$$\text{NMR} = 20 \lg \frac{U_{\text{nm}}}{U_{\text{nml}}} \quad (\text{dB}) \tag{11.2}$$

式中：U_{nm}——串模干扰信号电压；

U_{nml}——仪器输入端串模干扰信号电压。

抑制比高的系统抗干扰能力强。对于智能仪器，一般要求 NMP ≥ 40~80 dB。

2）共模干扰

共模干扰是同时施加在两条被测信号线上的外界干扰信号。

由于被测信号的地和仪器地之间电位不等，两个地之间的电位差就成为共模干扰源。在远端测量中，被测信号与测量仪器之间常常相距几十米甚至上百米。由于地电流等因素的影响，信号接地点和仪器接地点之间的电位差可达几十伏甚至上百伏。因此，共模干扰对远端测量的影响很大。

在图 11.3 中，假设电压表的两个输入端对地均有绝缘阻抗（Z_1 与 Z_2）。若忽略 r_{cm} 的影响（r_{cm} 为大地电阻，数值很小），干扰电压 E_{cm} 产生的电流流经回路 R_x、r_1、Z_1 和回路 r_2、Z_2。在仪表两输入端之间产生的电压 E_{n} 为

$$E_{\text{n}} = \left(\frac{R_x + r_1}{Z_1 + R_x + r_1} - \frac{r_2}{Z_2 + r_2} \right) E_{\text{cm}} \approx \frac{R_x E_{\text{cm}}}{Z_1} \tag{11.3}$$

E_{n} 就是共模干扰 E_{cm} 产生的误差。若 $E_{\text{cm}} = 100$ V，$R_x = 10$ kΩ，$Z_1 = 10^6$ Ω，则 $E_{\text{n}} = 1$ V；即使 $E_{\text{cm}} = 1$ V，E_{n} 的值也为 10 mV，对于可检测 1 μV 的电压表来说也无法工作。

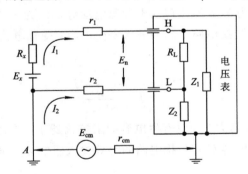

图 11.3　电压表的共模干扰

从上面的分析可见，共模干扰源 E_{cm} 通过信号源内阻 R_x，导线电阻 r_1、r_2 和地电阻 r_{cm} 以及绝缘阻抗 Z_1、Z_2，把 E_{cm} 的一部分变换成串模干扰源 E_{n}，对测量产生干扰，引起测量误差。如果降低共模干扰转换成串模干扰的程度，就可以抑制共模干扰引起的误差。衡量仪器对共模干扰的抑制效果用共模抑制比 CMR，其定义如下：

$$\text{CMR} = 20 \lg \frac{U_{\text{cm}}}{U_{\text{cml}}} \quad (\text{dB}) \tag{11.4}$$

其中，U_{cm} 为共模干扰电压，U_{cml} 为仪表输入端由共模干扰引起的等效串模电压。

共模干扰是常见的干扰源，抑制共模干扰是关系到智能仪器能否真正应用于工业过程的关键。设计比较完善的差分放大器，可在不平衡电阻为 1000 Ω 的条件下使 CMR 达到 100~160 dB。

3. 干扰与噪声的耦合方式

干扰与噪声的耦合方式一般包括静电耦合、互感耦合、共阻抗耦合和漏电流耦合等，如图 11.4 所示。

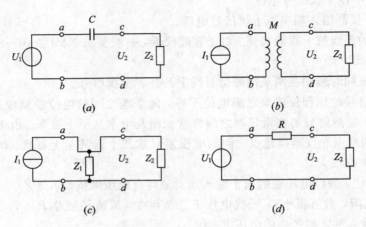

图 11.4　干扰与噪声的耦合方式

(a) 静电耦合；(b) 互感耦合；(c) 共阻抗耦合；(d) 漏电流耦合

1）静电耦合

静电耦合是由电路间的寄生电容造成的，又称电容性耦合，其简化电路模型如图 11.4(a) 所示。图中，U_1 为 a、b 间体现的干扰源电动势，Z_2 为 c、d 间受扰电路的等效输入阻抗，C 为干扰源电路与受扰电路之间的等效寄生电容。受扰电路在 c、d 间所接收到的干扰信号为

$$U_2 = \frac{1}{1 + \dfrac{1}{\mathrm{j}\omega C Z_2}} U_1 \tag{11.5}$$

干扰源信号的频率 ω 越大，等效寄生电容的阻抗就越小，受扰电路接收到的干扰信号就越大。因此，减少寄生电容 C 和受扰电路的等效输入阻抗 Z_2，可以降低静电耦合的干扰与噪声。

2）互感耦合

互感耦合是由电路间的寄生互感造成的，又称电感性耦合，其简化电路模型如图 11.4(b) 所示。图中，I_1 为 a、b 间干扰源的电流源，Z_2 为 c、d 间受扰电路的等效输入阻抗，M 为干扰源与受扰电路之间的等效互感。受扰电路在 c、d 间所接收到的干扰信号为

$$U_2 = \mathrm{j}\omega M I_1 \tag{11.6}$$

U_2 随 I_1、M 和干扰信号的频率 ω 的增大而增大。减小电路的寄生互感，可以降低互感耦合的干扰与噪声。

3）共阻抗耦合

共阻抗耦合是由电路的公共阻抗造成的，其简化电路模型如图 11.4(c) 所示。图中，I_1 为 a、b 间干扰源的电流源，Z_2 为 c、d 间受扰电路的等效输入阻抗，Z_1 为干扰源电路与受扰电路间的公共阻抗。受扰电路在 c、d 间所接收到的干扰信号为

$$U_2 = I_1 \frac{Z_1 + Z_2}{Z_1 Z_2} \tag{11.7}$$

U_2 随 I_1、Z_1 的增大而增大。减小公共阻抗 Z_1，可降低公共阻抗耦合的干扰与噪声。

4）漏电流耦合

漏电流耦合是由电路间的漏电流造成的，其等效电路模型如图 11.4(d)所示。图中，R 为干扰源电路与受扰电路间的漏电阻，U_1、Z_2 与图 11.4(a)中 U_1、Z_2 的规定相同，则

$$U_2 = \frac{1}{1 + \dfrac{R}{Z_2}} U_1 \tag{11.8}$$

增大干扰电路与受扰电路间的漏电阻 R 或者减小受扰电路的等效输入阻抗 Z_2，都可以降低漏电流耦合的干扰与噪声。

4. 干扰和噪声产生的影响

干扰和噪声主要产生以下几方面的影响：

（1）数据采集误差过大。干扰侵入智能仪器的前向通道，叠加在信号上，致使数据采集的误差加大。特别是当传感器输出是微小电压信号时，此现象更加严重。

（2）控制状态失灵。一般用于控制状态的信号，大都是通过微处理器系统的后向通道输出的。控制信号输出的幅值和能量较大，不易直接受到外界干扰。但是，在智能仪器系统中，控制状态输出常常依据某种条件状态及其处理的结果。在这种环节中，如果干扰侵入，将会造成条件状态偏差、失误，致使输出控制误差加大，甚至控制失灵。

（3）数据受干扰发生变化。智能仪器的微处理器系统中，片内 RAM、外部扩展 RAM 以及片内各种特殊功能寄存器等的状态，都有可能因受外来干扰而变化。根据干扰窜入渠道和受扰数据性质的不同，智能仪器系统受到的影响也不同，有的造成数值误差，有的使得控制失灵，有的改变程序状态，有的改变某些部件(如定时器/计数器、串行口等)的工作状态等。例如，当 MCS－51 单片机的复位端(RESET)没有特殊抗干扰措施时，干扰侵入复位端后，虽然不易造成系统复位，但会使单片机片内特殊功能寄存器(SFR)的状态发生变化，导致系统工作不正常。

（4）程序运行失常。如果智能仪器中的微处理器受到强干扰，会造成程序计数器 PC 值改变，破坏程序的正常运行。

5. 抑制干扰和噪声的基本措施

为确保设备免受内外电磁干扰，必须从设计开始便采取三方面的措施：抑制噪声源；消除噪声源与受扰设备之间的噪声耦合和辐射；加强受扰设备抗电磁干扰的能力，降低其对噪声的敏感度。

（1）对常见的串模干扰的抑制，可采用以下措施：

① 如果干扰信号的频带与被测信号频带有明显分界，则采用滤波器抑制串模干扰；

② 对于直流串模干扰采用补偿措施；

③ 采用双积分式 A/D 转换器可以消弱周期性串模干扰的影响，一般积分周期等于工频周期的整数倍就可以抑制工频信号产生的干扰；

④ 采用高抗扰度逻辑器件，通过提高阈值电压来抑制低噪声的干扰；

⑤ 在速度允许的情况下，也可以人为地附加电容器，吸收高频干扰信号。

如果干扰主要来自传输线的电磁感应，可以尽早地对被测信号进行前置放大，以提高电路的信噪比，或者尽早地完成 A/D 转换，传输抗干扰能力较强的数字信号。

（2）通常可采用下列措施对共模干扰进行抑制：

① 利用双端输入的运算放大器作为输入通道的前置放大器，抑制共模干扰；

② 采用变压器或光电耦合器，把各种模拟负载与数字信号源隔离开，被测信号通过变压器耦合或光电耦合获得通路，而共模干扰由于不能构成回路而得到有效抑制；

③ 当共模干扰电压很高或要求共模漏电流非常小时，常在信号源与仪表的输入通道之间插入一个隔离放大器，隔离放大器利用光电耦合器的光电隔离技术或者变压器耦合的载波隔离技术，以隔离共模干扰的窜入途径；

④ 采用浮地输入双层屏蔽放大器来抑制共模干扰。

11.2 硬件抗干扰技术

在智能仪器系统的设计、组装和使用过程中，硬件部分主要通过屏蔽接地、隔离、合理布线、灭弧、滤波和采用专门电路与器件等措施抑制干扰和噪声。

11.2.1 屏蔽技术与传输技术

屏蔽技术与双绞线传输方式都可以起到抑制外部电磁感应干扰的作用，但两者的工作原理是不相同的。

1. 屏蔽技术

屏蔽一般是指电磁屏蔽。电磁屏蔽就是利用电导率和磁导率高的材料制成封闭的容器，将受扰的电路置于该容器中，从而抑制该容器外的干扰与噪声对容器内电路的影响；也可以将产生干扰与噪声的电路置于该容器之中，从而减弱或消除其对外部电路的影响。

图 11.5(a)所示为一空间孤立存在的导体 A，其电力线射向无穷远处，对附近物体产生感应。图 11.5(b)用低阻抗金属容器 B 将 A 罩起来，仅能中断电力线，尚不能起到屏蔽作用。图 11.5(c)将容器 B 接地，容器 B 上的 $-Q$ 电荷，将通过地线引至零电位。对静电荷，图 11.5(c)具有稳态的屏蔽效果；对随时间变化的电荷，完全屏蔽是不可能的。图 11.5(d)所示为在两个导体 A、B 之间放一个接地导体 S，以起到减弱 A、B 间静电耦合的作用。接地是静电屏蔽必不可少的有效措施。一般要求屏蔽体 S 与大地之间的接触电阻应小于 2 mΩ，严格的场合中要求接触电阻必须小于 0.5 mΩ。接地点应尽量选择靠近被屏蔽的低电平元件 B 的一端。

屏蔽的结构形式主要有屏蔽罩、屏蔽栅网、屏蔽铜箔、隔离仓和导电涂料等屏蔽。屏蔽罩一般用无孔的金属箔薄板制成。屏蔽栅网一般用金属编织网或用有孔金属薄板制成。屏蔽铜箔一般是利用多层印刷电路板的一个铜箔面做屏蔽板。隔离仓是将整机金属箱体用金属薄板分隔成若干个独立的隔仓，从而将各部分电路分别置于各个隔离仓内，用以避免各个电路部分之间的电磁干扰与噪声影响。导电涂料是在非金属（如塑料）的箱体内、外表面上喷涂一层金属涂层。

屏蔽材料分电场屏蔽材料和磁场屏蔽材料两类。电场屏蔽一般采用电导率较高的铜、铝、银等金属材料。电场屏蔽的作用主要是以辐射衰减为主。磁场屏蔽一般采用磁导率较

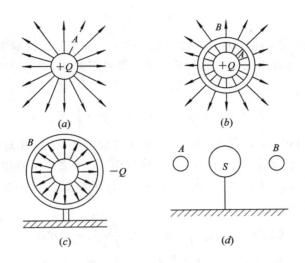

图 11.5　静电屏蔽原理

高的磁材料(如铁、钴、镍等)。磁场屏蔽的作用主要以投射时的吸收衰减为主,其特点是干扰与噪声频率升高时,磁导率下降,屏蔽作用减弱。为此,可采用多种不同的材料制成多层屏蔽结构,以达到充分抑制干扰与噪声的目的。

　　图 11.3 所示的电压表就采用了屏蔽技术。有时为了获得更高的抗干扰能力,采用双层屏蔽技术。图 11.6 所示是具有双层屏蔽的电压表的结构示意图。仪表的外层屏蔽 S_1 是仪表的金属外壳,它和内层屏蔽 S_2 之间的绝缘阻抗为 Z_3。仪表的模拟部分电路在内层屏蔽内,仪表高、低输入端分别为 H 和 L,它们与内屏蔽之间的绝缘阻抗分别为 Z_1、Z_2,且 $Z_1 = Z_2$。L 端是仪表的模拟地,内层屏蔽作为数字地。仪表的数字电路在内、外屏蔽层之间。具有内阻为 R_x 的被测信号 E_x,通过双芯屏蔽线与仪表连接,其中 1 端接 H,2 端接 L。导线 1 和 2 的电阻为 $r_1 = r_2$,导线屏蔽层的电阻为 r_3,其两端分别与被测信号参考地 A 点及仪表的内屏蔽层 C 点相接。仪表的外屏蔽接大地。

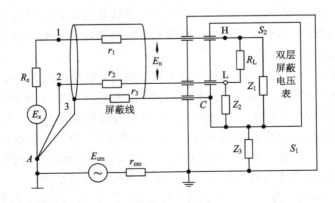

图 11.6　双层屏蔽电压表及其屏蔽

　　若 $R_x \gg r_3$,则共模干扰源在 A、C 两点之间产生的电压 U_{AC} 为

$$U_{AC} = r_3 \frac{E_{cm}}{Z_3 + r_3} \tag{11.9}$$

如果无外层屏蔽，U_{AC} 可看做是共模干扰，则 U_{AC} 在 H、L 两端引起的干扰 E_n 和图 11.3 所示完全相同，可以用式(11.3)计算。而如果采用图 11.6 所示的双层屏蔽，考虑到 $Z_3 \gg r_3$，则有

$$E_n = \frac{R_x}{Z_1} \cdot \frac{r_3}{Z_3 + r_3} E_{cm} \approx \frac{R_x}{Z_1} \cdot \frac{r_3}{Z_3} E_{cm} \tag{11.10}$$

对比式(11.10)与式(11.3)可见，图 11.6 加上外层屏蔽以后，相对于图 11.3 所示的情况，共模干扰衰减了 r_3/Z_3，降低了 E_{cm} 转换成误差 E_n 的效率，所以干扰大为降低。若 $R_x = 10\ \text{k}\Omega$，$Z_1 = Z_2 = Z_3 = 10^6\ \Omega$，$r_1 = r_2 = r_3 = 1\ \Omega$，可由式(11.10)和式(11.4)求得双屏蔽的仪表共模抑制比为

$$\text{CMR} = 20\ \lg \frac{E_{cm}}{E_n} = 20\ \lg \frac{Z_3 Z_1}{R_x r_3} = 160\ \text{dB}$$

即：当 $E_{cm} = 1\ \text{V}$ 时，$E_n = 0.01\ \mu\text{V}$，可见基本上消除了共模干扰。

双层屏蔽技术在实施中应注意：信号线屏蔽层只允许在靠近信号源一侧接地，而放大器侧不接地。当信号源为浮地时，屏蔽只接信号源的低电位端。在设计输入电路时，应使放大器两输入端对屏蔽罩的绝缘电阻尽量对称，并且尽可能减小线路的不平衡电阻。

2. 传输技术

1）屏蔽线传输技术

用做智能仪器信号传输的屏蔽线有多种形式，最常见的是金属网屏蔽线。这种屏蔽线中心是芯线，一般用于传输信号。芯线的绝缘层外包裹着一层金属丝编织的网作为屏蔽层，也可被用做参考地线。金属网外还有一层绝缘层。屏蔽线中常常还有抗拉塑料线。金属网屏蔽线根据其芯线数量可分为单芯屏蔽线和多芯屏蔽线。

双绞线是将两根带绝缘层的信号线绞扭在一起，工作时双绞线具有屏蔽作用，其中一根用做屏蔽，另一根用做信号传输线。

在智能仪器中设计信号传输时，屏蔽线选用的一般原则是：从现场信号输出的开关信号，例如控制指示灯、继电器等，可采用双绞线进行信号传输；从传感器输出的微弱模拟信号，可采用金属网编织的屏蔽线进行信号传输。抑制静电感应采用金属网屏蔽线，抑制电磁感应干扰应采用双绞线。

与同轴电缆相比，双绞线传输信号时虽然频带较差，但是阻抗高，抗共模噪声能力强。双绞线能使各个小环路的电磁感应干扰相互抵消，故双绞线对电磁场干扰具有一定的抑制效果，其分布电容约为几十皮法。但用双绞线传输信号时对接地与节距有一定的要求。

双绞线由外来磁场干扰引起的感应电流情况如图 11.7 所示。途中双绞线回路的箭头表示感应磁场的方向。i_c 为干扰信号线 I 的干扰电流，i_{s1}、i_{s2} 为双绞线 II、双绞线 III 中的感应电流，M 为干扰信号线 I 与双绞线 II、双绞线 III 之间的互感系数。

由图 11.7 可以看出，由于双绞线中的感应电流 i_{s1}、i_{s2} 方向相反，从整体上讲，感应磁通引起的噪声电流互相抵消。只要两股导线长度相等，特性阻抗以及输入、输出阻抗完全相同，就可以达到最佳的抑制干扰效果。双绞线有抵消电磁感应干扰的作用，但两股导线间存在较大的分布电容，因而对静电干扰几乎没有抗干扰能力。

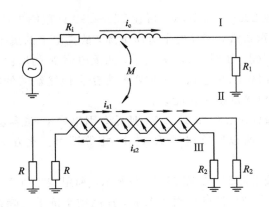

图 11.7　双绞线由外来磁场干扰引起的感应电流

双绞线扭绞节距与导线的线径有关。线径越细，节距越短，抑制电磁感应干扰的效果越明显。

2) 长线传输技术

随着系统主振频率的提高，智能仪器测量通道的长线传输将不可避免。例如，根据经验公式计算，当计算机主频为 1 MHz，传输线长于 0.5 m，或主频为 4 MHz，传输线长于 0.3 m 时，即可作为长线传输处理。

在测量通道中，长线传输的抗干扰技术应受到足够重视。在智能仪器中，传输的信号多为脉冲（数字信号），它在传输线上传输时会出现延时、畸变、衰减与通道干扰。

为了保证长线传输的可靠性，可采取光电隔离、双绞线传输、阻抗匹配等措施。在数字信号传递的长线传输中，根据传输距离的不同，双绞线的使用方法也不同，当传送距离在 5 m 以下时，发送、接收端装负载电阻。若发射侧为集电极开路型，接收侧的集成电路用施密特型（阴极耦合双稳态多谐振荡器式），则抗干扰能力更强。当远距离传送数据，或经过噪声大的区域时，可使用平衡输出的驱动器和平衡输入的接收器。发送、接收信号端都有末端电阻，选用的双绞线也需阻抗匹配合适。

(1) 长线传输的阻抗匹配。长线传输时，阻抗不匹配的传输线会产生反射，使信号失真，其危害程度与系统的工作速度及传输的长度有关。为了对传输线进行阻抗匹配，必须估算出特性阻抗 R_p。利用如图 11.8 所示的电路，用示波器观察 A 门的输出，调节可变电阻 R，当 R 与 R_p 相等（匹配）时，A 门的输出波形畸变最小，反射波几乎消失，这时的 R 的值等于该传输线的特性阻抗 R_p。

图 11.8　传输线特性阻抗测定电路

传输线的阻抗匹配有下列四种形式，如图 11.9 所示。

① 终端并联阻抗匹配：如图 11.9(a) 所示，终端匹配电阻 R_1、R_2 的值按 $R_p = R_1/R_2$

的要求选取。一般 R_1 取 $220\sim330\ \Omega$，R_2 可在 $270\sim390\ \Omega$ 范围内选。这种匹配方法由于终端阻值低，相当于加重负载，使高电平有所下降，故高电平的抗干扰能力有所下降。

② 始端串联阻抗匹配：如图 11.9(b) 所示，匹配电阻 R 的取值为 R_p 与 A 门输出低电平时的输出阻抗 R_{o1}（约 $20\ \Omega$）的差值。这种匹配方法会使终端的低电平抬高，相当于增加了输出阻抗，降低了低电平的抗干扰能力。

③ 终端并联隔直流匹配：如图 11.9(c) 所示，因电容 C 在容值较大时只起隔直流作用，并不影响阻抗匹配，所以匹配电阻 R 与 R_p 相等即可。此方法对高电平的抗干扰能力强。

④ 终端接钳位二极管匹配：如图 11.9(d) 所示，利用二极管 V_D 把 B 门输入端低电平钳位在 $0.3\ V$ 以下，可以减少波的反射和振荡，提高动态抗干扰能力。

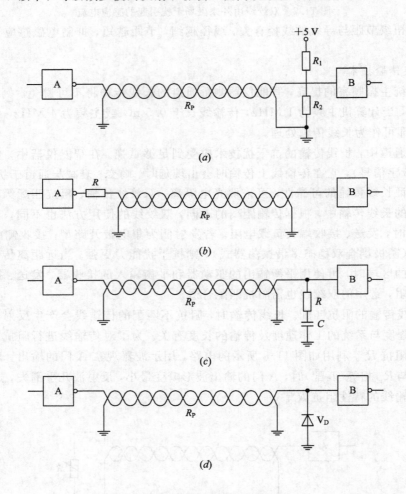

图 11.9 传输线的四种阻抗匹配方式

（2）长线的电流传输。在智能仪器中进行长线传输时，用电流传输代替电压传输，可获得较好的抗干扰能力。例如以传感器直接输出 $0\sim10\ mA$ 电流在长线上传输，在接收端可并联 $600\ \Omega$（或 $1\ k\Omega$）的精密电阻（可用型号为 RJJ - 0.25W），将此电流转换为 $0\sim5\ V$（或 $0\sim10\ V$）电压，然后送入 A/D 转换器，如图 11.10 所示。

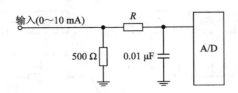

图 11.10　传感器的长线电流输入

11.2.2　接地技术

接地技术是抑制干扰与噪声的重要手段。良好的接地可以在很大程度上抑制系统内部噪声耦合，防止外部干扰的侵入，提高系统的可靠性和抗干扰能力。

在智能仪器中，接地不但是保证信号正确传递和转换的必备条件，而且也是抑制干扰的重要方法，如能将接地和屏蔽正确结合，可以很好地抑制干扰；如果接地不恰当，会给系统造成严重干扰。

1. 数字地和模拟地

"地"是电路或系统中为各信号提供参考电位的等电位点或等电位面。电路中每一个信号都有参考电位，称为信号地。又根据信号是模拟信号还是数字信号，可将信号地分为模拟地和数字地。一个系统中所有的电路、信号的地都要归于一点，即使存在隔离电路模块，也总会在供电电源处接系统地，以便建立系统的统一参考电位，该点称为系统地。

智能仪器的电路板上既有模拟电路，又有数字电路，它们应该分别接到仪器中的模拟地和数字地上。因为数字信号波形具有陡峭的边缘，所以数字电路的地电流呈现脉冲变化。如果模拟电路和数字电路共用一根地线，数字电路的电流通过公共地阻抗的耦合，会给模拟电路引入瞬态干扰，特别是电流大、频率高的脉冲信号干扰更大。仪器的模拟地和数字地最后汇集到一点上，即与系统地相连。

接地通常有两层含义，一是连接到系统基准地，二是连接到大地。连接到系统基准地，是指系统各个部分通过低阻抗导体与电气设备的金属地板或金属外壳连接。连接到大地，是指通过低阻抗导体与大地连接。

2. 连接到系统基准地

智能仪器系统中的基准电位是各个电路回路工作的参考电位，参考电位通常选为电路中直流电源的零电位端。

共基准电位接地分为一点接地法和多点接地法。

(1) 一点接地法分串联式(干线式)接地和并联式(放射式)接地两种方式，如图 11.11 所示，图中 Z_1、Z_2、Z_3 为各部分接地线的总阻抗。

串联式接地方式构成简单，易于采用，但电路 1、电路 2、电路 3 各部分接地的总电阻不同。当 Z_1、Z_2、Z_3 较大或电流较大时，各部分接地点的电平有明显差异，会影响弱信号电路的正常工作。

并联式接地方式保证了各部分接地总电阻相互独立，不会产生共阻抗干扰，但接地线长而多。此外，并联式接地用于高频场合时，接地线间分布电容的耦合比较突出，而且当地线的长度是信号四分之一波长的奇数倍时，还会向外产生电磁辐射干扰。

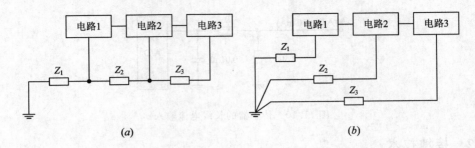

图 11.11　一点接地方式

（a）串联式；（b）并联式

（2）多点接地法可降低地线长度，减小高频时的接地阻抗。如图 11.12 所示，各部分电路都有独立的接地连接，连接阻抗分别为 Z_1、Z_2 和 Z_3。

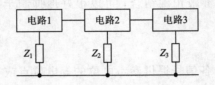

图 11.12　多点接地方式

如果 Z_1 由纯电阻构成，Z_2、Z_3 由电容构成，对低频电路而言仍是一点接地方式，但对高频电路来讲则是多点接地方式，因而可适应宽频带工作要求。如果 Z_1 由纯电阻构成，Z_2、Z_3 由电感构成，这时对高频而言是一点接地方式，但对低频来讲则是多点接地方式，因而既能满足在低频时实现各部分的统一基准电位和保护接地，又可避免接地回路闭合而引入高频干扰。

3. 连接到大地

电气设备的某些部分与大地相连接，可以起到抑制干扰、安全防护等作用，因此，除非像卫星、飞机、汽车、轮船、手机等设备受到使用条件的限制而采用浮地外，一般定点使用设备都要连接到大地。

直接接地适用于高速、高频和大规模的电路系统。大规模的电路系统对地分布电容较大，只要合理选择接地位置，就可直接消除分布电容构成的共阻抗耦合，有效地抑制噪声，并同时起到安全接地的作用。

悬浮接地简称浮地，即各个电路部分通过低阻导体与电气设备的金属地板或金属外壳连接，电气设备的金属地板或金属外壳作为各回路工作的参考电位即零电位，但不连接到大地。悬浮接地的优点是不受大地电流的影响，内部器件也不会因高电压感应而击穿。但在高压情况下要注意操作安全问题。

1）抗干扰接大地

金属屏蔽层接大地可以避免电荷累积引起的静电效应，抑制变化电场的干扰；大功率电路接大地可减小电路对其它电路的电磁冲击与噪声干扰；大型电子设备往往具有很大的对地分布电容，合理选择接地点可以消弱分布电容的影响。

仪器连接到大地以及仪器内部电路参考地与屏蔽体连接时，都应注意单点接地原则，即选择一个合适的接地点（例如仪器连接到大地时可选内部参考地与屏蔽体连接点作为接地点），从此点用低阻抗导线连接到大地，否则会形成干扰电流回路。例如仪器屏蔽体多点连接大地，则大地、接地线、屏蔽体构成电流回路，如图 11.13 所示。若仪器与大地连接点间存在电位差，则上述回路中会产生电流 i_r，此电流在屏蔽体两接大地点间形成干扰电压，通过空间分布电容，附加在工作电路中构成干扰信号。

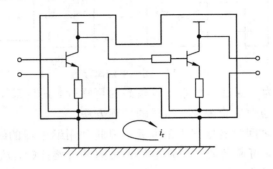

图 11.13　仪器屏蔽体多点连接大地示意图

2）安全保护接地

当电气设备的绝缘因机械损伤、过电压或者本身老化等原因而导致其绝缘性能大大降低时，设备的金属外壳、操作部位等部分会出现较高的对地电压，危及操作维修人员的安全。

将电气设备的金属地板或金属外壳与大地连接，可消除触电危险。进行安全接地连接时，必须确保较小的接地电阻和可靠的连接方式，防止日久失效。此外，要确保独立最近接地，即将接地线通过专门的低阻导线与最近处的大地连接。

11.2.3　隔离技术

在有强电或强电磁干扰等环境中，为了防止电网电压等对测量回路的损坏，其信号输入通道经常采用隔离技术；在生物医疗仪器上，为防止漏电流、高电压等对人体的意外伤害，也常采用隔离技术，以确保患者安全；此外，在许多其它场合也常需要采用隔离技术。

信号隔离的一个重要目的是把电路上的干扰源和易受干扰的部分隔离开来，使测控装置与现场仅保持信号联系，不产生直接的电联系。隔离的实质是把引进干扰的通道切断，从而达到隔离现场干扰的目的。测控系统与现场干扰之间、强电与弱电之间经常采用的隔离方法有光电隔离、继电器隔离、变压器隔离等。

光电隔离是由光电耦合器件完成的。由于光电耦合器件输入回路与输出回路之间的信号不是直接耦合，而是以光为媒介进行间接耦合，所以具有较高的电气隔离和抗干扰能力。光电耦合能有效抑制尖峰脉冲及各种噪声干扰，从而使测量通道上的信噪比大大提高。

在传输线较长、现场干扰十分强烈时，为了提高整体系统的可靠性，可以通过光电耦合器件将长线完全浮置起来，如图 11.14 所示，这样不仅可以有效消除各逻辑电路的电流流经公共地线时所产生的噪声电压间的相互窜扰，而且可以有效解决长线驱动和阻抗匹配等问题，同时也可以确保受控设备短路时保护系统不受损坏。

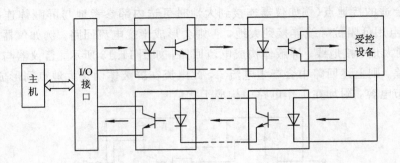

图 11.14 用光电隔离浮置

在强干扰环境下，为了保证微机系统有较高的可靠性，还可采用利用光电耦合器将微机部分与其它所有外接通道完全隔离、浮置的处理方法。

继电器线圈和触点之间没有电气上的联系，因此利用继电器的线圈接收电气信号，利用触点发送和输出信号，可避免弱电与强电信号之间的直接接触，从而实现抗干扰隔离。

脉冲变压器的匝数较少，且一次和二次绕组分别缠线在铁氧体磁芯的两侧，分布电容小，可以作为数字脉冲信号的隔离器件。对于一般的交流信号，可用普通的变压器实现隔离。

此外，还可利用隔离放大器对信号源的微小信号进行放大，将信号源和仪器隔离开来，这样既抑制了共模干扰，又提高了传输信号的信噪比。

11.2.4 布线与配线

合理布线是抗干扰技术措施的重要内容之一。测控系统中器件布局、走线方式、连接导线的种类、线径的粗细、线间距离、导线长短、屏蔽方式及分布对称性等，都和干扰及噪声的抑制有关，在测控系统电路上和组装中应予以充分重视。

印刷电路板是智能仪器中器件、信号线、电源线高度密集的部件，其设计的好坏对智能仪器的抗干扰能力影响很大，故电路板的设计绝不单是器件、线路的简单布局，还必须符合抗干扰的设计原则。对于印制电路板上的器件布局，原则上应将相关的器件相对集中。例如，时钟信号发生器、晶体管振荡器、时钟输入端子等易产生噪声的器件，应相互靠近，但与逻辑电路部分应尽量远离。应防止电感性器件产生寄生耦合。应注意降低电源线和地线的阻抗，由于电源线、地线和其它印制导线都有电感，当电源电流变化速率很大时，会产生显著的压降，地线压降是形成共阻抗干扰的重要原因，因此，应尽量缩短引线，减小其电感值，尽量加粗电源线和地线，降低其直流电阻。尽量避免设计出互相平行的长信号线，防止产生寄生电容。

智能仪器系统中的下述各个部分要分开配线，系统间尽量拉开一定的距离。

（1）交流线：从噪声滤波器输出到供电电源装置的交流线已经过滤波处理，此段交流线不应与其它交流线一起布线；

（2）直流稳压电源线：当直流稳压电源线使用带屏蔽的电缆时，供数字电路及模拟电路用的电源线可以看做模拟信号线；

（3）数字信号线和模拟信号线：数字信号线与模拟信号线分开布线，模拟信号线最好在电路板的一端输入，在电路板的另一端输出。

（4）灯泡、继电器等感性负载的驱动线和非稳压的直流线：这部分线应远离模拟信号线和数字信号线。

另外，有的智能仪器带有功率接口，以驱动耗电量大的功率设备。大电流电路的地线一定要和信号线分开，要单独走线。

下面从电源线、地线、集成电路元件的设计等方面说明一般布线的方法。

1. 电源线设计

除了要根据电流大小尽量加粗导体宽度外，还应使电源线、地线的走向与数据传递的方向一致，这将有助于增强抗干扰能力。

从市电引入口到供电电源一段的布线，供电电源应放在市电引入口附近处。从市电引入口，经开关器件、噪声滤波器，直到系统供电电源的配线，应尽量采用粗导线。供电电源后一段的布线和供电电源前面的布线一样，原则上用两根导线，电流形成回路，并且，这两根导线绞扭节距最好小于 3 cm。如果导线较粗，无法绞扭，应将布线距离缩短到最小程度。灯泡和继电器等感性负载的驱动线、外部输入信号的缓冲器和隔离器的配线都必须使用双绞线。从供电电源到机箱机架的布线，为了减少阻抗，应该用粗导线或总线配线，汇流之前应配以短距离的双绞线。

2. 地线设计

（1）单点接地与多点接地选择：在低频电路中，当信号的工作频率小于 1 MHz 时，布线和元器件间的电感影响较小，而接地电路形成的环流对干扰影响较大，因而应采用一点接地。当信号工作频率大于 10 MHz 时，如果用一点接地，其地线长度不应超过波长的 1/20，否则应采用多点接地法。

（2）数字电路、模拟电路地线分开：电路板上既有高速逻辑电路，又有线性模拟电路，应使它们尽量分开，而两者的地线不要相混，分别与电源端地线相连。要尽量加大线性模拟电路的接地面积。

（3）接地线应尽量加粗：若接地线很细，接地电位将随电流的变化而变化，致使系统的信号电平不稳，抗噪性能降低。因此应将接地线加粗，使它能通过 3 倍于印刷电路板上的允许电流。不同宽度的导体允许通过的电流可参考图 11.15。当用导线接地时，如有可能，接地线的直径应在 2～3 mm 以上。

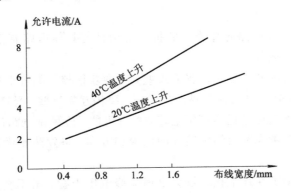

图 11.15　布线宽度和允许电流的关系（铜箔厚 35 μm）

（4）接地线构成闭环路：当数字电路部分组成的印刷电路板接地时，将接地电路做成闭环路（如图 11.16（a）所示），大多都能明显提高抗干扰能力。这是因为一块印刷电路板上有很多集成电路，当遇到耗电多的元件时，因受到线条粗细限制，地线产生电位差，引起抗噪能力下降，若构成图 11.16（b）所示的闭环路，则地线电位差值相应缩小。图 11.16（b）所示的接地方法中，地线不同点间易产生电位差。

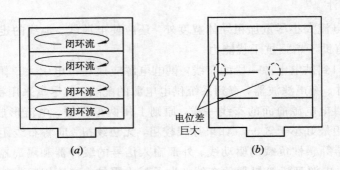

图 11.16　数字电路的接地

连接电路板间的屏蔽信号线的接地方法不是单一的。在一个复杂的应用系统中，线路情况多种多样，根据不同的情况，屏蔽线的接地要求各异，具体如下：

① 系统中各装置之间的配线使用屏蔽线时，屏蔽层应一点接地。

② 产生噪声的线路用屏蔽线时，屏蔽层在机柜上应一点接地。

③ 易受噪声干扰的线路（如信号线、屏蔽线）的接地方法是：当装置在两头，对机柜处于悬浮状态时，将屏蔽线的一头接到公共地线上；当某一头的装置通过机柜接地时，机柜接地侧的屏蔽层要接到柜子的接地线上。

④ 屏蔽线的屏蔽层和接地母线间的走线原则是尽量缩小与芯线形成的闭环流。

⑤ 过渡线的接入方法：当两个负载之间需要传送信号时，应接入过渡线，过渡线原则上应避免从模拟电路过渡，模拟电路和数字电路的接地反而通过过渡线来实现。

电路板间配线，在使用扁平电缆时要注意其长度一般不应超过传输信号波长的 1/3。例如对于 1 MHz 的信号，其波长为 30 m，则扁平电缆的长度应控制在 1 m 以内。

3. 集成电路

智能仪器系统中集成电路芯片连接的抗干扰设计与具体电路有密切关系，并无定规，要注意积累点滴经验，例如：

（1）应把相互有关的器件尽量放得靠近些，以便获得较好的抗干扰效果。时钟发生器、晶体振荡器和 CPU 的时钟输入端都易产生噪声，要相互靠近些。易产生噪声的器件、小电流电路、大电流电路等应尽量远离逻辑电路，如有可能，应另做电路板分开安装。

（2）一块电路板要考虑在机箱中装配的位置和方向，将发热量大的器件尽可能放置在上方。

（3）单片机复位端子在强干扰现场会出现尖峰电压干扰，虽不会造成复位干扰，但可能改变部分寄存器的状态，因此可以在复位端配以 0.01 μF 的去耦电容。

（4）CMOS 芯片的输入阻抗很高，易受干扰影响，故在使用时，对其不用端要接地或接正电源。

4. 去耦电容配置

在印刷电路板的各个关键部位配置去耦电容，是印刷电路板设计的一项常规做法。

（1）电源输入端跨接 $10 \sim 100 \ \mu F$ 的电解电容。如有可能，接 $100 \ \mu F$ 以上更好。

（2）原则上每个集成电路芯片都应安置一个 $0.01 \ \mu F$ 的陶瓷电容器，当遇到印刷电路板空隙小装不下时，可每 $4 \sim 10$ 个芯片安置一个 $1 \sim 10 \ \mu F$ 的限噪声用钽电容器。这种器件的高频阻抗特别小，在 $500 \ \text{Hz} \sim 20 \ \text{MHz}$ 范围内阻抗小于 $1 \ \Omega$，而且漏电流很小（$0.5 \ \mu A$ 以下）。

（3）对于抗干扰能力弱、关断时电流变化大的器件（如 ROM、RAM 存储器等），应在芯片的电源线和地线间直接接入去耦电容。

（4）电容引线不能太长，特别是高频旁路电容不能带引线。

5. 印刷电路板的尺寸与器件布置

印刷电路板大小要适中。若印刷线路过长，则阻抗增加，不仅抗干扰能力下降，而且成本过高；若印刷线路过短，器件过于集中，则散热性能不好，同时易受临近线路中信号的干扰。

11.2.5　滤波器

如果串模干扰频率比被测信号频率高，可采用低通滤波器抑制高频串模干扰；如果串模干扰频率比被测信号频率低，可采用高通滤波器来抑制低频串模干扰；串模干扰频率落在被测信号频谱的两侧，则用带通滤波器较为适宜。

常用的低通滤波器有 RC 滤波器、LC 滤波器、双 T 滤波器及有源滤波器等，其原理图分别如图 11.17(a)、(b)、(c)和(d)所示。

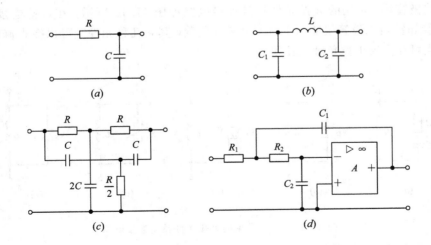

图 11.17　滤波器原理图

RC 滤波器结构简单,成本低,不需要调整,但它的串模抑制比不高,2～3 级串联使用才能达到较高的串模抑制比指标,而且当时间常数 RC 较大时,过大的电容值 C 将影响放大器的动态特性。

LC 滤波器又叫 II 型滤波器,其串模抑制比较高,但需要绕制电感线圈,体积大,成本高。

双 T 滤波器对一固定额率的干扰具有很高的抑制比,偏离该频率后抑制比迅速下降。它主要滤除工频干扰,而对高频干扰无能为力,其结构虽然也简单,但调整比较麻烦。

有源滤波器可以获得较理想的频率特性,但是若作为仪器输入级,有源器件(运算放大器)的共模抑制比常常达不到要求,其本身带来的噪声也较大。

通常,仪表的输入滤波器都采用 RC 滤波器,在选择电阻和电容参数时,除了要满足串模抑制比指标外,还要考虑信号源的内阻抗。兼顾共模抑制比和放大器动态特性的要求,常用二级阻容低温滤波网络作为输入通道的滤波器。

另外,智能仪器可以利用数字滤波技术对带有串模干扰的数据进行处理,较理想地滤除硬件难以抑制的串模干扰。

11.2.6 灭弧技术

当接通或断开电动机绕组、继电器线圈、电磁阀线圈、空载变压器等电感器负载时,由于磁场能量的突然释放,会在电路中产生比正常电压(或电流)高出许多倍的瞬时电压(或电流),并在切断处产生电弧或火花放电。这种瞬时高电压(或大电流)称为浪涌电压(或浪涌电流),它不但会对电路器件造成损伤,而且其产生的电弧或火花放电,会产生宽频谱高幅度的电磁波向外辐射,对测控系统造成严重干扰。

为消除或减小这种干扰,需要在电感性负载上并联各种吸收浪涌电压(或浪涌电流)并抑制电弧或火花放电的元器件。通常将这些元器件称为灭弧元件,将与此有关的技术称为灭弧技术。常用的灭弧元件有 RC 回路、泄放二极管、硅堆整流器、充气放电管、压敏电阻、雪崩二极管等。常用的灭弧元件及其连接电路如图 11.18 所示。在这些连接电路中,泄放二极管和雪崩二极管仅能用于直流电感性负载,其它几种元件既可以在直流电感负载上使用,也可在交流电感负载上使用。

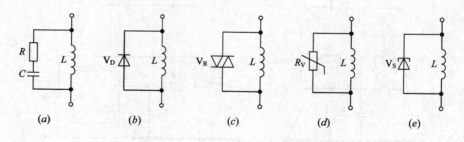

图 11.18　几种常见的灭弧元件及其连接电路

按钮、继电器、接触器等零件在操作时会产生火花,可利用 RC 电路加以吸收,其方法如图 11.19 所示,一般 R 取 1～2 kΩ,C 取 0.2～4.7 μF。

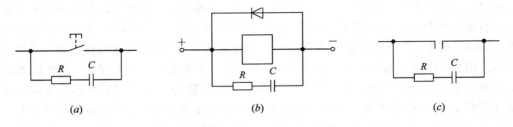

图 11.19 采用 RC 电路减少干扰

11.2.7 电源干扰的抑制

1. 电源干扰

大多数智能仪器都是由 380 V、220 V 交流电网供电的。在交流电网中，大容量的设备（如大功率电动机等）的接通和断开、大功率器件（如晶闸管等）的导通与截止、供电线路的闭合与断开、瞬间过电压与欠电压的冲击等因素，会产生很大的电磁干扰与噪声。因此，必须对电源的干扰和噪声采取有效的抑制措施，才能保证电子设备的正常工作。

智能仪器系统中危害最严重的干扰大都来源于电源的污染，至少有 1/3 的干扰与噪声是经过交流市电影响到测控电路的。随着大工业的迅速发展，电源污染问题日趋严重。IBM 公司曾对美国各地电网进行检测，发现加利福尼亚州平均每月有计算机故障 130 次，其中 90% 以上是由于电源噪声引起的。

如果把电源电压变化持续时间定义为 T，那么按照 T 的大小可以把电源干扰分为以下几种：

(1) 过压、欠压、停电：$T > 15$ ms；

(2) 浪涌、下限、降出：10 ms $< T <$ 15 ms；

(3) 尖峰电压：T 为毫秒量级；

(4) 射频干扰：T 为毫微秒量级；

(5) 其它：半周内的停电或过欠压。

过压、欠压、停电的危害是显而易见的。解决过压和欠压问题的办法是使用各种稳压器和电源调节器，解决短暂时间停电问题的办法是配备不间断电源（UPS）。

浪涌与下陷是电压的快速变化，如果幅度过大也会毁坏系统，即使是变化不大（±10% ~ ±15%）的浪涌或下陷，所造成的振荡也能产生 ±30% ~ ±40% 的电源变化，而使系统无法工作。解决的办法是使用快速响应的交流电源调节器。

半周降出通过磁饱和或电子交流稳压器后，输出端也会产生振荡，解决办法同上。

尖峰电压持续时间很短，一般不会毁坏系统，但对微机系统的正常运行危害很大，会造成逻辑功能紊乱，甚至冲坏源程序。解决的办法是使用具有噪声抑制能力的交流电源调节器、参数稳压器或超隔离变压器。

射频干扰对微机系统影响不大，一般加接 2 ~ 3 节低通滤波器即可解决。

2. 交流电网干扰抑制技术

1) 电源配置

工业用电电网的噪声频率分布在 1 ~ 10 kHz 的范围内。对测控电路干扰最严重的是小于 1 μs 脉宽的电压噪声和大于 10 ms 的持续噪声。电网中的干扰波形大多数表现为无规则的正、负脉冲及瞬间衰减振荡等，其瞬间电压峰峰值为 100 V～10 kV，瞬间有效电流强度可达 100 A。其中，以断开感性负载所产生的噪声脉冲前沿最陡，尖峰电压最高，故危害也最大。因此，电源线路中的电压变化率(du/dt)、电流变化率(di/dt)很大，产生的浪涌电压、浪涌电流和其它的噪声，形成了一个较强的电磁干扰源。图 11.20 所示为能抑制交流电源干扰的计算机系统电源。图中，电抗器用来抑制交流电源线上引入的高频干扰，让 50 Hz 的基波通过；变阻二极管用来抑制进入交流电源线上的瞬时干扰（或者大幅值的尖脉冲干扰）；隔离变压器的初、次级之间加有静电屏蔽层，以进一步减小进入电源的各种干扰。交流电压再通过整流、滤波和直流稳压后将干扰抑制到尽可能小。

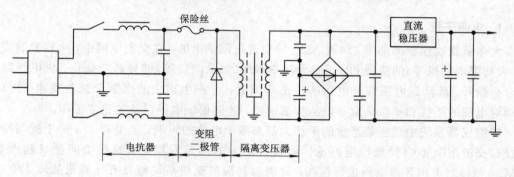

图 11.20　智能仪器供电电源配置（一）

对于较为复杂的智能仪器供电系统，可按照图 11.21 所示的框图进行设计，其中的稳压器可采用由单片集成器件（LM78、LM79 系列）构成的稳压电源。交流稳压器用来保证供电的稳定性，防止电源系统的过压与欠压。隔离变压器可提高共模干扰能力。低通滤波器可改善电源波形的失真。在低压下，当滤波电路载有大电流时，宜采用小电感和大电容构成的滤波网络；当滤波电路在高压下工作时，则应采用小电容和允许的最大电感构成的滤波网络。

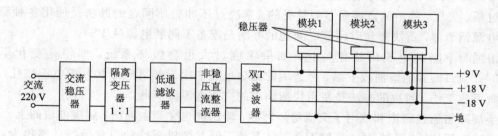

图 11.21　智能仪器供电电源配置（二）

在整流电路之后可采用图 11.17(c) 所示的双 T 滤波器，以消除 50 Hz 工频干扰。其优点是结构简单，对固定频率的干扰滤波效果好。将电容 C 固定，调节电阻，当输入 50 Hz 信号时，使得输出为零即可。

采用分散独立功能模块供电，在每个系统功能模块上用三端稳压集成电路组成稳压电源。每个功能模块单独对电压过载进行保护，不会因一块稳压电源发生故障而使整个系统被破坏，而且也减少了公共阻抗的相互耦合，大大提高了供电的可靠性，也有利于电源散热。

在电源配置中还可以采取下列措施：① 采用利用反激变换器制成的的开关稳压电源；② 采用根据频谱均衡法原理制成的干扰抑制器；③ 采用利用超隔离变压器制成的稳压电源。目前这些高抗干扰性电源及干扰抑制器已有许多现成产品可供选用。

2）市电电网干扰的抑制

抑制电网干扰可采用线路滤波器、切断噪声变压器等。

交流电源滤波器不仅能阻止来自电网的噪声进入电源，而且能阻止电源本身的噪声返回到电网。

切断噪声变压器（Noise Cutout Transformer，NCT）的结构、铁芯材料、形状以及线圈位置都比较特殊，它可以切断高频噪声磁通，使之不能感应到二次绕组，既能切断共模噪声，又能切断差模噪声。

3. 直流电源干扰抑制技术

智能化仪器一般都要用到一组或多组直流电源，直流电源本身的稳定性和内含噪声的分量，对测控电路和传感器智能化仪器的工作性能有较大的影响。

输入电源电压的变化、输出负载的变化、环境温度的变化、随机噪声电压的扰动等都会使直流电源的输出电压偏离预定值。为了保证传感器智能仪器等电子设备稳定可靠地工作，通常要求普通直流电源的稳定度为 1%～0.1%。高稳定度直流电源电压稳定度则优于 0.01%。

对于一般应用的小型智能仪器可按照图 11.20 所示的电路设计电源。

开关电源的噪声主要来自开关电源变压器、功率开关管及高频整流二极管。开关变压器的漏感是产生噪声的主要因素。降低漏感的主要措施是通过绕制工艺保证各绕组之间紧密耦合且分布电容要小，对于有气隙的变压器铁芯要采取屏蔽措施。在变压器输入端加入 RC 环节，可吸收干扰噪声。选用反应时间短的快速二极管做高频整流二极管，将饱和磁芯线圈串联在二极管上，也可大幅度抑制二极管的反向电流。

采用直流电源滤波器进行屏蔽，也是抑制直流电源干扰的重要措施。开关电源输出端常用如图 11.22 所示的滤波器，其中，C_1、C_3 可以是大容量电容，C_2、C_4 必须是小于 100 pF 的小容量电容。

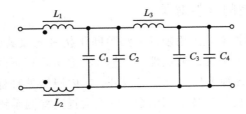

图 11.22　直流电源滤波器

从电源装置到集成电路 IC 的电源-地端子间有电阻和电感，印制板上的 IC 若是 TTL 电路，当以高速进行开关动作时，其开关电流和阻抗会引起开关噪声。因此，无论电源装置提供的电压多么稳定，电源线、地线都会产生噪声，致使数字电路发生误动作。降低这种开关噪声的方法有两种：一种方法是以短线向各印刷电路板并行供电，而且印刷电路板里的电源线采用格子形状或用多层板做成网眼结构，以降低线路的阻抗；另一种方法是在印刷电路板的每个 IC 上都接入高频性能好的旁路电容器，将开关电流经过的线路局限在印制电路板上一个极小的范围内。旁路电容可用 $0.01 \sim 0.1 \ \mu F$ 的陶瓷电容器。旁路电容器的连线要短，而且要紧靠需要旁路的集成器件的电源和地端子。

11.3　软件干扰抑制技术

智能仪器在工业现场使用时，大量的干扰源虽不能造成硬件系统的损坏，但常常使智能仪器不能正常运行，致使控制失灵，造成重大事故。智能仪器的抗干扰不可能完全依靠硬件解决，因此，软件抗干扰问题的研究越来越受到重视。

11.3.1　软件抗干扰的前提条件

软件抗干扰属于智能仪器系统自身的防御行为。采用软件抗干扰最根本的前提条件是系统中抗干扰软件本身不会因干扰而损坏。在智能仪器系统中，由于程序及一些重要常数都放置在 ROM 中，这就为软件抗干扰创造了良好的前提条件。因此，实现软件抗干扰的前提条件可概括为以下几点：

（1）在干扰作用下，智能仪器硬件部分不会受到任何损坏，或易损坏部分设有监测状态，可供查询。

（2）程序区不会受干扰侵害。系统的程序及重要常数不会因干扰侵入而变化。对于单机系统，程序表格及常数均固化在 ROM 中，这一条件自然满足。而对于一些在 RAM 中运行用户应用程序的微机系统，则无法满足这一条件。当这种系统因受到干扰而失常时，只能在干扰过后，重新向 RAM 区调入应用程序。

（3）RAM 区中的重要数据不被破坏，或虽然被破坏但可以重新建立，且重新建立的数据，系统能够重新运行。例如，在一些智能仪器系统中，RAM 中的大部分内容是为了进行分析、比较而临时寄存的，即使有一些不允许丢失的数据，也只占极少部分。这些数据被破坏后，往往只引起智能仪器系统一个短期波动，在闭环反馈环节的迅速纠正下，控制系统能很快恢复正常，这种系统都能采用软件恢复。

11.3.2　数据采集误差的软件对策

前面介绍的干扰抑制技术是采用硬件方法阻断干扰进入仪器的耦合通道和传播途径，这是十分必要的。但是由于干扰的随机性，一些处在恶劣环境下的检测装置即使采用了硬件抗干扰措施，仍不能把各种干扰完全拒之门外。在内嵌微处理器的智能仪器系统中，将软件干扰抑制技术与硬件抗干扰技术相结合，可大大提高检测系统工作的可靠性。

软件干扰抑制技术主要针对已经进入检测系统的干扰。常用的软件干扰抑制技术包括数字滤波、冗余技术等。数字滤波器有很多硬件滤波器不具备的优点，它的功能由软件算法实现，不需要增加硬件设备，也不存在阻抗匹配问题，可以多通道使用，能实现对很低的频率信号滤波。下面介绍几种常用的数字滤波方法：算术平均值法、中值滤波法和一阶递推数字滤波法等。

算术平均值法是对同一采样点连续采样 N 次，然后取其平均值，其算式为

$$y = \frac{1}{N} \sum_{k=1}^{N} x_k \tag{11.11}$$

式中：y 为 N 次测量的平均值；x_k 为第 k 次测量的测量值；N 为测量次数。

　　算术平均值法简单实用，适用于对流量等一类信号的平滑。流量信号在某一个数值范围附近上下波动，取其一个采样值显然难以作为依据。算术平均值法对周期性波动信号有良好的平滑作用，其平滑滤波程度完全取决于 N。当 N 较大时，平滑度高，但灵敏度低，即外界信号的变化对测量计算结果 y 的影响小；当 N 较小时，平滑度低，但灵敏度高。应按具体情况选取 N，例如对一般的流量测量，N 可取 12，对压力测量，N 可取 4。

　　中值滤波法是对某一被测参数连续采样 n 次（n 一般取奇数），然后把 n 次采样值从小到大或从大到小排序，再取中间值作为本次采样值。中值滤波能有效地克服由于偶然因素引起的被测量的波动和脉冲干扰，对于温度、液位等缓慢变化的被测参数，采用此方法能收到良好的滤波效果，但对压力、流量等变化剧烈的被测参数，不宜采用此法。

　　前面介绍的两种算法各有一些缺陷。算术平均值法对周期性波动信号有良好的平滑作用，但对脉冲干扰的抑制能力较差；中值滤波法有良好的抗脉冲干扰能力，但由于受到采用点连续采样次数的限制，阻碍了其性能的提高。实际中，往往将上述两种方法结合起来，形成复合滤波算法，即先用中值滤波法滤掉采样值中的脉冲干扰，即最大值和最小值，然后将剩下的采样值进行算术平均。其原理可用下式表示：若 $x_1 \leqslant x_2 \leqslant \cdots \leqslant x_n$，$3 \leqslant n \leqslant 14$，则

$$y = \frac{x_2 + x_3 + \cdots + x_{n-1}}{N - 2} \tag{11.12}$$

这种滤波方法兼容了算术平均值法和中值滤波法的优点，无论是对缓变信号，还是对快速变化的测量信号，都有很好的滤波效果。当采样点数为 3 时，它便是中值滤波法。

　　一阶递推数字滤波法是利用软件完成 RC 低通滤波器的算法，能够实现用软件方法代替硬件 RC 滤波器。一阶递推数字滤波公式为

$$Y_n = \tau X_n + (1 - \tau) Y_{n-1} \tag{11.13}$$

式中：τ 表示数字滤波器的时间常数；X_n 表示第 n 次采样时的滤波器输入；Y_n 表示第 n 次采样时的滤波器输出。

11.3.3　控制状态失常的软件对策

　　在大量的开关量控制系统中，人们关注的问题是能否确保正常的控制状态。如果干扰进入系统，会影响各种控制条件，造成控制输出失误，或直接影响输出信号造成控制失误。为了确保系统安全，可以采取下列软件抗干扰措施：

　　（1）软件冗余：对于条件控制系统，对控制条件的一次采样改为循环采样。这种方法对惯性较大的控制系统具有良好的抗干扰作用。

　　（2）设置当前输出状态寄存单元：当干扰侵入输出通道造成输出状态被破坏时，系统能及时查询寄存器单元的输出状态信息，及时纠正输出状态。

　　（3）设自检程序：在计算机内的特写部位或某些内存单元设状态标志，在开机后和运行中不断进行循环测试，以确保系统中信息存储、传送、运算的高可靠性。

11.3.4 程序运行失常的软件对策

系统受到干扰侵害,致使程序指针(PC)值改变,造成程序运行失常,可能会导致程序飞出和数据区及工作寄存器中的数据被破坏。例如,对于 MCS-51 系列单片机,当 PC 值超出芯片地址范围,CPU 获得虚假数据 0FFH 时,对应执行"MOV R7,A"指令,将造成工作寄存器 R7 内容被修改。

程序运行失常的软件对策主要是发现失常状态后及时引导系统复位。引导系统复位有下列几种方法。

1) 设置监视跟踪定时器

使用定时器中断监视程序运行状态时,定时器定时时间稍稍大于程序运行一个循环的时间。在程序的一个循环中执行一次定时器时间常数重置操作,这样,程序正常运行,定时器不会出现定时中断。而当程序失常,不能刷新定时器时间常数,导致定时器中断请求时,定时中断服务程序将系统复位。这种方法又叫看门狗(WTD),在程序一个循环中执行的定时器时间常数刷新操作,称为喂狗操作。

2) 设置软件陷阱

当程序 PC 失控,造成程序飞出进入非程序区时,只要根据不同单片机指令的特点,在非程序区设置拦截措施,使得程序进入陷阱,然后强迫程序进入初始状态即可。

例如,对于 MCS-51 系列单片机,可以用"LJMP ♯0000"和"JB bit,rel"指令,在非程序区反复用"0200000020000000"填满。这样,不论 PC 失控后指向哪一个字节,最后都能使程序回到复位状态。

3) 程序断点处理

程序的指令串之间常有一些断裂点,正常执行的程序到此便不会继续往下执行了,这类指令有 LJMP、SJMP、AJMP、RET、RETI。这时 PC 的值应发生正常跳变,如果还要顺次往下执行,必然就出错了。若在这种地方安排陷阱,就能有效地捕捉住程序断点,而又不影响正常执行的程序流程。

习　题

1. 如何理解电磁兼容的概念?
2. 若某测量通道中的有用信号电压为 U_S,噪声电压为 U_N,则其信噪比为多少?
3. 干扰和噪声分哪几种类型? 其耦合方式有哪几种?
4. 在智能仪器设计、生产和使用中常用的抑制干扰与噪声的措施有哪些?
5. 简述智能仪器抗干扰技术中的屏蔽技术。
6. 简述智能仪器抗干扰技术中的接地技术。
7. 简述智能仪器抗干扰技术中的布线技术。
8. 简述智能仪器抗干扰技术中来自电源干扰的抑制技术。
9. 简述智能仪器中的软件抗干扰技术。

第 12 章　智能仪器可测性设计

本章主要介绍智能仪器的故障诊断和系统自检、智能仪器的调试方法以及智能仪器的校准和标定方法。

12.1　故　障　诊　断

12.1.1　故障模型

仪器产生故障的物理原因很多。从外部因素讲，空间强电磁场的冲击，电网电压的冲击，机械振动，温度、湿度的变化等对仪器的作用，或者使用和维护不当，都可能引起仪器的接插件、内部元器件和电路板的工作不良、损坏或失效，或者造成短路、击穿、断路、接触不良等。从内部因素看，随着时间的变化，仪器内部元器件和电路板的老化引起性能下降和参数变化，这种变化超过一定的容限时就会影响仪器的正常工作，形成仪器故障。此外，和传统仪器不同，智能仪器除硬件故障外，还可能出现软件故障。

故障模型描述了可能发生在系统组件中的问题类型。因为测试必须让每个仪器个体运行，测试花费变成总生产成本中很大的一部分，因此，测试的效率是非常重要的因素。可能的故障有许多类型，有一些类型决定了制造过程的总体产量。一旦知道目标的故障类型，就能在特定的设计中列举出所有可能的情况，这就是故障模型。在一个个体中给定需要测试的所有可能的故障，生成一系列测试来检查系统，以发现存在的故障。

对待故障有两种基本策略。一种是采用冗余技术，故障产生时，设法避开故障的作用，屏蔽它的影响。另一种是测试故障，当故障产生时，及时发现，及时排除，从而使仪器可靠地工作。

12.1.2　故障测试

故障测试分为故障检测和故障诊断。故障检测只要求确定仪器是否存在故障；故障诊断不仅仅要求检查仪器是否存在故障，而且要求确定故障发生的具体位置(故障定位)。故障诊断要比故障检测难得多。故障定位有一个细度问题。被检测的对象规模大小不同时，对故障诊断的细度要求也不同。通常，诊断一个系统时，要求故障定位到印刷电路板级，诊断一块印刷电路板时，要求故障定位到集成电路芯片级。一般情况下，可将故障测试统称为系统自检。

依据仪器内部的微处理器和内附的故障检测电路来自动实现故障检测和故障诊断，称为自检。如果故障的测试是靠外部自动测试设备来完成的，则称为故障的外部测试。

　　不管哪种检测方法，其原理都是给被测对象施加一定的检测信号，根据其输出响应信号来判断是否存在故障。所加的检测信号称为测试矢量或测试码。不是任何信号都可充当测试矢量的，只有当输入电路后，电路有故障和无故障时的响应信号明显不同的信号才能充当测试矢量。响应信号又称为响应矢量或响应序列。

　　自检电路是根据仪器电路功能和仪器自检的需要设计的。自检电路由测试矢量发生器、响应序列寄存器、多路转换器 MUX 和多路分配器 DEMUX 等，与被检电路、微处理器及总线系统共同组成。图 12.1 为某智能仪器进行内部自检的原理图。

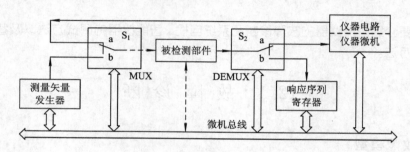

图 12.1　仪器故障自检原理图

　　图 12.1 中的被检测部件为仪器电路的一个组成部分，为清楚起见，将其从仪器电路中分离开来表示，其工作原理如下：

　　（1）正常工作方式。MUX 的 S_1 和 DEMUX 的 S_2 都位于 a 点，被检测电路与仪器其余电路连接，完成仪器的正常工作。

　　（2）自检工作方式。MUX 的 S_1 和 DEMUX 的 S_2 都位于 b 点，被检测电路与仪器的其余电路隔离，其输入端与测试矢量发生器相接，输出端与响应序列寄存器相接。测试矢量依次加在被检测部件输入端，其响应矢量寄存在响应序列寄存器中，最后可由仪器微机读取响应矢量，进行故障分析和判断。

　　除了上述方法，即利用 MUX 和 DEMUX 使被检测部件在自检时与原电路中的其它部件隔离外，也可利用微机的总线，使挂接在其上的各部件在自检时互不影响（例如对 ROM、RAM 的自检）。

　　通过上述分析可知，对智能仪器中某一模块进行自检时，必须解决下列问题：

　　（1）产生该部件故障的测试矢量集（故障模型的输入）；

　　（2）设计组成自检电路；

　　（3）自检所依据的知识和经验（判据）。

　　下面从模拟电路故障检测和数字电路故障检测两个方面进行说明。

12.1.3　模拟电路故障检测

　　模拟电路输入信号和输出信号都是连续变化的，各点状态可以取无穷多个值，各元件的参数又可连续变化。这些都与逻辑电路只有 0、1 两种状态不同。因此，模拟电路的故障模型十分复杂，故障检测也较为困难。

　　模拟电路中元件参数都有容差。若干元件的容差形成的综合效应，可能和一个元件有故障而其它所有元件都正常的效应相同，以致较难从输出信号中判断电路中的元器件是否都正常。

　　模拟电路需要测试的故障有两大类：一类是硬故障，指元件的开路、短路等故障；一类是软故障，指元件的参数超出预定的容差范围。前者可能导致智能仪器不工作，后者一般仍能使智能仪器运行，但会严重影响仪器的技术指标。因此，硬故障容易判断，软故障难以制定出判据。

　　模拟电路要检测的电路参数众多，有电压、电流、相位、频率、电阻、电容、电感等等。针对不同的电路参数，需要确定不同的测试矢量、不同的检测电路和不同的故障判据，十分复杂。因此，尽管模拟电路故障自动检测的理论研究开始较早，但到目前为止还没有形成成熟的、通用的技术，针对模拟电路实用的自检方法，还是局限在就事论事的功能测试上。

　　下面通过智能仪器的数据采集通道和输出通道的故障检测进行说明。

1. 数据采集通道的故障检测

　　智能仪器的数据采集通道一般是由传感器、调理放大电路、A/D 转换器和多路模拟开关构成的。这部分模拟电路故障检测的方法是给传感器施加一个已知的标准被测量，启动采集测量系统，把测量结果与已知标准量比对，以一定的测量精度作为判据，即可检测出数据采集通道是否有故障。由于一般情况下，智能仪器给出标准被测量较为困难，因而常见的数据采集通道故障检测是进行部分检测，如图 12.2 所示为一种对数据采集通道的多路模拟开关、调理放大电路和 A/D 转换器进行自检的方案。系统占用多路模拟开关的两个通道，分别接一个已知模拟电压和等效零点电压。已知模拟电压的等效电压数值一般为通道的中心值。进行自检时，系统对该已知电压进行 A/D 转换，若转换结果与预定值相符，则认为数据采集通道正常；若有少许偏差，则说明数据采集通道发生漂移，测量等效零点电压的偏差为零点漂移，分析两次测量的结果，可求出增益漂移，进而可求出校正系数，供实际测量时进行补偿（智能仪器的自校准）；若偏差过大，则判断为有故障。

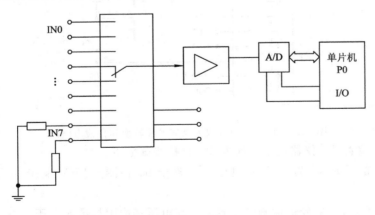

图 12.2　数据采集通道的自检

2. 输出通道的故障检测

　　对于智能仪器的模拟量输出通道，通常采用环绕技术进行功能自检。自检时，将模拟量输出通道和模拟量输入通道连接起来构成自检环路。如果仪器中只有输出通道，则应配置输入通道作为自检电路。当然，智能仪器的数据采集通道也可通过环绕技术进行故障检测。

图 12.3 所示是一个数字电压表的模拟量通道自检的原理图。多路转换器 MUX 的 S_1 和 S_2 位于 N 时，电路处于正常工作方式，S_1、S_2 位于 T 时，电路处于自检方式。在自检方式中，微机输出一个数字量，通过 D/A 转换为模拟量输入到采集通道的放大器输入端，进行测量操作，将结果与微机输出的数字量进行比对。

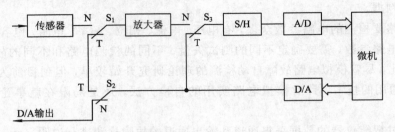

图 12.3　用环绕技术自检模拟通道

采用环绕技术进行模拟电路故障检测时，首先应通过其它方法确认一个通道（或是输入通道或是输出通道）工作正常。

图 12.4 所示是一个电压表前置放大器的量程转换和自检电路图。此电压表具有 5 挡量限。V_3、V_4 接通时，为 0.1 V 量限；V_2、V_4 接通时，为 1 V 量限；V_1、V_5 接通时，为 10 V 量限。

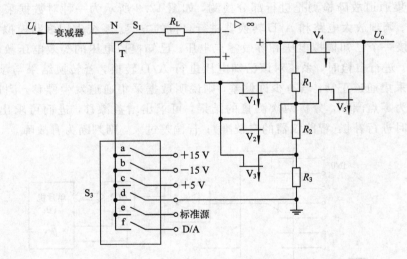

图 12.4　电压表前置放大器的量程转换和自检电路图

将 S_1 置于位置 T，仪器处于自检方式。自检步骤如下：

（1）将 S_3 置于 a，检测 +15 V 电压，S_3 置于 b，检测 -15 V 电压，S_3 置于 c，检测 +5 V 电压。

（2）S_3 置于 d 和 e，分别检测电压表的零点电压和内附标准源电压。

（3）S_3 置于 f，放大器输入端与 D/A 转换器的输出端相接，可检测各挡量限的功能：① 接通 V_1、V_5，使 D/A 转换器输出 5～10 V 电压，检测 10 V 挡量限的功能；② 接通 V_2、V_4，使 D/A 转换器输出 0.1～1 V 电压，检测 1 V 挡量限的功能；③ 接通 V_3、V_4，使 D/A 转换器输出 0.01～0.1 V 电压，检测 0.1 V 挡量限的功能。

（4）如果在上述功能的检测中发现了故障，则接通另外的程控开关，将 D/A 输出连接到信号采集通道的采样保持器前端，使 D/A 转换器输出一定电压，进一步检测采样/保持器(S/H)和 A/D 转换器有无故障。

上述自检的故障判据为±5%，即测量结果超过规定值的±5%，表示有故障。一般地，判断应根据仪器的具体工作环境和精度要求来确定。

上述方法既可测试输入通道各挡位的功能是否正常，还可测试仪器中的电源是否正常。

12.1.4　数字电路故障检测

1. CPU 的检测

检测 CPU 的故障，就是验证它执行各条指令是否正常。CPU 的测试程序是根据 CPU 的结构特点而编写的。由于 CPU 的故障存在随机性，因此必须经过足够的测试次数方能证明 CPU 故障与否。CPU 自检的最可靠办法，是让它将指令集中的每一条指令都执行一遍，并进行验证。比较常用的办法是编写一组基本指令自检程序来验证 CPU 的功能，这些基本指令是仪器的应用程序所使用的，如数据传送指令、条件转移指令、加法指令、减法指令等。在应用程序中，那些没有使用的指令，由于不影响仪器的正常工作，也就不必去验证它们的执行情况。因此，用基本指令去考核 CPU，尽管不全面，却比较实用。

一般用户系统 CPU 的自检常采用另一种更为实用的自检办法，即与 ROM、RAM、I/O 端口等部件的自检结合在一起进行。这些部件的自检程序是由一些仪器工作程序中常用的基本指令组成的，在检测这些部件的同时，附带实现了对 CPU 的部分自检。

CPU 是智能仪器中的智能元件，是自检工具的核心。如果 CPU 出现故障，则整个系统就不能正常工作。显然，CPU 的自检最为困难。造成 CPU 工作不正常的原因，除其内部故障外，还可能是总线工作出错、电源电压不正常或者系统时钟不正常。因此，在检测 CPU 之前，似乎应该先检测总线、工作电源和时钟电路，但如果这些部件有故障，则 CPU 已无法工作，也就谈不上检测它们了。如果它们无故障，有故障的 CPU 又很可能检测出它们似乎有故障。这种相互依赖和制约的关系，常常会使故障的自检陷入择阎境地。为了避免这种现象的出现，应使仪器内用于故障自检的工具(CPU、总线、时钟、电源、附加的自检电路、自检程序)工作可靠。为了提高故障自检的可靠性，如果仪器成本允许，可在仪器内部再配置一套 CPU、电源和时钟，自检时，用它来对原有的 CPU、总线、电源和时钟进行检测。

2. RAM 的检测

1) RAM 的故障类型

RAM 是智能仪器的重要组成部分，RAM 频繁地被存取数据，其结构复杂且处于被动的工作状态，是微机系统中故障率较高的单元。RAM 的故障有下列几种类型：

(1) 固定型故障，表现为存储单元中有一位或几位固定在 0 电平上或固定在 1 电平上。

(2) 相邻值之间的干扰故障，它包括同一个存储单元内，相邻位的干扰和相邻存储单元之间的相邻位干扰两种情况。(所谓干扰，是指某一位进行读/写操作时，会影响其相邻位的状态。)

(3) 地址线和译码器引起的故障，它表现为给出 A 单元地址却访问了其它一个或几个单元，或者给出 A 单元地址，既访问了 A 单元，又访问了其它一个或几个单元，或者给出 A 单元地址，没有能访问任何单元。

（4）对于动态存储器而言，还可能存在保持时间的故障。

2）RAM 的测试矢量

对于 CPU 而言，RAM 是一个既能输入数据（写），又能输出数据（读）的部件，可利用前面讲过的环绕技术对它进行测试，且不需要外加其它自检电路，即先将一个数据（如55H）写入 RAM 某单元，然后读出此单元数据进行比较，进而判断是否存在故障。考虑到存在电磁干扰，可将上述操作进行 3 次，若有两次读出数据等于写入数据，即可判断正常。

尽管 RAM 也是时序电路，但由于它的结构有规则，每一个存储单元的每一位输入端都可控制（如地址和数据），输出端都可被观察，因此，测试矢量的生成也就十分简单，例如：若怀疑某存储单元的某一位有固定型故障，只要给此位写上 0，然后再读此位的数据，即可判定。

设使用的是 8 位字长的 RAM，则针对 RAM 常出现的故障类型，矢量有：00H，FFH …，可用于检测固定型故障 0；AAH，55H，81H，18H…，可用于检测相邻位间干扰引起的故障。

选择 RAM 的测试矢量和测试模式时，要考虑以下两方面的问题：

（1）考虑仪器所采用的 RAM 电路结构，分析可能发生的故障类型，选用相应的测试矢量和模式。

（2）考虑仪器能够接受的测试时间。通常，仪器需要自检的内容较多，会占用太多的时间。一般的考虑是测试时间小于 5 s。在器件质量大幅度提高的背景下，智能仪器常见的与 RAM 有关的故障主要是接口电路的故障。因此，在仪器自检时间要求较短时，可仅对 RAM 中的一个或几个单元进行检测。

3. ROM 的检测

ROM 包括工厂掩膜编程的 ROM、紫外线可擦除电可编程的 EPROM 和电可擦除电可编程的 $E^2 PROM$ 等。ROM 中固化了智能仪器的程序和常数表格，在长期使用的过程中，其存储的信息可能发生变化。例如，EPROM 的擦除窗口没有封好，经外界光线长期作用，会改变其内部存储信息。如果一台智能仪器的程序被破坏，或与仪器正常工作密切相关的一些常数表格被异常破坏，仪器就不能正常工作。

在智能仪器的工作中，ROM 一般是只读的，ROM 的检测就是要考核各存储单元的代码或常数在读出时是否会出错。最常采用的方法是验证所有存储单元中各对应位代码的校验和（加法和或异或和）是否正确，加法和的值应全为 1，异或和的值应全为 0。这个用于校验的校验和是预先和程序一起固化在 ROM 中的。自检时，依次读 ROM 的存储单元。每读一次代码值，要按写 ROM 时相同的运算规则计算其校验和，最后将获得的总的校验和代码与标准的校验和代码比较，如一致，说明 ROM 正常。下面举例说明采用该法进行 ROM 检测的程序。

设 ADD1 为程序的起始地址，ADD2 为程序的结束地址，ADD3 为代码校验和的存储单元地址，如果仪器采用的是 MCS-51 系列单片机，则可用下列汇编程序对 ROM 进行检测：

```
DIAGROM:    MOV     DPTR, ♯ADD2
            PUSH    DPH
            PUSH    DPL                 ;保护程序结束地址
            MOV     DPTP, ♯ADD1
```

```
              CLR      B
LOOP1：       CLR      A
              MOVC     A，@A+DPTP
              ADD      A，B
              MOV      B，A
              INC      DPTR
              MOV      R1，DPH
              MOV      R2，DPL
              POP      DPL
              MOV      R3，DPL
              POP      DPH
              MOV      R4，DPH
              CJNE     R2，R3，LOOP1
              CJNE     R1，R4，LOOP1
              MOV      A，ADD3
              CJNE     A，B，ERR
              SJMP     OKROM
ERR：         RET                        ;进行故障处理
OKROM：       RET                        ;无故障
```

4. 通信端口的自检

通信端口的自检通常采用环绕技术，即将发送端口和接收端口连接起来，给发送口写入测试矢量，从接收口读入，然后进行比较，即可确定有无故障。下面以 MCS－51 系列芯片为例来说明。

1）串行通信的自检

MCS－51 的串行口为全双工接口，发送和接收可以同时进行，可将 TXD 和 RXD 连接起来进行自检。如图 12.5 所示，当多路分配器 DEMUX 的开关位于 a 时，RXD 和 TXD 与原电路相接，电路处于正常工作方式。当开关位于 d 时，RXD 与 TXD 互联，用于串行口自检。当开关位于 b 和 c 时，用于并行口和总线的自检。

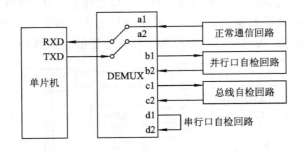

图 12.5　串行通信口的自检电路示意图

串行口自检时，先开放 RXD，然后给 TXD 写测试矢量，最后从 RXD 读入数据，与写入的测试矢量比较，确定有无故障。下面的程序只测试了串行口的工作方式 1，工作方式 2

和 3 的测试方法与其类似，只需改变串行口的控制寄存器 5CON 的初始值即可。

```
DIAGCOM：   MOV     TMOD，♯20H        ;确定串行口波特率为 9600
            MOV     TL1，♯0FDH        ; T1 初始化
            MOV     TH1，♯0FFH
            MOV     SCON，♯50H        ;串口工作方式 1，允许 RXD 接收
            SETB    TR1              ;启动 T1
            MOV     R4，♯0
            MOV     DPTR，♯DIATAB
LOOP1：     MOV     A，R4
            MOV     A，@A+DPTR
            MOV     SBUF，A           ;由 TXD 发送串行数据
            MOV     R5，A
LOOP2：     JBC     RI，LOOP3          ;接收寄存器 SBUF 满否
            SJMP    LOOP2
LOOP3：     MOV     A，SBUF           ;读取由 RXD 接收的数据
            CJNE    A，B，ERR         ;转 ERR
            INC     R4
            CJNE    R4，♯5，LOOP1
            RET
DIATAB：    DB 00H，0FFH，0AAH，55H；
ERR：       RET                      ;自检出错处理程序入口
```

2）并行口的自检

单片机并行口的自检一般是通过移位寄存器，将并行端口的输出数据转换为串行数据，与单片机串行通信口连接进行的。下面以 MCS－51 单片机为例说明。

MCS－51 单片机的并行口虽有 4 个，但 P0、P2、P3 都是专用的，只有 P1 口可供用户作并行总线编程使用。

为了测试 P1 口，可以利用串行口 RXD 和 TXD，如图 12.6 所示，此图为图 12.5 中多路分配器的开关位于 b 和 c 时的情况。74LS164 是串行输入并行输出移位寄存器，74LS166 是并行输入串行输出移位寄存器。当串行口工作在方式 0 时，RXD 既可作串行输出口使用，给外部移位寄存器输出数据，又可作串行输入口使用，从外部移位寄存器接收数据。此时 TXD 输出移位脉冲，可作为外部移位寄存器的移位脉冲。

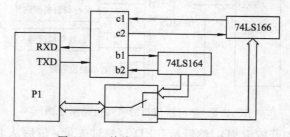

图 12.6　单片机 P1 口自检原理图

当 RXD 作为输出口工作时，先将数据串行输入 74LS164 中，再由 P1 口并行读入，进行比较。当 RXD 作为输入口工作时，先将数据并行写入 P1 口，然后并行输入 74LS166 中，再串行地移入 RXD 中，进行比较。比较后可以确定串行口在方式 0 时工作是否正常，或者 P1 口并行输入/输出功能是否正常。

5. 总线的自检

如果外部扩展的 RAM 和 ROM 的自检结果为正常，有理由相信地址总线和数据总线工作也正常，因为单片机与外部扩展寄存器的寻址和数据交换是通过地址总线和数据总线进行的。但如果 ROM 和 RAM 的自检同时都不正常，问题可能就出在总线上。

利用特征分析技术分析运行一段规定程序时总线上的数据流，此时采用并行输入的反馈移位寄存器可以较方便地确定总线上有无故障，但这需要内附较为复杂的自检电路。

利用 74LS377 将访问数据存储器时的地址总线和数据总线上的状态都寄存下来，然后通过并-串移位寄存器 74LS166 依次输入，读取串行口的数据输入寄存器 SBUF 的内容来分析总线状态，可以方便地检测其是否发生故障。图 12.7 所示为此方法的原理图，读者可自行写出其检测程序。

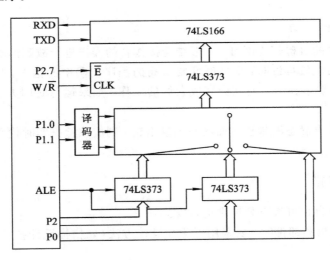

图 12.7　总线自检原理图

6. 人机界面故障的诊断

人机界面是系统与操作者进行信息交换的通道，如果出现故障，就必然影响操作者对系统信息的获得和对系统的控制。人机界面的故障诊断不能由 CPU 单独完成，而必须由操作者和仪器配合才能完成。

1）显示器故障诊断

LED 显示器的自身失效和连线失效率较高。仪器在进行 LED 显示器检查时，自检程序应依次点亮显示器字符的每一段码，并逐位移动，符号、小数点和单位也应做点亮和熄灭试验，最后给出自检结束标志，用户应观察此自检的全过程，以判断有无故障。当见到显示器自检结束标志时，用户用键盘输入规定字符，启动仪器继续进行其它项目的自检。所输入的规定字符也起到了对键盘的功能进行部分自检的作用。点阵式显示器的故障诊断采用全部闪烁点亮加显示提示信息的方式进行诊断，全屏闪烁可检查失效的点。提示信息除了可以告诉操作者诸如系统的研制者、系统主要功能等信息外，还可检查点阵式驱动器的可靠性。

液晶模块的故障诊断可通过微处理器与 LCM 间的信息交流进行。例如，当单片机向 LCM 发送指令时，LCM 应有相应应答信号，若多次不能正常进行，则显然单片机与 LCM 接口或 LCM 本身存在故障。

2）键盘故障诊断

键盘故障对于操作者来说容易察觉，当按下某一键时，系统应做出相应的动作，若系统没有做出相应的动作，当确认系统其它部分良好时，则可知道是键盘或其与单片机接口存在故障。

3）打印机故障诊障

打印机的故障诊断常采用的方法是启动打印机，走纸 2～3 行，打印一段提示信息，再走纸 2～3 行，然后回车并关闭打印机。打印机若能正常完成这些过程，就可判断打印机及其与 CPU 的连接正常，否则为故障。大多数打印机本身有自检功能，使用者按下自检按键即可实现自检。

7. 软件的自检

智能仪器软件的自检较为困难，一般结合操作者的操作进行故障诊断。

软件的逻辑错误较难诊断，而实时性要求高的程序代码中的错误，则更难诊断。实时性要求高的程序，要求在一定时间内完成它们的工作；如果运行时间太长，会产生无法预料的后果。

如果系统表现出静态测量正常而动态测量出错，则应该检查实时代码的执行时间是否满足要求。

12.1.5　自检安排

智能仪器故障自检可按下列原则进行安排：

（1）设计电路板和部件时，要采用可测性设计方法（如扫描设计技术），给仪器进行故障自检创造条件。

（2）充分利用仪器本身的资源构成自检电路，合理安排先后顺序。

（3）通常智能仪器故障自检有开机自检、定时自检、任务间歇自检和按键自检等多种方式。开机或复位自检是在开机时自动进行的。定时自检是采用定时中断的方式，当定时时间到时，系统启动自检。任务间歇自检是在微处理器完成某项实时性要求较高的任务后，尚有充裕时间时，启动系统自检。面板按键自检是当操作相应按键时，启动系统自检。

开机自检方式采用得最为普遍。定时自检应用在实时性要求不高的场合，任务间歇自检能适应实时性要求高的场合，但要注意自检的时间是否过长，必要时可分多次完成整个系统的自检。按键自检应协调好系统自检与系统当前状态的关系，如果系统当前正在完成不能被打断的任务时，应屏蔽自检按键。

（4）外部设备的故障诊断通常要由使用者参与判断和操作才能完成。可按上述说明安排系统自检。

（5）自检程序的安排次序是：先自检公共部件和关键部件，如总线、电源电压和系统时钟，然后安排组合部件的自检。所谓组合部件的自检，是指自检时，这些部件互为检测对象。如 RAM 自检，它既检测了 RAM，也部分检测了 CPU 和总线的功能，如发现故障，需要定位，则可进一步对各部件进行自检。

自检的结果应通过适当的方式反馈给操作者，可采用显示自检结果、指示灯状态指示或蜂鸣器报警提示等方式。

12.2　智能仪器的调试

12.2.1　可测性设计

可测性设计是以改善电路的可测性、易测性和可诊断性为目标的设计。如果电路系统规模较小，PCB 走线密度不高，则可直接通过探针对电路进行在线的测试。模拟电路各部分信号的流向往往是清楚的，可逐步测试各点信号。对于复杂的数字系统，电路内部十分复杂，测试困难，往往是通过故障诊断技术，将故障定位到芯片，然后更换故障芯片来排除故障。因此，在数字电路系统的设计阶段，应考虑测试、调试和维修的方便，使系统具有良好的可测性。

下列方法有助于改善电路的可测性：

（1）设计测点；

（2）使用多路器；

（3）使用串行移位寄存器；

（4）对闭环回路预留断开跳线点；

（5）应尽量将一个大电路系统分成若干个小电路模块；

（6）少用异步时序电路和单稳电路；

（7）少用可调元件和非规范元件；

（8）设置状态复位功能；

（9）不同逻辑阈值电平电路分区排版，数字电路与模拟电路分区排版。

上述方法可改善电路的可测性。随着电路规模的增大、VLSI 电路的大量应用以及多层 PCB 和表面贴装（SMD）技术的广泛使用，电路板走线密度越来越高，通过增加测点来改善电路可测性已很困难。随着电路运行速度的不断提高，传统的电路检测技术已很难满足要求，于是提出了边界扫描测试技术（BST）等可测性设计技术。

12.2.2　智能仪器调试过程

智能仪器与传统仪器的不同之处在于其内嵌有微处理器，是软件和硬件的有机结合；智能仪器与通用微机的不同之处在于它的外部设备、I/O 接口多种多样，功能各异，没有统一的系统软件和应用软件可供所有智能仪器使用。因此，智能仪器的软硬件安装完毕后，需要进行调试，排除软件和硬件的故障，使所设计的智能仪器样机符合设计要求的功能和各项技术指标，并据此更改和完善软硬件设计。智能仪器的调试要求调试者对电路功能和性能指标有全面的熟悉，对常用基本测量仪器的功能和操作使用有全面的了解。

利用一定的设备，对智能仪器进行功能试运行、技术指标检测以及查找和排除软硬件故障，并在这个过程中调整参数或更改设计，直至运行正常并达到各项规定的设计指标为止，这个过程就是开发调试。

样机调试包括硬件调试、软件调试和整机联调。硬件和软件的研制可以互相独立进行，即软件调试是在硬件完成之前进行，硬件也是在无完整的应用软件的情况下进行调试的。此时的调试依赖另外的工具所提供的调试环境。硬件和软件分调完毕后，还要在样机上进行软件和硬件的联调。在调试中发现问题，判断故障源，进行修改，并重复进行这一过程，直至没有错误为止，这时才可以固化软件，组装样机。如果智能仪器由多个模块组成，各个模块都按上述调试步骤进行调试，待所有模块的样机所能够调试的功能和指标都调试通过后，组装整机，进行整机联调，直到完成整机样机的功能指标。

如图12.8所示，调试智能仪器时，首先要排除有关电源方面的硬件故障。调试时，先将所有能拔出的集成电路器件从电路板上拔出来，用万用表或蜂音测试器仔细检查线路，尤其要逐一查看电源连线是否连接正常，防止短路，然后检查系统总线（地址总线、数据总线和控制总线）是否存在相互之间短路或与其它信号线的短路。在排除所有的线路错误后，接上电源，并用电压表测量各个电压检测点的电压，仔细检查加在各集成电路芯片插座上的电压极性是否正确，特别要注意单片机插座的各点电压，若电压过高，与仿真器联机调试时，将会损坏仿真器的器件。

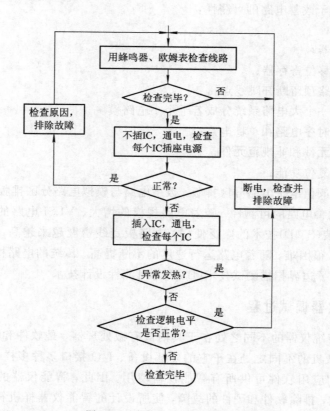

图 12.8　智能仪器调试流程图

当确认各个检测点的电压都正常后,将目标系统断电(插拔集成电路芯片的操作必须在断电的情况下进行),插入集成电路芯片,特别要注意芯片的方向,不要插反;然后通电,并立即检查目标系统,如果发现某器件太热或冒烟,必须马上断电,重新用电压表等工具检查。在研制阶段,对由多级电路或多个功能模块构成的电路系统,应采取逐级逐块安装、逐步调试的方法,而不宜将电路全部插上。这样可以避免因电路存在潜在的反馈而使调试复杂,同时也可避免大面积的器件损坏。

通电后,可用示波器检查时钟信号、脉冲信号及噪声电平,还可以用电压表测量元件的工作状态,用逻辑测试笔测试逻辑电平等。如果发现异常,应重新检查线路,直至符合要求,才算完成静态调试。静态调试流程图如图 12.8 所示。调试中应做好调试记录,注意经验积累,培养良好的科研习惯。

电路的种类、功能很多,要测试的指标也很多,很难对电路调试提出一个固定的步骤和模式。下面就模拟电路、数字电路和软件调试中所遇到的带有共性的问题做一般的介绍。

12.2.3　模拟电路的调试

对于模拟电路,用被测量的标准器具输入标准被测量,或用信号发生器输入标准信号到数据采集电路的待测电路输入端,用示波器或其它测量器具测量待测电路输出信号,判断是否是预期信号,如果不是预期结果,应更改电路结构或电路参数,直到满足预期的要求。如果条件许可,应从测量端逐级向后调试。

模拟电路调试中应重点注意以下几方面的问题:

(1) 晶体管电路工作不正常,首先断开级联与反馈,检查工作点。

(2) 运放电路重点检查差分输入端电压。可断开反馈,逐级将输入端交流短路接地。

(3) 采用旁路电容、负反馈等措施排除自激故障。

(4) 用电阻分压法测量低频电路的输入阻抗,并调试到满足要求。

(5) 将放大器的输入端短接到地,测量输出并计算输入电路等效噪声,筛选满足要求的运算放大器。

(6) 用频率分析仪测量频率响应特性,通过校正使之满足要求。

(7) 用失真度仪测量输出波形的失真度,调试使之满足要求。

模拟电路的信号流向清晰,逐级跟踪调试可排除故障。常见的难点是排除自激故障和降低系统噪声。噪声对于智能仪器数据采集通道的前置放大器、高阻传感器的前置放大器往往影响重大。噪声来源主要有外来电磁干扰(对于高阻输入端而言)和电路系统内部器件的工作噪声。前者应改善电磁兼容工艺,提高其抗干扰性能;后者要靠选用低噪声器件改善。

12.2.4　数字电路的调试

数字电路常见的故障是竞争冒险、输出中的毛刺脉冲和负载过重导致 TTL 电平偏差。其中,竞争冒险应该通过良好的时序和逻辑设计克服,输出中的毛刺可通过对地跨接滤波电容滤出。电容容值通常需要在调试中试凑。

对于数字电路,用信号发生器等输入相应电平或相应频率的脉冲信号,检测数字电路输出逻辑电平或其它参数是否正确，如有问题应更改设计，直到满足设计目标为止。数字电路也应从某点开始逐级向后检测。对于单片机系统，应编制短小的、有针对性的调试程序进行调试，例如编制单片机与存储器的存取数据程序，结合显示、仿真器等手段调试；或编制单片机与 A/D 接口程序并输入模拟信号，结合显示、仿真器等手段调试等等。根据各部分电路的特点，设计调试试验方案，尽可能充分地调试硬件电路。当然，有些功能或指标无法调试，应结合软件联调。

12.2.5　软件程序的调试

智能仪器的软件程序编制和调试可通过一定的工具辅助进行。软件开发的辅助工具包括仿真器、个人电脑、开发辅助软件等。一般也把开发软件的仿真器等开发工具称为开发系统（MDS）。

编制调试程序时，用户通过软件开发系统的键盘、CRT 显示器及开发系统的编辑软件，按照所要求的格式、语法规定，把源程序输入到开发系统中。在开发系统上，利用汇编软件对输入的用户源程序进行汇编，产生可执行的目标代码。在汇编过程中，如果用户源程序有语法错误，则在显示器上显示出来，可根据错误提示修改源程序，再进行汇编，直至语法错误全部纠正生成可执行程序为止。编译通过后的软件可下载到仿真器中仿真运行，调试开发的程序。

1. 直接编程调试

软件编制经验丰富的设计者，对于较为简单的单片机系统，同时单片机也具有多次擦写性能时，可以编制一段功能软件，直接写入单片机中，运行并通过显示或其它测量器具调试。

2. 利用模拟开发系统

调试软件可以利用软件模拟开发系统。这是一种完全依靠软件手段进行开发的系统。开发系统与用户系统在硬件上无任何联系。通常这种系统是由个人计算机（如 IBM‑PC）加模拟开发软件构成的。用户如果有个人计算机，只需购买相应的模拟开发软件即可。

模拟开发系统是在计算机上利用模拟软件实现对单片机的硬件模拟、指令模拟、运行状态模拟，从而完成应用软件的开发。硬件模拟就是在个人计算机内部模拟单片机的功能，虚拟的单片机输入端由通用键盘的按键设定，输出端的状态则显示在 CRT 指定的窗口区域。在开发软件的支持下，通过指令模拟，可方便地进行编程、单步运行、设断点运行、修改程序等软件调试工作。调试过程中的运行状态、各寄存器状态、端口状态等都可以在 CRT 指定的窗口区域显示出来，以确定程序运行有无错误。模拟调试软件功能很强，基本上包括了在线仿真器的单步、断点、跟踪、检查和修改等功能，并且还能模拟产生各种中断（事件）和 I/O 应答过程。

调试完毕的软件可以利用编程器（写片器）将机器码固化，完成一次初步的软件设计工作。对于实时性要求不高的应用系统，一般能直接投入运行；即使对于实时性要求较高的应用系统，通过多次反复模拟调试也可正常投入运行。

模拟开发系统的最大缺点是不能进行对硬件部分的诊断，不能进行实时在线仿真，不能实现精确的时序和与严格的时间有关的各种功能的调试。

3. 利用开发系统

智能仪器的软件和硬件密切相关，用户程序必须在联机后才能完成调试。一般情况下，在进行智能仪器在线调试时，应借助仿真开发工具来开发应用软件，同时对硬件电路进行诊断、调试。

将样机的单片机(或 CPU)芯片从开发板的单片机插座上拔掉，再将仿真器提供的一个 IC 插头插入单片机(或 CPU 芯片)的位置。对样机来说，它的单片机(或 CPU)虽然已经换成了仿真器，但实际运行工作状态与使用真实的单片机(或 CPU)并无明显差别，这就是所谓的"仿真"。由于联机仿真器是在开发系统控制下工作的，因此，就可利用开发系统丰富的硬件和软件资源对样机系统进行研制和调试。

联机仿真器具有许多功能，可检查和修改样机系统中所有的寄存器和 RAM 单元，能单步、多步或连续地执行目标程序，也可以根据需要设置断点，中断程序的运行，可用个人电脑系统的存储器和 I/O 接口，代替样机系统的存储器和 I/O 接口，从而使样机在组装完成之前就可进行调试。另外，联机仿真器还具有一种往回追踪的功能，能够存储指定的一段时间内的总线信号，这样，在诊断出错误时，通过检查出错之前的各种状态信息去寻找故障的原因是很方便的。

仪器中的隐性硬件故障(如各个部件内部存在的故障和部件之间连接的逻辑错误)主要靠联机仿真来排除。另外，用户程序可分为与硬件无联系的程序，以及与硬件紧密关联的程序。对于与硬件无联系的用户程序，例如计算程序，虽然已经没有语法错误，但可能有逻辑错误，导致计算结果不对，这样，可通过动态在线调试或软件模拟调试，如单步运行、设置断点等发现逻辑错误，然后返回修改，直至逻辑错误纠正为止。对于与用户样机硬件紧密相关的用户程序，如接口驱动程序等，一定要与硬件配合，进行动态在线调试，如果有逻辑错误，则返回修改，直至逻辑错误消除为止。在调试这一类程序时，硬件调试与软件调试是不能完全分开的。

12.2.6　开发系统

智能仪器进行在线调试时，往往借助开发系统(MDS)来开发软件，对硬件电路进行诊断、调试。根据功能的多少，微机开发系统可分为通用 MDS、简易 MDS、自开发 MDS 和 JTAG 调试。开发系统占用单片机的硬件资源应尽量少。在实际工作中可根据所设计的目标系统的结构特点和复杂程度，选用合适的 MDS。

1. 开发系统的基本功能

开发系统有以下几方面的基本功能：

(1) 用户样机硬件电路的诊断与检查。

(2) 用户样机程序的输入与修改。

(3) 程序的运行、调试(单步运行、设置断点运行)。

(4) 能将程序固化到 EPROM 芯片中。

(5) 有较全的开发软件，最好配有高级语言(PL/M、C51 等)，用户可用高级语言编制应用软件，由开发系统编译连接生成目标文件、可执行文件。同时用户也可用汇编语言编制应用软件，开发系统自动生成目标文件。此外，还配有反汇编软件，能将目标程序转换成汇编语言程序，并有丰富的子程序库，可供用户选择调用。

(6) 有跟踪调试、运行的能力。

(7) 为了方便模块化软件调试，还应配置软件转储、程序文本打印功能及设备。

2. 开发系统的组成

一个完整的开发系统由硬件和软件两大部分组成。开发系统硬件一般包括主机、操作台、在线仿真器、编程器、外存储器、打印机等部分。

开发系统的主机是开发系统的核心，一般是一个带有监控程序的单板机或一个带操作系统的微型计算机(如 IBM - PC 机)。开发系统的硬件动作及软件运行，全由主机来控制。

操作台包括键盘和显示终端两部分。它是实现人机对话的必备部件。操作人员可通过键盘向开发系统下达各种命令。命令执行的结果通过显示终端显示出来，供操作人员检查正确与否。

在线仿真器(ICE)是开发系统的关键部件，缺少这一部件就不能称为开发系统。在单片机开发系统上编好应用程序后，一项重要的工作就是调试应用程序，而且最好是在用户环境中调试程序。在线仿真器为用户程序的调试提供运行环境，把目标硬件(用户样机)与开发系统联系起来，使用户可以在开发的实际目标硬件环境下，全面调试用户程序。

在完成程序调试后，用户必须把程序和固定数据写入 EPROM 中，使用户样机脱离开发系统自己运行。EPROM 编程器可以用来将已调试完毕的用户程序及固定数据通过单片机开发系统写入 EPROM。

开发系统的软件一般由编辑程序、汇编(或编译)程序及动态调试程序三部分组成。其中，编辑程序和汇编程序的运行并不需要在线仿真器的配合，而动态调试程序则要与在线仿真器配合才能运行。

外存储器可以是移动存储设备，主要用来存放开发系统的系统软件和暂存用户的应用程序。在调试软件的过程中，时常要打印许多中间信息，以便判别应用软件的故障所在。另外，在用户最后的开发工作完成时，为了整理用户系统的资料，要打印用户程序清单等。

利用通用 MDS 开发调试智能仪器的步骤如下：

(1) 根据目标系统所要求的设计指标，确定软硬件设计方案。

(2) 利用 MDS 的软件开发工具(可暂时不用 ICE)设计原始程序，完成源程序的编辑、汇编、连接，并对任一环节出现的错误进行修改，直到产生一个无语法错误的程序。

(3) 建立目标系统最基本的硬件，至少包括 CPU 和目标系统使用的总线。

(4) 将目标系统和 ICE 连接，必要时借用 MDS 的存储器和 I/O 设备资源作为目标系统的组成部分。

(5) 在目标系统中运行已经设计好的程序，利用 ICE 和跟踪接口对所装配的软硬件进行测试与调试。

(6) 将目标系统的其它硬件逐步投入运行，并相继退出 MDS 出借的资源。每更换和添加一部分，就要对软硬件重新测试、调整，直到目标系统全部硬件装配调试完毕。

(7) 将程序固化到自身的微处理器中，拔去 ICE 连接电缆，换上自身的微处理器并投入运行。利用跟踪接口或测试端口观察、检测，直到整个目标系统运行正常，且达到预定的设计目标为止。

12.2.7 JTAG 调试

许多高档单片机具有片内 JTAG 接口和调试电路，使用这样的单片机构成的智能仪器，可以通过调试软件实现非侵入式、全速的在系统调试，可直接观察和修改存储器和寄存器，支持断点、观察点、堆栈指示器和单步运行，不需要额外的目标 RAM、ROM、定时器和通信接口。当单步执行或断点时，所有外设都能与 CPU 同步停止运行。JTAG 调试不需要仿真头和目标电缆。

1. JTAG 接口

边界扫描是芯片的标准接口，又称为 JTAG，是联合测试行动小组（JTA）制定的标准，并由 IEEE 宣布为 1149.1"测试访问口有边界扫描设计"工业标准。JTAG 标准为加入到芯片引脚的扫描链描述、配置和控制顺序，其特点是允许观测和控制主板内的引脚，允许主板上的芯片独立工作。

许多 MCU 芯片都有一个片内 JTAG 接口和逻辑通过 4 端的 JTAG 接口，可以使用安装在最终应用系统上的产品 MCU 进行非侵入式全速、在系统调试，支持闪存的读/写操作以及非侵入式在系统调试。其中，相当多芯片的 JTAG 逻辑还为在系统提供边界扫描功能，它们的 JTAG 接口符合 IEEE1149.1 规范。这类单片机的调试系统支持观察、修改存储器和寄存器，支持断点、观测点、单步及运行和停机命令，不需要额外的目标 RAM、ROM 或通信通道。在调试时，所有的模拟和数据外设都全功能正确运行（保持同步）。当 MCU 因单步执行或执行到断点而停机时，WDT 被禁止。

一般 JTAG 接口使用 MCU 上的 4 个专用端子，它们是 TCK、TMS、TDI 和 TDO。这些端子都可承受 +5 V 电压，通过 16 位 JTAG 指令寄存器 IR，可以发出如表 12.1 所示的多种指令。一般 MCU 中有 3 个与 JTAG 边界扫描相关的 DR 寄存器和 4 个与 FLASH 读/写操作相关的 DR 寄存器（FLASH 的写操作可实现应用程序的写入）。

表 12.1 相 关 指 令

IR 值	指 令	说 明
0X0000	EXTEST	选择用于控制和观察所有器件端子的边界扫描寄存器
0X0002	SAMPLE/PRELOAD	选择用于观察和预置扫描路径锁存器的边界扫描寄存器
0X0004	IDCODE	选择器件 ID 寄存器
0XFFFF	BYPASS	选择旁路数据寄存器
0X0082	闪存控制	选择 FLASHCON 寄存器，以便控制接口逻辑及对读和写 FLASHDAT 寄存器的响应
0X0083	闪存数据	选择用于读/写闪存的 FLASHDAT 寄存器
0X0084	闪存地址	选择用于存储 FLASH 读/写和擦除操作的地址的 FLASHDAT 寄存器
0X0085	闪存预分频	选择 FLASHSCL 寄存器，该寄存器用于产生 FLASH 操作定时信息的预分频器或控制 FLASH 单稳定时器和常读运行

2. 边界扫描

图 12.9 所示为一个在核心逻辑的每个输入/输出端增加一个边界扫描(BS)单元,以集成具有边界扫描测试功能的 IC 电路,各 BS 内的寄存器串联为移位寄存器,构成一条边界扫描通路,各个 BS 单元既与内核心逻辑连接,又经缓冲器与外部管脚连接。当这些 IC 安装在 PCB 板上时,可通过这些 BS 获取芯片管脚处 PCB 板上铜线的信息,在片内边界扫描控制电路的控制下,准备好的测试数据从 TDI 移入,从 TDO 输出测试结果,实现对 PCB 板故障和芯片逻辑的检查。TCK 为时钟,TMS 为方式选择。这种方法增加了 BS 电路,但与 VLSI 电路系统相比,额外开销相对较少。这种设计需要一个四总线的测试访问口 TAP 和一个可选线(为测试复位的 TRST),比起需增加大量测点的传统方法,优势十分明显。

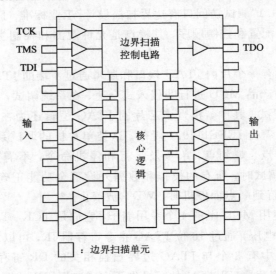

图 12.9 具有边界扫描测试功能的 IC 电路内部结构

边界扫描测试技术可用于器件级、电路板级和系统级的可测性设计。图 12.10 所示为由 3 片带 BST 功能的 IC 构成的 PCB 板,各 IC 的 TDO 与 TDI 串联。测试访问口 TAP 通过引线与 PCB 上所有的 IC 连接,实现边界扫描测试。

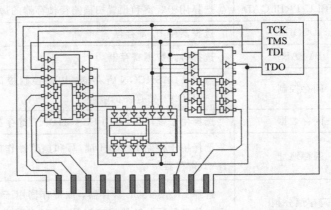

图 12.10 在 PCB 板中的一个完整的边界扫描链

用边界扫描技术对 PCB 板电路的测试包括以下几个方面：

（1）PCB 电路引线的测试：通过 IC 中的 BS 单元的输出与输入信号的测试对比，测试连接 IC 之间的引线是否连通，称为外部测试。

（2）对接入通路的所有 IC 进行功能测试：激励数据通过 BS 施加到 IC 的输入端，而从输出端捕获响应数据，这与 PCB 电路引线测试情况相反，称为内部测试。

（3）测试非扫描器件：对于非扫描器件及其组成的电路，若其输入、输出与边界扫描器件相连，则可利用边界扫描器件的 BS 单元构成虚拟通路，可观察与之连接的输入端的激励或输出端的响应。

很多可编程器件（PLD）在编程后的测试，也采用了边界扫描测试。

3. 调试支持

单片机厂家提供的单片机开发套件，一般都具有开发应用代码和进行在系统调试所需要的全部硬件和软件。每个套件包括一个具有调试器和 8051 汇编器的集成开发环境（IDT）、一个被称为 EC 的 RS‑232 到 JTAG 的协议转换模块以及一个安装有相应 MCU 的目标应用板（在板上有大块样机试验区）。每个套件还包括 RS‑232 和 JTAG 电缆及电源。

12.2.8　远程更新软件

由于一些 MCU 提供了在系统的能力，因而为现场和远程更新软件提供了可能。引导装入程序提供了在系统复位和接收到命令后，对程序存储器（FLASH）进行在系统重新编程的能力。

（1）引导装入程序的操作：在器件复位后，一个引导装入程序将从一个指定的源（主机）下载程序代码。在复位时，引导装入程序会收到一个"引导装入允许"信号，将器件配置为能接收代码，并将代码数据下载到 FLASH 存储器中。下载成功后，引导装入程序会转去执行新程序。例如，C8051FXXX 器件的引导装入程序有很多形式，但在允许装入程序方面大都同样遵循下列基本步骤：

① 配置用于下载数据的外设和输入/输出端口端子，例如 SPI、SMBUS、UART 等；

② 擦除用于接收下载数据的存储区；

③ 向主机发送一个准备好的信号，表明它已准备好接收数据；

④ 接收下载数据并存入存储器（这一步可能包含错误控制或传输协议）；

⑤ 跳转到已下载的程序入口点，并开始执行程序。

（2）硬件考虑：引导装入程序需要在一个主机与单片机通信外设之间建立通信连接，还需要有一个通知器件启动引导装入程序的手段，主要包括下列内容：

① 端子分配：单片机使用数据交叉开关为数据外设分配用于外设接口的端口端子。交叉开关允许使用数据外设的任意组合，但用户必须考虑到软件能够更改器件的端子分配。在大多数情况下，引导装入程序会使用与最终应用相同的端子配置。

② 端子装入允许：在复位或其它条件下，可以启动在系统编程，此时器件需要一个输入信号，以便启动下载过程。这个信号可以通过读取一个作为引导装入信号的通用 I/O 端子来得到。一旦确定了端子分配，应使用一个端子作为引导装入允许信号，这样可使主机或其它硬件能通知单片机开始装入过程。

例如用 P1.7 作为引导装入允许信号，在复位的最后阶段被采样。当端口端子 P1.7 保持低电平时，启动引导装入程序。注意：端口端子在复位后的缺省状态是高电平，因此硬件复位后，通过 I/O 端子的输入信号为低电平时才能通知启动装入操作。

（3）软件考虑：当允许引导装入时，引导装入程序必须使器件准备好接收数据。首先，引导装入程序对所需要的通信外设进行配置；然后，引导装入程序对应用下载的存储器进行擦除，并允许对存储器写入。为了建立通信链路，引导装入程序可以通过自动波特率检查确定位速率。此外，主机和 MCU 器件还可以使用预定的波特率。一旦器件已经准备好接收数据，应通知主机。主机接到通知后发送数据，并在有用数据前可能还会加上有关下载的信息，例如下载程序的字节数等。

12.3　智能仪器的标定

12.3.1　智能仪器标定概述

传感器或智能仪器测量的结果首先应该是可信的。被测物理量经测控系统的传感器获取信号，经过传输、转换、处理和显示等过程，由于环境的影响和干扰的存在，测量时将产生相应的系统误差，因此不可能仅靠计算或简单的修正就获得被测量的真实变化。所以，对传感器或测量系统的测量结果需要进行验证。对此的验证过程称为标定。

根据传感器或测量系统的类型和用途，标定可以是静态标定，也可以是动态标定。静态标定的目的是确定传感器的静态特性指标，如线性度、灵敏度、滞后和重复性等。对静态物理量或缓慢变化的物理量，一般仅做静态标定。动态标定的目的是确定智能仪器的动态特性参数，如频率响应、时间常数、固有频率和阻尼比等。对于频率很高的机械量，如冲击、振动等，除进行静态标定外，还需做动态标定。

常用的标定方法有直接标定法和比较标定法。直接标定法是对智能仪器施加一个精确的已知变量标本，然后观察智能仪器的响应，验证它的符合程度。比较标定法是用比被标定智能仪器精度等级高的智能仪器，和被标定智能仪器同时针对同一被测量样本进行测量，然后比较两者的测量结果。

12.3.2　测控系统的静态标定

智能仪器的静态标定是在静态标准条件下进行标定的。所谓静态标准，是指没有加速度、振动和冲击（除非这些参数本身就是被测物理量），环境温度一般为室温（25±5℃），相对湿度不大于 85%，大气压力为 7 kPa 的情况。标定时所用的测量仪器的精度至少要比被标定智能仪器的精度高一个等级。这样，通过标定，智能仪器的静态性能指标才是可靠的，所确定的精度才是可信的。

静态标定过程步骤如下：

（1）将智能仪器全量程（测量范围）分成若干个等间距点；

（2）根据测试量程分点情况，由小到大逐渐一点一点地输入被测量，并记录下与各输入值相对的输出值；

（3）将输入值由大到小一点一点地减下来，同时记录下与各输入值相对应的输出值；

（4）按（2）、（3）所述过程，对智能仪器进行正、反行程往复循环多层测试，将得到的输出-输入测试数据用表格列出或画成曲线。

（5）对测试数据进行必要的处理，根据处理结果就可以确定智能仪器的线性度、灵敏度、滞后和重复性等特性指标。

12.3.3　测控系统的动态标定

智能仪器的动态标定主要研究智能仪器的动态响应，而与动态响应有关的参数，一阶系统为时间常数 τ，二阶系统为固有频率 ω_n 和阻尼比 ζ 两个参数。

一种较好的方法是通过测量智能仪器的阶跃响应，来确定智能仪器的时间常数、固有频率和阻尼比。当然也可以利用加正弦输入信号，测定输出与输入的幅值比和相位差来确定装置的幅频特性和相频特性，然后根据幅频特性图求得标定参数。

下面简要介绍一些常见物理量的测控智能仪器的标定技术。

12.3.4　力测量装置的标定

力度量的精确度是由作为标准的铂-铱合金制成的千克质量原器来保证实现的。标准质量原器在标准重力加速度（$g_n = 9.80665 \text{ m/s}^2$）下所产生的力为基准力值。

测力装置的标定主要是静态标定，采用比较法标定。根据测力装置的精确度等级与相对应的基准测力仪相比较来标定。基准测力仪的等级划分及允许测量误差如表 12.2 所示。

表 12.2　基准测力仪的等级划分及允许测量误差

基准器	允许测量误差	基准器	允许测量误差
基准测力机	±0.001%	二等测力仪	±0.1%
一等测力仪	±0.03%	三等测力仪	±(0.3~0.5)%

基准测力机实际上是由一组在重力场中体现基准力值的砝码组成的，也就是将已知砝码所体现的重力作用于被检的测力装置。

考虑到地区不同，重力加速度也就不同，加上空气浮力的影响，$F = mg$ 的公式修正如下：

$$F = mg\left(1 - \frac{\rho_k}{\rho_f}\right), \quad F = F_n \frac{g}{g_n}$$

式中：ρ_k——空气密度；

　　　ρ_f——砝码的材料密度；

　　　g——测试地区的重力加速度；

　　　g_n——标准重力加速度，$g_n = 9.80665 \text{ m/s}^2$。

标定小量程测力器具时用标准重量法，即直接加标准重量砝码；标定吨级以上的测力器具时用杠杆-砝码机构。通常分五级加载，要求较高的系统分十级加载。五级加载每级加满量程的 20%，加载同时记录测量值。一般应反复加、卸载三次，取其平均值。

12.3.5　温度测量装置的标定

标定温度测量系统的方法可以分为两类：

（1）同一次标准比较，即按照国际计量委员会 1968 年通过的国际实用温标(IPTS-68)相比较，见表 12.3；

（2）与某个已经标定的标准装置进行比较。

复现这些基准点的方法是用一个装有参考材料的密封容器，将待标定的温度传感器的敏感元件放在深入容器中心位置的套管中，然后加热，使温度超过参考物质的熔点，待物质全部熔化。随后冷却，达到凝固点后，只要同时存在液态和固态(约几分钟)，温度就稳定下来，并能保持规定值不变。

表 12.3　IPTS-68 规定的一次温度标准和参考点

定义固定点	IPTS-68		定义固定点	IPTS-68	
	℃	K		℃	K
平衡氢三相点	−259.34	13.81	水三相点	0.01	273.16
平衡氢沸点	−252.87	20.28	水沸点	100	373.15
氖沸点	−246.048	27.102	锡凝固点	231.9681	505.1181
氧三相点	−218.789	54.361	锌凝固点	419.58	629.73
氩三相点	−189.352	83.798	银凝固点	961.93	1235.08
氧冷凝点	−182.962	90.188	金凝固点	1064.43	1337.58

定义固定点之间的温度在 −259.34～630.74℃ 之间时，采用标准铂电阻温度计作为标准器。标准铂电阻温度计是用直径为 0.05～0.5 mm，均匀的、彻底退火和没有应变的铂丝制成的。铂丝的电阻比为 $R_{100}/R_0=1.39250$，R_{100} 和 R_0 分别对应 100℃ 和 0℃ 时的电阻值。630.74～1064.43℃ 之间采用的标准器是铂铑 10/铂标准热电偶。1064.43℃ 以上采用标准光学高温度计作为标准器。标准器在不同的温度范围内按照不同的公式计算定义点之间的温度，具体的方法可参阅"1968 年国际实用温标和温度计算方法"(中国计量科学研究院)。

12.4　智能仪器设计文件

设计文件是设计过程的重要组成部分，是产品生产调试的技术标准，是产品设计的原始资料，是企业技术积累的体现。

文件的类型要求和内容格式可参考原电子工业部制定的标准《设计文件的管理制度》，软件文件的组成按国家标准 GB8567—88《计算机软件产品开发文件编程指南》编写。

文件一般应包括产品设计说明、使用说明、调试说明等。

习　题

1. 什么是可测性设计？
2. 改善电路可测性的方法有哪些？
3. 画出智能仪器调试的流程图。
4. 画出智能仪器静态调试的流程图。

5. 什么是边界扫描测试法?

6. 简述智能仪器软、硬件调试的步骤和方法。

7. 如何理解智能仪器的校准和标定?

8. 智能仪器故障检测的基本原理是什么?

9. 简述智能仪器故障检测的主要方法。

参 考 文 献

[1] 丁天怀，李庆祥，等. 测量控制与仪器仪表现代系统集成技术. 北京：清华大学出版社，2005

[2] 赵茂泰. 智能仪器原理与应用. 2 版. 北京：电子工业出版社，2004

[3] 张辉，等. 单片机开发与典型应用设计. 合肥：中国科技大学出版社，1997

[4] 李孟源，等. 测试技术基础. 西安：西安电子科技大学出版社，2006

[5] 浦昭邦，王宝光. 测控仪器设计. 北京：机械工业出版社，2001

[6] 杨欣荣. 智能仪器原理、设计与发展. 长沙：中南大学出版社，2003

[7] 李昌禧. 智能仪器仪表原理与设计. 北京：化学工业出版社，2005

[8] 程德福，林君. 智能仪器. 北京：机械工业出版社，2005

[9] 周航慈，等. 智能仪器原理与设计. 北京：北京航空航天大学出版社，2005

[10] 张有顺，冯井岗. 电能计量基础. 2 版. 北京：中国计量出版社，2002

[11] 李行善，等. 自动测试系统集成技术. 北京：电子工业出版社，2004

[12] 徐爱钧. 智能化测量控制仪表原理与设计. 北京：北京航空航天大学出版社，1995

[13] 刘大茂. 智能仪器(单片机应用系统设计). 北京：机械工业出版社，1998

[14] 孟祥旭，李庆学. 人机交互技术原理与应用. 北京：清华大学出版社，2004

[15] 方彦军，孙健. 智能仪器技术及其应用. 北京：化学工业出版社，2004

[16] 赵新民. 智能仪器设计基础. 哈尔滨：哈尔滨工业大学出版社，2001

[17] 卢胜利. 智能仪器设计与实现. 重庆：重庆大学出版社，2003

[18] 马明建，周长城. 数据采集与处理技术. 西安：西安交通大学出版社，1998

[19] 何立民. MCS - 51 系列单片机应用系统设计. 北京：北京航空航天大学出版社，1990

[20] 李华. MCS - 51 系列单片机实用接口技术. 北京：北京航空航天大学出版社，1993

[21] 戴梅萼，等. 微型计算机技术及应用——从 12 位到 32 位. 北京：清华大学出版社，1996

[22] 陆应华. 电子系统设计教程. 北京：国防工业出版社，2005

[23] 李济顺，等. 制造工程中的精密技术. 北京：机械工业出版社，2001

[24] 郑晨升，等. 仪表机械结构设计. 北京：化学工业出版社，2006

[25] 林君，等. 微型计算机卡式仪器原理、设计与应用. 北京：国防工业出版社，1996

[26] 朱欣华，等. 智能仪器原理与设计. 北京：中国计量出版社，2002

[27] 徐科军，等. 自动检测和仪表中的共性技术. 北京：清华大学出版社，2002

[28] 金锋，等. 智能仪器设计基础. 北京：北方交通大学出版社，2005

[29] 罗耀华，等. 电子测量仪器原理及应用(Ⅱ)：智能仪器. 哈尔滨：哈尔滨工程大学出版社，2001

[30] 戚新波，等. 检测技术与智能仪器. 北京：电子工业出版社，2005

[31] 施文康，余晓芬. 检测技术. 北京：机械工业出版社，2002

[32] 何岭松，等. 工程测试技术基础. 北京：机械工业出版社，2005

[33] 黄长艺，严普强. 机械工程测试技术基础. 北京：机械工业出版社，2005

[34] 周浩敏，等. 测试信号处理技术. 北京：北京航空航天大学出版社，2003

[35] 陈杰，黄鸿. 传感器与检测技术. 北京：高等教育出版社，2002

[36] 彭军. 传感器与检测技术. 西安：西安电子科技大学出版社，2003

[37] 贾伯年. 传感器技术. 南京：东南大学出版社，2000

[38] 朱自勤. 传感器与检测技术. 北京：机械工业出版社，2005

[39] 王伯雄. 测试技术基础. 北京：清华大学出版社，2003

[40] 吴正毅. 测试技术与测试信号处理. 北京：清华大学出版社，2004

[41] 吴兴惠，王彩君. 传感器与信号处理. 北京：电子工业出版社，1998

[42] 朱伯申，张炬. 数字式传感器. 北京：北京理工大学出版社，1996

[43] 杨振江，等. 智能仪器与数据采集系统中的新器件及应用. 西安：西安电子科技大学出版社，2001

[44] 阙沛文. 微型计算机在检测技术及仪器中的应用. 上海：上海交通大学出版社，2000

[45] 夏宏玉，尚建忠. 仪器仪表零件结构设计. 合肥：国防科技大出版社，2001